国家出版基金项目
NATIONAL PUBLICATION FOUNDATION

"十三五"国家重点出版物出版规划项目·重大出版工程

高超声速出版工程

组合动力飞行器气动/推进一体化建模方法

唐 硕 张 栋 龚春林 著

科学出版社

北 京

内 容 简 介

本书主要介绍组合动力飞行器宽域气动/推进一体化建模的相关理论与方法,内容包括宽域气动建模理论与方法、宽域推进建模理论与方法、气动/推进一体化耦合建模理论与方法、组合动力飞行器统一建模理论原理与方法以及这些理论方法在组合动力飞行器研究过程中的典型应用与分析。本书第1章综述组合动力飞行器的特点、研究现状以及建模面临的挑战;第2~4章分别针对宽域气动建模、推进建模以及一体化耦合理论建模的方法进行深入讨论;第5章针对组合动力飞行器的统一建模理论体系进行探讨;第6章对建模理论与方法在组合动力飞行器的设计过程中的一些典型应用进行探讨与分析。

本书可供研究组合动力飞行器、空天飞行器的科研人员和研究生参考,亦可供相关科研院所工程技术人员参考。

图书在版编目(CIP)数据

组合动力飞行器气动/推进一体化建模方法 / 唐硕,张栋,龚春林著. —北京:科学出版社,2020.6
"十三五"国家重点出版物出版规划项目·重大出版工程 国家出版基金项目 高超声速出版工程
ISBN 978-7-03-064864-8

Ⅰ. ①组… Ⅱ. ①唐… ②张… ③龚… Ⅲ. ①飞行器—系统建模 Ⅳ. ①V211.8

中国版本图书馆 CIP 数据核字(2020)第 066587 号

责任编辑:徐杨峰 / 责任校对:谭宏宇
责任印制:黄晓鸣 / 封面设计:殷 靓

科学出版社 出版
北京东黄城根北街 16 号
邮政编码:100717
http://www.sciencep.com
南京展望文化发展有限公司排版
广东虎彩云印刷有限公司印刷
科学出版社发行 各地新华书店经销

*

2020 年 6 月第 一 版 开本:B5(720×1000)
2023 年 12 月第二次印刷 印张:17 3/4
字数:306 000

定价:150.00 元
(如有印装质量问题,我社负责调换)

丛书序

    飞得更快一直是人类飞行发展的主旋律。

    1903 年 12 月 17 日,莱特兄弟发明的飞机腾空而起,虽然飞得摇摇晃晃,犹如蹒跚学步的婴儿,但拉开了人类翱翔天空的华丽大幕;1949 年 2 月 24 日,Bumper-WAC 从美国新墨西哥州白沙发射场发射升空,上面级飞行马赫数超过 5,实现人类历史上第一次高超声速飞行。从学会飞行,到跨入高超声速,人类用了不到五十年,蹒跚学步的婴儿似乎长成了大人,但实际上,迄今人类还没有实现真正意义的商业高超声速飞行,我们还不得不忍受洲际旅行需要十多个小时甚至更长飞行时间的煎熬。试想一下,如果我们将来可以在两小时内抵达全球任意城市,这个世界将会变成什么样? 这并不是遥不可及的梦!

    今天,人类进入高超声速领域已经快 70 年了,无数科研人员为之奋斗了终生。从空气动力学、控制、材料、防隔热到动力、测控、系统集成等,在众多与高超声速飞行相关的学术和工程领域内,一代又一代科研和工程技术人员传承创新,为人类的进步努力奋斗,共同致力于达成人类飞得更快这一目标。量变导致质变,仿佛是天亮前的那一瞬,又好像是蝶即将破茧而出,几代人的奋斗把高超声速推到了嬗变前的临界点上,相信高超声速飞行的商业应用已为期不远!

    高超声速飞行的应用和普及必将颠覆人类现在的生活方式,极大地拓展人类文明,并有力地促进人类社会、经济、科技和文化的发展。这一伟大的事业,需要更多的同行者和参与者!

    书是人类进步的阶梯。

    实现可靠的长时间高超声速飞行堪称人类在求知探索的路上最为艰苦卓绝的一次前行,将披荆斩棘走过的路夯实、巩固成阶梯,以便于后来者跟进、攀登,意义深远。

以一套丛书,将高超声速基础研究和工程技术方面取得的阶段性成果和宝贵经验固化下来,建立基础研究与高超声速技术应用之间的桥梁,为广大研究人员和工程技术人员提供一套科学、系统、全面的高超声速技术参考书,可以起到为人类文明探索、前进构建阶梯的作用。

2016 年,科学出版社就精心策划并着手启动了"高超声速出版工程"这一非常符合时宜的事业。我们围绕"高超声速"这一主题,邀请国内优势高校和主要科研院所,组织国内各领域知名专家,结合基础研究的学术成果和工程研究实践,系统梳理和总结,共同编写了"高超声速出版工程"丛书。丛书突出高超声速特色,体现学科交叉融合,确保丛书具有系统性、前瞻性、原创性、专业性、学术性、实用性和创新性。

这套丛书记载和传承了我国半个多世纪尤其是近十几年高超声速技术发展的科技成果,凝结了航天航空领域众多专家学者的智慧,既可供相关专业人员学习和参考,又可作为案头工具书。期望本套丛书能够为高超声速领域的人才培养、工程研制和基础研究提供有益的指导和帮助,更期望本套丛书能够吸引更多的新生力量关注高超声速技术的发展,并投身于这一领域,为我国高超声速事业的蓬勃发展做出力所能及的贡献。

是为序!

2017 年 10 月

前　言

　　空天飞行是指从地面发射起飞、跨越大气层,进入空间并再入返回地面的飞行过程,是未来航天运输系统发展的方向,也是构成制天权的重要组成。吸气式组合动力循环发动机(简称组合动力),在不同的飞行马赫数下启用不同的工作模态[例如火箭基组合循环推进技术(rocket-based combined-cycle technology,RBCC),需要启用引射/亚燃/超燃/纯火箭],满足空天飞行的大空域、宽速域的要求,是实现廉价、快速、可靠的天地往返飞行的最佳动力之一。动力学模型作为其关键技术之一,是进行组合动力飞行器总体优化设计、控制系统设计以及空天往返飞行仿真的重要基础。然而,宽速域、大空域的飞行特点加上独特的机身/组合发动机一体化构型,导致该飞行器呈现内外流强耦合、组合动力多模态、热力学参数变化等许多不同于常规飞行器的特性,认识和量化这些特性对于实现空天往返飞行器的控制非常关键。

　　在组合动力飞行器概念和初步设计阶段,大量的设计方案需要快速分析和改进,现有的基于试验数据、高精度计算流体动力学(computational fluid dynamics,CFD)数据和物理机制的模型存在对象依赖性强、宽速域推进系统模型缺失或不完善等不足,且基于试验数据和高精度CFD数据的组合动力飞行器模型由于计算耗时不能满足大量方案筛选、优化和改进的需求,因而发展一种基于物理机制的、独立于对象且具有一定精度和可靠性的宽速域气动/推进一体化耦合模型非常关键。

　　自2000年以来,本书作者在国防基础科研项目、武器装备预研项目、国家自然科学基金等项目的支持下,对组合动力飞行器的动力学建模开展了大量的研究工作,并且应用大量的高精度数值模拟技术和风洞试验数据对相关的模型进行了验证,并且对所构建的模型进行了模型精度的修正,提升了模型的可靠性和准确性,部分研究成果已应用于工程单位的型号预研项目,先后发表了若干学术论文,培养了 10 余名工学博士,这对于促进组合动力飞行器动力学模型的发展与应用无疑具有重要意义。

全书共 6 章。第 1 章为概述,主要论述组合动力飞行器及其建模的历史、存在的问题以及本书中要解决的问题等;第 2 章和第 3 章分别为宽速域飞行器的外流场气动和组合动力推进系统建模方法研究;第 4 章为组合动力飞行器的气动／推进宽速域一体化耦合建模方法研究;第 5 章研究了组合动力飞行器的统一建模理论与方法;第 6 章为使用本书所建立的模型构建数学模型并针对组合动力飞行器研究过程中的典型问题进行了讨论。

本书的成文离不开各位博士生的付出,感谢程锋博士、陈兵博士、祝强军博士、田宪科博士、李世珍博士、车竞博士在宽域参数化建模、气动建模、组合动力建模等模型研究方面提供的支持。在模型的精度验证方面,要感谢中国空气动力研究院提供的相关数据以及国外相关公开的模型数据。

本书的撰写得到了国家出版基金、国家自然科学基金委项目"RBCC 动力天地往返飞行器气动／推进一体化精细解析建模研究"(11672235)的支持。

由于水平和认识有限,书中难免有错误和不足之处,敬请各位读者批评指正!

2020 年 2 月

高超声速出版工程

目 录

第3章　组合动力飞行器推进建模理论与方法

95

第6章　宽速域建模理论与方法的典型应用

第 1 章

概　述

组合动力飞行器一般是以吸气式组合动力[如火箭基组合循环(rocket-based combined cycle，RBCC)推进系统、涡轮基组合循环(turbine-based combined-cycle，TBCC)发动机、吸气式空气涡轮冲压(air turbo ramjet，ATR)等]发动机为推进系统的飞行器，以单级入轨(single-stage-to-orbit，SSTO)和两级入轨(two-stage-to-orbit，TSTO)为主要应用场景，这种飞行器具有大空域、大速域等飞行特点，进而决定了组合动力飞行器采用多模态推进系统和机体/发动机一体化设计的原则，导致其模型呈现气动/推进学科强耦合、非线性的特征。组合动力飞行器模型是在传统单状态高超声速飞行器模型基础上的宽速域化和推进系统多模态化扩展。在组合动力飞行器初步研究阶段，飞行器构型筛选、性能分析、优化等环节要求组合动力飞行器模型具有与传统单状态高超声速飞行器模型迥然不同的特点：模型宽速域适应性、气动/推进一体化耦合、反映一定程度的物理机制以及可接受精度条件下的快速计算能力等，这些特点严重影响着飞行器制导控制系统的设计和飞行器初步设计的成败。

从国内外研究进展来看，由于模型问题导致飞行器飞行试验失败的例子屡见不鲜，例如，美国的 X-51 验证机由于建立了不合理的飞行阻力模型，实际飞行时的加速度没有达到预定值，进而导致速度跟踪脱离期望值和飞行试验失败；HTV-2 由于飞行器模型存在问题，控制系统不能及时纠正飞行器的错误姿态，从而未能完成设计的试验任务。

这些飞行试验的经验教训表明，飞行器模型的特性决定着制导控制系统设计的成败，对于机体/发动机一体化设计的飞行器而言，由于推进系统的耦合，飞行器模型的建立更为复杂。现有基于试验数据、基于 CFD 数据和基于物理机制的组合动力飞行器建模方法存在对象依赖性高、宽速域推进系统模型不完善等特点，且基于试验数据和基于 CFD 数据的模型计算耗时不能满足组合动力飞行器初步设计阶段宽速域气动/推进性能快速估算的要求。因而,对于初步设计阶段的组合动力飞行器而言,建立一种独立于应用对象、计算精度和速度满足要求的组合动力飞行器气动/推进理论模型显得尤为重要。

1.1 组合动力飞行器发展现状

20 世纪 60 年代,美国提出了可重复使用航天运输系统研究计划,首次提出了 RBCC 的相关概念,并对总体性能进行了论证分析,开展了一系列的原理和性能试验。1964～1967 年,Marquardt 公司对缩比发动机进行了一系列地面试验,模拟了起飞加速、跨声速和超声速飞行等工作状态,取得了满意的结果。此后,美国、法国、苏联、德国和日本等国家广泛开展了 RBCC 动力的关键技术研究,以及 RBCC 在航天运输领域的应用研究,取得了较大的成果。

美国在国家航空航天局(National Aeronautics and Space Administration, NASA)、国防高级研究计划局(Defense Advanced Research Projects Agency, DARPA)和空军的支持下,开展了大规模深入细致的 RBCC 发动机技术研究,掀起了 RBCC 发动机研究热潮。自 20 世纪末 NASA 提出"先进空间运输计划"(advanced space transportation program, ASTP)以来,开展了大量的 RBCC 运载器技术及全速域 RBCC 发动机研究。

在运载器方面,美国先后提出了各种基于 RBCC 的重复使用运载器概念(垂直/水平起飞、SSTO/TSTO、碳氢/氢燃料、不同动力模态的组合形式),如表 1.1 所示,包括佐治亚理工学院的 Argus、ABLV‑GT、Lazarus、Stargazer、Starsaber,Astrox 公司的 Astrox,美国空军在组合循环发动机(combined cycle engine, CCE)计划下提出了 ATK‑RBCC、QuickSat、Xcalibur、Sentinel 等。结合 RBCC 技术攻关,进行了较为详细的对比和论证,初步具备了工程应用的条件。

欧洲航天局(European Space Agency, ESA)在"未来欧洲空间运输研究计划"(future european space transportation infrastructure program, FESTIP)包含 RBCC 动力系统研究,由荷兰应用科学研究所开展了火箭引射发动机实验和 CFD 计算工作,建造火箭引射实验装置。2005 年制定的"长期先进推进概念和技术研究计划"(long term advanced propulsion concepts and technology, LAPCAT)中以单级入轨运载器 NEO 为背景,开展了煤油和氢燃料 RBCC 推进系统分析研究,对一次火箭和支板喷射等关键技术开展了研究。

表 1.1 国外 RBCC 运载器发展状况

名 称	研究机构	产品/示意图	主要技术参数	设 计 任 务
Argus (SSTO)	佐治亚理工学院 (1995 年)		采用两模块涡轮增强 RBCC 发动机；发动机长径比为 5.5，安装推重比为 20.03；进气道入口面积为 5.63 m²；单发动机海平面静推力为 800 150 N；一次火箭真空比冲为 455 s；一次火箭混合比为 3.44，平均液氧、液氢混合比为 3.83；全机起飞质量为 271 t，结构质量为 34.25 t；理论机翼面积为 262.73 m²	从肯尼迪航天中心水平起飞，将约 9 t 的有效载荷送入 LEO
ABLV-GT (SSTO)	佐治亚理工学院 (1999 年)		发动机室压为 13.79 MPa，混合比为 7.0；飞行器起飞推重比为 0.6，推进剂氧燃比为 2.2；起飞质量为 613.8 t，结构质量为 104.42 t	从肯尼迪航天中心起飞，将 11.35 t 有效载荷送入国际空间站
Lazarus (SSTO)	佐治亚理工学院 (2005 年)		采用 6 模块变几何 RBCC 发动机；单个进气道捕获面积为 0.62 m²；发动机海平面安装推重比为 22；一次火箭混合比为 4.2，发动机的平均混合比为 2.15；飞行器的起飞质量为 81 583.8 kg，结构质量为 18 886.4 kg；长为 31.4 m，宽为 18.8 m，高为 6.0 m；机翼面积为 136.1 m²，机体容积率为 55.6%	由肯尼迪航天中心起飞，将 2.27 t 的有效载荷送至北纬 28.5°、185.32 km 圆轨道

（续表）

名称	研究机构	产品/示意图	主要技术参数	设计任务
GTX-Trailblazer (SSTO)	NASA 格林研究中心(1997 年)		采用 3 个 RBCC 发动机； 发动机比冲为 500 s； 起飞推重比为 1.7，起飞质量为 59 t； 推进剂质量比为 0.784，平均氧燃比为 2.8； 进气道的总捕获面积为 9.15 m²； 最大马赫数为 10； 亚燃转级马赫数为 2.5，超燃转级马赫数为 5~6	将 136.2 kg 有效载荷送入 LEO
ATK-RBCC (TSTO)	联合技术系统公司(2010 年)		全机起飞质量为 653.6 t； 飞行器参考面积为 855.042 m²； 上面级液氢/液氧 RBCC 比冲为 2 967 s ($Ma = 4$)、1 607 s ($Ma = 10$)； 主火箭比冲为 402.2 s	从堪培拉将 18.14 t 的有效载荷送入 185 km 圆轨道
Stargazer (TSTO)	佐治亚理工学院(2005 年)		第一级采用四模块液氢/液氧 RBCC 发动机； 发动机全长为 8.23 m，宽为 1.65 m，高为 0.914 4 m； 进气道和喷管出口为几何设计； 进气道设计马赫数为 10； 亚燃模态启动马赫数为 2.9； 一次火箭室压为 13.9 MPa，推进剂混合比为 8； 单模块海平面推力为 9.16 t； 比冲为 421 s，引射比为 3.5； 飞行器起飞质量为 52.37 t，结构质量为 15.76 t； 起飞推重比为 0.7，上升段质量比为 2.28； 平均燃料混合比为 1.32	从肯尼迪航天中心起飞，将 136.08 kg 的有效载荷送入 LEO

（续表）

名 称	研究机构	产品/示意图	主要技术参数	设 计 任 务
Sentinel（TSTO）	SEI 公司（2005 年）		第一级采用四模块侧面安装的 RBCC 发动机； 推进剂采用 JP-7/液氧； 引射模态采用 IRS 循环方式； 发动机安装推重比约为 23.5； 海平面比冲为 330 s，$Ma = 3.5$ 时比冲为 1 600 s，$Ma = 6.0$ 时比冲为 1 039 s，$Ma = 8.0$ 时比冲约为 760 s； 全机起飞质量为 343.47 t，起飞推重比为 1.25；一级结构质量比 26%	从范登堡空军基地起飞，将 5 942.86 kg 的有效载荷送入倾角 23.5°、130 km × 365 km 的椭圆轨道
Astrox（TSTO）	Astrox 公司（2008 年）		上面级采用 RBCC 发动机。亚燃/超燃模态采用甲烷燃料，入轨时一次火箭使用液氢/液氧燃料。 进气道为轴对称流线追踪的内进气道，设计点马赫数为 9.5； 进气道出入口截面面积比为 0.85，设计点处出口与捕获截面面积之比为 1.9； 上面级 RBCC 飞行器的起飞质量为 235.401 t，结构质量 53.341 t，长为 48.1 m，宽为 20.3 m，高为 6.8 m	将 9 080 kg 的有效载荷送入 LEO

（续表）

名　称	研究机构	产品/示意图	主要技术参数	设计任务
Starsaber	佐治亚理工学院（2001 年）		第一级采用两模块碳氢燃料 RBCC 发动机；RBCC 发动机采用进气道喷部面积可变的轴对称构型； 分离马赫数为 8.5； 第一级 RBCC 飞行器起飞质量为 32.665 t，结构质量为 7.888 t，结构质量比约为 24.1%	从肯尼迪航天中心起飞，将 136.08 t 的有效载荷送入 LEO
Xcalibur（TSTO）	SEI 公司（2002 年）		第一级采用四模块氢/液氧 RBCC 发动机；发动机全长为 9.3 m，进气道面积为 2.87 m²，设计马赫数为 12； 一次火箭室压为 2 500 psi①，混合比为 6.5，分离马赫数为 15.5，分离动压为 954.51 kgf/cm²②； 飞行器全长为 55.4 m，宽为 10.36 m； 起飞推重比为 1.15，总氧燃比为 4.34； 飞行器起飞质量约为 454.27 t，结构质量为 84.55 t； 一级质量比为 3.376，氧燃比为 4.34； RBCC 助推级结构质量为 73.48 t	从肯尼迪航天中心，将 9 072 kg 的有效载荷送入倾角 28.5°、185 km 圆轨道

① 1 psi=6.894 76×10³ Pa。

② 1 kgf/cm²=9.806 65×10⁴ Pa。

法国与俄罗斯的联合团队在 PREPHA 项目的支持下针对适用于宽来流马赫工作的火箭冲压组合发动机和双模态冲压发动机,分别开展了固定结构和可变结构燃烧室性能研究。MBDA 公司和莫斯科航空学院继续合作开展了宽范围冲压发动机(wide range ramjet,WRR)项目研究。为了实现宽来流范围燃烧室都具有高性能的目标,采用了多自由度的大范围变结构燃烧室设计。2003 年起 MBDA 和法国国家航空航天研究院(ONERA)合作开展了 LEA 飞行试验项目,已完成了燃烧室的燃烧组织技术、变结构实现技术和热防护技术的地面验证,发动机已基本达到了飞行试验要求。

日本宇航局(Japan Aerospace Exploration Agency,JAXA)从 20 世纪 90 年代开始,开展了以重复使用运载器为目标的 RBCC 推进系统研究,开展了进气道、一次火箭、火箭引射模态、冲压模态和超燃冲压模态的地面试验。2006 年进一步开展了亚燃模态自由射流实验,为进一步提高燃烧效率,在亚燃和超燃模态时探索使用小流量一次火箭羽流进行火焰稳定,取得了较好的成果。

综合 RBCC 发动机研究情况可以看出,美国通过 GTX、ISTAR 和 CCE 等项目,已掌握了 RBCC 引射和亚燃模态关键技术,并通过系统集成完成了关键技术的验证,形成了 RBCC 系统设计方法体系,达到了 6 级左右的技术成熟度,待超燃技术成熟后,即可实现全模态的 RBCC 集成。欧洲各国主要开展原理性和机制性研究,其中法国的研究比较突出,基本具备了发动机飞行验证条件。日本在此领域也非常活跃,开展了大量的试验研究,已经制定了飞行验证计划。

1.2 组合动力飞行器建模技术研究现状

1.2.1 组合动力飞行器技术研究现状

在过去的半个多世纪时间里,世界各国争相投入大量资金和人力研究组合动力飞行器技术,以美国、欧洲为代表,先后通过独立和国际合作实施了诸多组合动力飞行器项目,这些成功或失败的经验为组合动力飞行器技术研究奠定了基础。

20 世纪初,冲压发动机概念的提出开辟了组合动力飞行的新篇章[1]。美国国家空天飞机计划 NASP[X-30,图 1.1(a)][2]是比较系统的研究 SSTO 的组合动力飞行器,它采用与 RBCC 稍有不同的吸气/火箭组合推进系统,其中的关键技术包括高超声速超燃冲压发动机技术、耐高温低密度结构材料、计算流体力学和一体化技术。德国的 TSTO 飞行器 Sänger[3] 采用四模块的涡轮和亚燃冲压发动机组合动力推进系统[图 1.1(b)]，实现起飞质量为 366 t、载重为 112 t 的 TSTO 目标。英国的 Skylon[4-6][图 1.1(c)]入轨飞行器旨在发展一种定位上和美国的 NASP 类似的 SSTO 可重复使用运载器，采用 SABRE(synergetic air breathing rocket engine)吸气式涡轮火箭组合发动机[图 1.1(d)]实现将 12 t 的载荷运载到低地轨道、将 9.5 t 载荷运送至 28.5°×460 km 的轨道、将 4.8 t 载荷运送到 98°×250 km 的轨道的目标。除此之外，其他高超声速飞行器或发动机的研究计划为组合动力飞行器的研究奠定了一定技术基础，包括美国的 X-43A 技术验证机[7-10]（包括 Hyper-X 项目[11-13]）、X-51 乘波体验证机[9,10,14]（包括 HyTech[15,16]）、FALCON 计划[10,17]等在超燃冲压发动机技术、耐高温低密度结构材料、计算流体力学、一体化技术及制导控制技术方面进行了大量工程实践。俄罗斯的"冷""彩虹-2""针"等试验飞行器、法国的 PREPHA、Promethee 和 LEA 等计划、澳大利亚/美国的 HiFire[18,19]项目、HyShot[20]计划、ONERA 和 DLR 发起的 JARPHA 项目[21]等，在双模态超燃冲压发动机技术、组合动力技术和机体/发动机一体化技术方面进行了深入而有意义的研究。

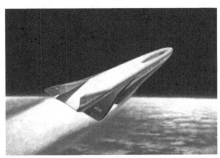

(a) X-30, NASP 概念之一

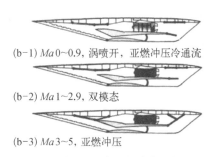

(b-1) Ma 0~0.9, 涡喷开，亚燃冲压冷通流

(b-2) Ma 1~2.9, 双模态

(b-3) Ma 3~5, 亚燃冲压

(b) Sänger第一级动力系统

(c) Skylon

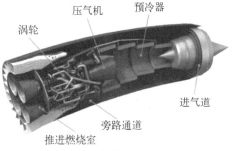

(d) SABRE

图 1.1 部分组合动力飞行器

目前,国内对于组合动力飞行器技术的研究还处于部分重要部件的理论和试验阶段。西北工业大学在基于 RBCC 的飞行器及其推进系统[22-41]研究上处于国内前沿地位;北京航空航天大学在冲压以及 RBCC 发动机技术方面进行了系统的研究[42-47];南京航空航天大学积累了诸多高超声速进气道[48-60]、隔离段[61]、尾喷管[62,63]设计和应用方面的技术经验,同时对 TBCC 技术进行了深入研究[64-66]。国防科技大学在进气道启动技术[67]及冲压发动机工程应用[68,69]方面的研究处于领先水平;同时中国科学院力学所对高超声速推进系统展开了广泛的研究[70,71]。

通过总结国内外研究成果,组合动力飞行器具有与传统亚声速、跨声速飞行器以及单点设计的高超声速飞行器等完全不同的设计理念,具体如下:

(1) 宽速域飞行特性。宽速域飞行特性主要体现在宽速域气动和宽速域推进两方面;

(2) 多模态组合推进系统。宽速域飞行特性要求动力系统采用多模态发动机;

(3) 机体/发动机一体化设计。一体化设计可以适应大空域、大速域的工作环境。

这些设计理念一方面造成了飞行器总体设计难度的增加;另一方面增加了飞行器性能评估分析的难度,即飞行器建模的难度。从应用研究层面来看,组合动力飞行器的建模技术是制导控制系统设计研究的基础,是飞行器设计成功与否的关键之一,需要进行深入研究。龚春林等[72]基于多学科优化理论提出了建立吸气式高超声速飞行器多学科设计优化模型的方法,研究了包括弹道、控制在内的多学科设计优化问题,认为学科模型的精度严重影响着飞行器方案优化的结果。Dalle 等[73]基于 First Principle 模型分析了高超声速飞行器的飞行包线特性。宗群等[74-77]基于 First Principle 模型设计了吸气式高超声速飞行器的控制率、研究了多种控制方法在飞行器控制领域的应用。Shen 等[78]建立了面向控制的高超声速飞行器模型,并基于此模型分析了类 X-43A 飞行器的巡航特性和性能边界,说明了飞行器模型在性能分析中的重要作用。这些研究结论一致表明,飞行器模型对于组合动力飞行器技术研究具有重大意义。

1.2.2　组合动力飞行器建模技术

组合动力飞行器作为高超声速飞行器的宽速域化拓展,其模型具有高超声速飞行器模型的普遍特点,因而其建模技术受高超声速飞行器建模技术的影响。组合动力飞行器气动/推进模型的这些特性需要通过建模过程来体现,而飞行器的模型又直接影响着飞行器制导控制系统的设计,因此组合动力飞行器的建模是一项非常复杂且具有挑战性、但却必须的任务。组合动力飞行器模型的建立是以受力表达式结合气动学科和推进学科的关系而形成的模型空间,其中受力表达式决定着组合动力飞行器建模的精度和可靠性。根据来源基础的不同,可以将组合动力飞行器建模分为基于试验数据的建模、基于计算流体力学(computational fluid dynamics,CFD)的建模和基于物理机制的建模。

1) 基于试验数据的无动力 Winged-cone 模型

地面风洞试验和样机飞行试验是获得接近真实飞行状态数据的最有效途径,通过地面风洞试验和样机飞行试验的数据测量与处理,获得飞行器的受力和力矩分布,通过数学拟合等方法来获得力和力矩的表达式,称为基于试验数据的建模方法。NASA 兰利研究中心在 1990 年提出了基于试验数据的高超声速飞行器 Winged-cone 模型[79],其所研究的飞行器几何外形如图 1.2 所示。Wang 等人[80]采用数据拟合方法,将 Winged-cone 模型的试验数据拟合成飞行马赫数 15以下以及高度 30 km 下的纵向非线性的数学式。Keshmiri 等[81,82]在 Shaughnessy等[79]给出的风洞数据基础上,结合 NASA 给出的几何模型,采用 CFD 技术建立了 Winged-cone 六自由度数学模型,并拟合形成相应的气动数据表达式,是目前最为完整的六自由度数学模型。Keshmiri 等[81,83]根据 Shaughnessy 等[79]给出的试验数据图表,分析了影响飞行器受力和力矩的因素,采用优化方法给出了力和力矩关于这些主要影响因素的连续数学表达式。

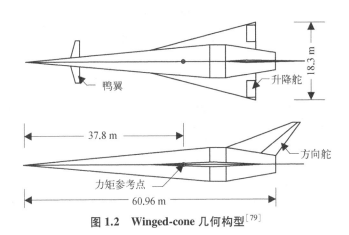

图 1.2　Winged-cone 几何构型[79]

Winged-cone 模型数值拟合结果显示,模型主要影响因素为攻角、舵偏角、马赫数和油门开度,其他影响因素以不确定因子代替。在巡航飞行阶段,这种模型具有较高精度。但在爬升阶段,仅将其他因素视为不确定因子的方法可能导致较大模型误差,且不利于大包线范围内控制器设计。另外,虽然基于试验数据的 Winged-cone 模型具有极可靠的精度表现,但模型仅适用于如图 1.2 所示的飞行器构型,建模方法对象依赖性较强,且建模过程中数据获取的周期较长,没有明显反映气动/推进耦合效应,不满足组合动力飞行器初步设阶段大量构型遴选时的模型需求。

2)基于 CFD 数据的单模态气动/推进耦合 CSULA-GHV 模型

Winged-cone 模型无法描述机体/发动机耦合以及弹性效应,为了满足耦合效应影响的研究,2005 年加州大学洛杉矶分校的 Mirmirani 等[84]以 X-43A 为原型,基于 CFD 仿真技术建立了二维纵向带有气动/推进耦合的高超声速飞行器数学模型 CSULA-GHV,如图 1.3 所示,并公布了数值计算所得的气动数据[85-87]。2006 年,加州大学洛杉矶分校的 Clark 等[88]和 Mirmirani 等[87]在气推耦合模型的基础上以自由梁模型等价飞行器纵向特性,建立了考虑机身弹性变形对飞行器气动力和力矩影响的弹性体模型。

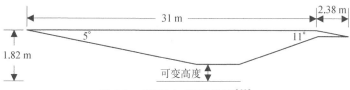

图 1.3　CSULA-GHV 构型[88]

CSULA-GHV 模型的基准 CFD 数值计算是发动机关闭状态,在马赫数 6、8、10 下、攻角以 1°为步长从−5 到 5°、升降舵以 2.5°的步长从−5 到 5°。推进系统模型是在 Fluent 中使用一步有限速率化学反应来实现的。在获得了足够的 CFD 计算数据后,通过数值拟合离散的 CFD 结果,得到了连续的非线性高超声速飞行器气动推进耦合模型[85,87]。该模型的最高次数为两次,包含了 12 项系数,给出的气动力和力矩受飞行器攻角、发动机油门位置、升降舵偏转角和飞行马赫数的影响明显,充分体现了气动与推进系统的耦合关系。根据模型分析结果可知,该模型是针对等动压飞行建立的,而在组合动力飞行器整个飞行过程中并不一定能保持等动压,且模型存在对象依赖性较高、CFD 计算周期较长、模型推进系统研究对象仅为超燃冲压发动机等特征,不适合于组合动力飞行器初步设计阶段构型的遴选和优化。

3）基于物理机制的单模态气动/推进耦合 First Principle 模型

2005~2007 年,美国空军实验室的 Bolender 等[89,90]和 Oppenheimer 等[91,92]提出了基于物理机制的 First Principle 高超声速飞行器模型。与 CSULA-GHV 模型类似,First Principle 模型也是基于类 X-43A 飞行器构型,如图 1.4 所示。所不同的是,First Principle 模型采用基本的高超声速空气动力学理论与方法,将飞行器受力区域分为前体上表面、后体上表面、前体下表面、后体下表面、发动机内流道和发动机下表面等部分,分别使用斜激波/膨胀波理论以及一维可压流理论[93]获得飞行器表面压力分布和发动机内流道参数,非定常气动力使用活塞理论[94]计算。Bolender 等[95,96]分析了定常气动力、非定常气动力和黏性效应对飞行器受力的影响,Oppenheimer 等[97]在已建立的模型基础上加入了气动热引起的黏性效应,并研究了鸭翼和升降舵上激波/膨胀波的相互作用[98],Williams 等[99]和 Culler 等[100]针对飞行器质量和温度的变化,分析了对应的弹性结构固有频率和振型模态的变化。

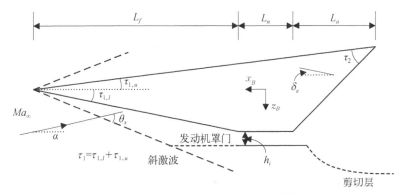

图 1.4　First Principle 构型示意图[90]

First Principle 模型考虑了纵向平面内气动/推进的耦合、气动/弹性的耦合以及刚体和弹性体的耦合,因此最终的气动模型表达式是非常复杂的,但是其中必然包含有推进系统参数和弹性体模态参数,正是由于这些强耦合项的存在,First Principle 模型体现出不稳定性和非最小相位特性,在上述三类模型中最能反映高超声速飞行器模型的真实物理特性。First Principle 模型仅针对超燃冲压发动机模态的 X-43A 等纵向简化构型构建,其中绝大部分壁面都采用平面表示,而对于其他由大量曲面构成的组合动力飞行器,这种模型采用的理论将会受到一定限制。需要注意的是,即使 First Principle 模型存在一些应用限制,但其建模思路和方法能在一定精度要求下满足初步设计阶段的构型遴选和多学科应用的要求,且能扩展为独立于特定构型的建模方法。

4）组合动力推进系统模型

组合动力飞行器有别于一般高超声速飞行器的特点之一是组合动力飞行器的发动机是多模态组合动力系统,其中包括冲压模态但不仅限于冲压模态。目前主流的组合动力系统包括 RBCC、TBCC 以及空气涡轮火箭循环等,RBCC 组合动力因其简单的构型和一体化能力成为组合动力系统研究的重点之一。

Rice[101] 对单级入轨 GTX 飞行器的 RBCC 推进系统流道进行了试验,获得的数据对 RBCC 推进系统的建模具有重要意义。Kim 等[102]、Seleznev 等[103]、O'Brien 等[104]、Chen 等[105]、Hao 等[106]、Wang 等[107]、Zhu 等[108] 众多研究人员对冲压发动机模型进行了广泛而深入的理论和试验研究,认为亚燃模态和超燃模态的模型一体化能够加宽冲压发动机模型应用范围。在引射模态模型研究方面,Ruf 等[109]、Shi 等[24]、邓军[110]、安佳宁[111]、林其[112]、吕翔[40] 进行了大量的理论和试验研究,虽然火箭模态的模型研究非常成熟,但作为吸气式火箭的引射模态由于物理机制的不确定性等因素还需要深入研究。通过这些文献的分析发现,对于 RBCC 组合动力系统,单模态模型的研究还需要进一步的拓展(比如冲压发动机模型),而模态之间的转换是组合动力推进系统各模态完成推力交接的关键,需要进行系统的研究。

1.3 组合动力飞行器建模挑战

1.3.1 建模的难点和特点

组合动力飞行器作为高超声速飞行器的宽速域化拓展,其模型具有高超声速飞行器模型的普遍特点,因而其建模技术受高超声速飞行器建模技术的影响。在国际上众多的高超声速研究项目中,以 X - 43A、HTV - 2 和 X - 51 为代表进行了飞行试验,其他大部分均为地面试验和数值仿真,但其中暴露出来的模型特点具有很大相似性,具体来说可以总结为以下几点:

（1）高超声速技术研究投资大、风险高[77]。NASP 计划中 X - 30 验证机投资将近 30 亿美元,最终却没有进行试飞而宣布项目终止。X - 33 单级入轨验证机投资近 13 亿美元,由于在测试阶段连续失败而搁浅。HTV - 2 验证机每架造价 3.08 亿美元,经历的两次飞行试验均以失败告终。X - 51 进行的四次试飞总共耗资 3 亿美元左右,经历了失控导致传感器信号丢失而启动自毁、进气道不启动、作动翼故障等各种问题。

（2）模型不确定性问题。飞行器模型的偏差以及未体现在模型中的物理规律等,会使得预先设计的制导控制系统失效,从而导致任务失败。X-43A 在飞行过程中出现过飞行角度失控,偏离预定航线。HTV-2 再入过程中偏航超出预估值,同时还伴有翻滚,最终导致姿态超出控制器控制范围。X-51 验证机错误地估算了实际飞行阻力,使得加速度没有达到期望值,而导致速度跟踪失败。这些试验失败的主要原因则是未能完全掌握飞行过程中的全部运动规律,从而导致模型不确定性较大而致使制导控制系统设计失效。

（3）数据稀缺导致的精细化建模困难。数据稀缺主要有两方面的原因:吸气式高超声速飞行器飞行空域和速域较大(图 1.5),无法在较少的试验次数下获得全部的飞行数据;吸气式高超声速飞行器设计的学科种类繁多,试验中需要监测的数据类型和数据量巨大,在单一飞行中只能就部分关键数据进行记录,这就造成了数据不完整性,对这种高速快时变的飞行器系统,数据不完整性带来的模型误差极有可能导致整个任务的失败。X-43A 的第二次试验中自主动力飞

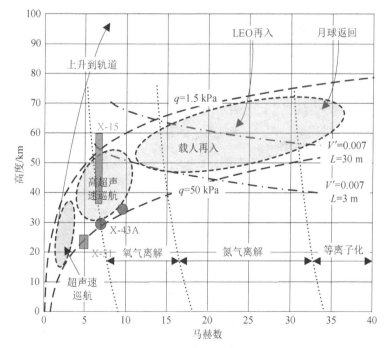

图 1.5　大气飞行包线

行时间仅为 11 s,获得的飞行数据十分有限。HTV‐2 的设计飞行时间由于飞行器的失控而未完成。X‐51 的验证机的有限飞行试验数据来自第三次飞行的16 s 和第四次飞行的 370 s,远远没有达到设计的飞行时长。而地面试验获得的高超声速数据由于模型尺寸、试验时间和天地一致性等问题而存在一定的偏差。这给建模和模型的验证带来了很大的不便,从而影响了高超声速飞行器技术的发展。

　　相比于传统的飞行器,吸气式高超声速飞行器具有更宽广的空间域、速度域以及更窄的作动面控制范围,存在诸多未能正确认知的物理规律,影响着吸气式高超声速飞行器的建模。通过飞行试验研究过的速度范围只占飞行包线很小一部分,如图 1.6 所示,而吸气式高超声速飞行器的系统复杂度是前所未有的,因此其建模研究必然经历一个相对漫长的过程。

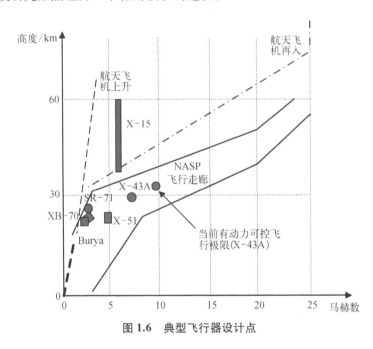

图 1.6　典型飞行器设计点

　　一般来说,高超声速飞行器的模型具有强耦合、强非线性、高不确定性等特性(图 1.7),这些特性是由高超声速飞行器的宽速域、大空域、一体化特性决定的。

　　(1) 强耦合。吸气式高超声速飞行器的飞行速度要求机体和发动机必须进行一体化设计,以减小阻力、增加升力、减小热防护需求。首先,从目前高超声速飞行器的设计方案来看,已经很难明确地区分机体与发动机的界面,而一体化设

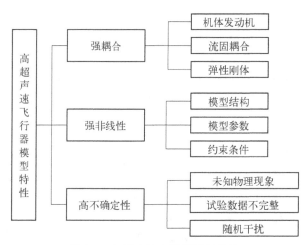

图 1.7 高超声速飞行器模型特性

计带来好处的同时,也给建模带来了很大的困难。机体/发动机的高度一体化使得发动机与机体存在强耦合特性:机体的前部设计影响着发动机的进气质量和机体的升力、力矩;发动机尾喷管既可作为推进系统的一部分提供推力,又可作为机体的一部分影响飞行器升力、力矩。其次,在进行高超声速飞行时,高速气流与机体结构的强烈作用体现出强烈的流固耦合,高速流动通过激波和边界层对结构进行加热,被加热的结构的材料特性发生变化,反过来又影响着流动与机体结构的作用方向和作用方式。再次,受气动加热的影响,飞行器结构会发生形变,进而影响飞行器的气动力,影响飞行器的刚体运动状态。而飞行器刚体的运动状态,如迎角、飞行速度等的变化,又影响飞行器的气动加热,从而影响机体的弹性结构变形,形成飞行器刚体和弹性体的耦合。

(2)强非线性。高超声速飞行器建模的非线性主要体现在模型结构的非线性、参数的非线性和约束条件的非线性。模型结构的非线性是指高超声速飞行器模型均是非线性方程组,且高度、速度等量是飞行器飞行状态的非线性函数,同时高超声速飞行器结构上属于两端自由的梁结构,其表现为偏微分方程,相比于传统飞行器,其非线性更强。参数的非线性是指升力、阻力、推力等模型参数是飞行姿态的强非线性函数。而飞行过程中如壁面热流、发动机工作范围等约束条件是很难用传统的线性方程进行描述的,必须与飞行器的运动状态和飞行姿态形成非线性方程模型才能描述。

(3)高不确定性。通过飞行试验结果得知,高超声速飞行有很多未知因素影响,目前通过理论分析、地面试验以及少量的飞行试验数据建立的模型还远远不能描述这些不确定因素。同时,高超声速飞行时边界层转捩和气动弹性的模型存在很多目前不能建模的因素,通常作为扰动项处理,这些扰动项以及随机干扰进一步增加了飞行器建模的不确定性。

1.3.2　基于物理机制的组合动力飞行器建模

组合动力飞行器模型是进行飞行器性能分析、制导控制系统设计、优化设计必不可少的一部分,在组合动力飞行器设计与研究中具有不可替代的重要作用,目前已有的飞行器模型存在以下特点:

(1) Winged-cone 模型基于风洞试验数据构建,能明确反映高超声速飞行器飞行过程中遇到的大部分情况,具有接近真实情况的高精度特性,但是其对象依赖性强、数据获取周期长、投资高,且 Winged-cone 模型没有考虑气动推进耦合影响;

(2) CSULA-GHV 模型基于 CFD 数据构建,CFD 数值仿真能涵盖几乎所有的马赫数/高度范围等,数据精度有保障,但其具有强对象依赖性,计算量和耗时往往随着需求精度的增加而快速增加,且 CSULA-GHV 模型只考虑了超燃冲压推进系统模型;

(3) First Principle 模型针对类 X - 43A 纵向简化构型构建,对于非平面壁面的机体构型,模型的应用范围有限,但是其计算快速性和物理特性反应能力使得其建模思路和方法对于建立宽速域组合动力飞行器模型具有很大的指导意义;

(4) 高超声速飞行时的摩擦力最高可占总阻力的一半左右,而基于纵向简化构型构建的 First Principle 模型无法保证阻力模型的精度;

(5) First Principle 模型针对冲压推进系统使用了简单的准一维超燃冲压模型,难以保证宽速域多模态推进系统的飞行要求,如引射模态、亚燃模态、超燃模态及火箭模态的大马赫数跨度范围;

(6) 上述三类模型均存在对象依赖性强的问题,对于组合动力飞行器初步设计阶段的大量不同构型筛选、优化、性能评估来说,宽速域、独立于对象、多模态以及快速计算的特性能够大幅加速初步设计阶段的进程。

综上所述,基于物理机制的组合动力飞行器建模利用飞行器飞行过程中受力的基本物理原理,建立飞行器机制模型。相比于基于试验数据和 CFD 数值仿真的模型,基于物理机制的飞行器模型能在满足一定计算速度要求的条件下保证合理的计算精度,扩展模型的对象适用范围。相比于前两种建模方法,基于物理机制的建模也有一定的不足：模型能反映的物理现象越多，模型本身越复杂，以至于具有竞争力的基于物理机制的模型最多只能适用于初步设计阶段；基于物理机制的建模前期需要大量不同学科的基础知识。即使如此，在组合动力飞行器概念设计和初步设计阶段，基于物理机制的模型在理解设计理念、分析设计结果、优化设计方案等方面具有较大的优势。

建立基于物理机制的组合动力飞行器模型可以弥补现有高超声速飞行器模型的不足，扩大模型应用范围、保证一定计算速度的前提下提升模型精度和可靠性，更合理地反映组合动力飞行器外流场、内流场的受力和力矩，改善现有物理机制模型的适用性。从应用上来说，物理机制模型是飞行器弹道和制导控制学科所必需的输入，更准确的物理模型能提升弹道和制导控制系统设计可靠性，增加制导控制的鲁棒性，对飞行任务的完成有着举足轻重的作用。

1.4   本书的体系结构

本书主要针对现阶段组合动力飞行器模型建模周期长、投资大、适用范围有限、对象依赖性高、计算精度和速度不能胜任初步设计阶段的要求等特点，提出一组适合于组合动力飞行器概念设计和初步设计阶段的建模方法，此方法应具有能够较好的平衡计算精度和计算速度的要求、反映一定的物理特性、宽速域适用性、独立于研究对象、适合于多学科应用研究的特性。

本书以图 1.8、图 1.9 所示的组合动力飞行器为对象，该飞行器为两级入轨系统的第一级，采用火箭基组合循环动力系统。

围绕该研究对象，本书的主要工作主要包括：

1）组合动力飞行器宽速域气动建模

对于一体化设计的组合动力飞行器，机体和发动机在几何上是融为一体的，但又属于不同的学科，需要建立不同的模型。因而需要将飞行器的流场按内外流场划分，本书中采用如图 1.10 所示的外流场和内流场界定示意图，其中外流场包括飞行器上壁面、进气道外压缩段，操纵舵面、后体下表面（单边膨胀尾喷管外膨胀段）以及发动机下表面。而进气道外压缩段和后体下表面作为体现气动/推进耦合的主要部件，在建模中需要与其他外表面区别对待。

按照图 1.10 的外流场定义，对于组合动力飞行器气动模型，主要进行以下内容研究：

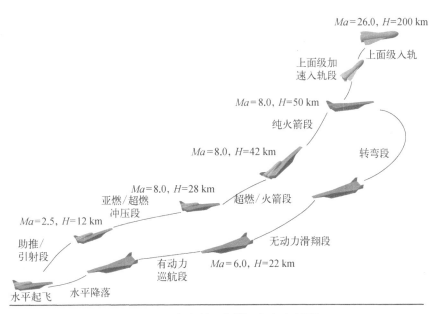

图 1.8　两级入轨飞行器飞行任务剖面

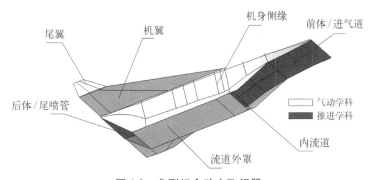

图 1.9　典型组合动力飞行器

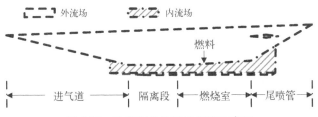

图 1.10　飞行器内外流场界定示意图

（1）研究超声速/高超声速气动力基础模型方法的精度、可靠性和适用范围；

（2）解决模型组合策略和匹配方法问题，并在此基础上建立壁面压力和摩擦力分布组合模型；

（3）基于流线追踪技术，构建独立于研究对象的宽速域气动力快速计算平台；

（4）基于公开的高超声速飞行器构型，进行宽速域试验对比验证与分析。

2）组合动力飞行器宽速域推进系统建模

组合动力飞行器的宽速域特性决定了一种单一的发动机模态无法提供整个弹道的推力，如图 1.11 所示，因而需要将不同的发动机工作状态以相应的策略进行组合，构建组合推进系统，其中组合循环发动机因其结构紧凑是可行方案之一。组合循环发动机主要有 TBCC 和 RBCC 两种，如图 1.11 所示。相比之下，虽然 TBCC 系统在低速段拥有较高的比冲和推进效率，但是 TBCC 系统比 RBCC 系统更复杂，可动部件更多，从减小系统复杂度方面来看，RBCC 更适合于作为组合动力飞行器的动力系统，是本书主要的研究对象。

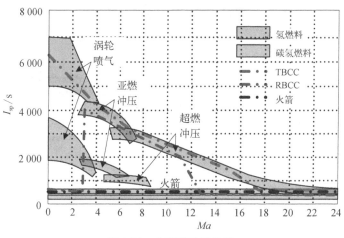

图 1.11　典型发动机比冲

3）气动/推进一体化耦合建模方法

从模型关系上来看，一体化设计的组合动力飞行器机体与发动机几何和功能上的高度融合带来了气动/推进的强耦合[113-115]，而这种强耦合主要体现为：

（1）飞行器机体前体下表面与发动机进气道共用同一部件，模型上具有强耦合特性[116-117]。一方面，流经进气道的气流在进气道壁面产生的分布力是飞行器升力、阻力和力矩组成部分;另一方面,作为吸气式推进系统的一部分,进气道出口的气流参数决定着发动机的工作能力和工作模态[118-119],进而决定飞行器的推力。

(2)飞行器机体后体下表面和发动机尾喷管共用同一部件,模型上具有强耦合特性[120-123]。一方面,后体下表面作为机体的一部分,其壁面的分布力组成飞行器的升力、阻力和力矩的一部分;另一方面,作为推进系统主要的推力来源,尾喷管承接来自燃烧室的高温低速气流[124],通过膨胀面尽可能多地将气流中的能量转化为推力。

气动和推进学科之间的强耦合问题是机体/推进一体化分析的难点之一,尤其是前体/进气道与燃烧室之间复杂的流动耦合现象,给一体化分析带来了极大困难。由于内外流场的仿真时间尺度差异大,传统的完全基于 CFD 的耦合分析方法不仅耗时,且对燃烧现象的模拟精度有限,因此,外流采用 CFD 而内流采用准一维流的方法是一类典型的内外流耦合分析手段,可大大节省计算时间。

4)组合动力飞行器统一建模理论技术

针对组合动力飞行器动力学建模的多种任务需求,本书提出组合动力飞行器统一建模理论。统一建模的含义有两方面:一方面是多种不同精度、复杂度模型之间的统一,即模型既适合设计后期的高精度仿真,同时也容易得到适用于飞行器设计迭代初期、控制系统设计等多种简化模型;另一方面是飞行力学和气动弹性力学之间的统一,即动力学模型既可处理飞行力学问题又可处理气动弹性力学问题。组合动力飞行器动力学统一建模理论的两大基础内容是建立运动方程和确定动载荷。

本书讨论统一建模理论的前一部分内容,即如何在统一建模思路指引下建立组合动力飞行器的运动方程。根据统一建模思路,组合动力飞行器的运动方程应该不遗漏飞行器的重要动力学特征。除了气动/推进耦合,某些组合动力飞行器还可能出现全动翼面与机身之间的惯性耦合现象。本书将组合动力飞行器看作是由两全动翼和机身组成的三柔体系统,基于多柔体系统动力学的相关理论推导了组合动力飞行器动力学方程,基于多柔体系统动力学的建模理论框架如图 1.12 所示。

5)宽速域理论模型与方法的典型应用

组合动力飞行器前体在产生气动力及力矩的同时还起着进气道的作用,为超燃冲压发动机燃烧室提供合适的进口气流参数;后体在使燃烧室高温高压燃气进一步膨胀加速产生推力及其力矩的同时还伴随着升力及其力矩的产生。所

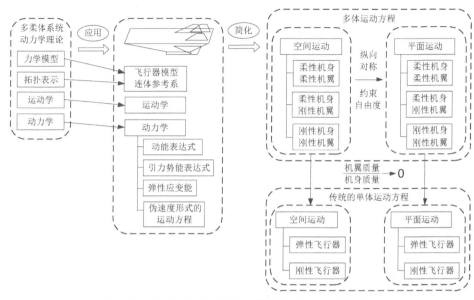

图 1.12   基于多柔体系统动力学理论的统一建模框架

以该飞行器与传统飞行器有着本质区别,需要进行基于内外流场一体化计算的飞行动力学耦合特性分析。具体而言,气动/推进一体化力及力矩的主要影响因素、作用形式及其重要性测度等静态耦合尚待研究;气动/推进耦合作用对飞行动态特性的作用机制有待明确;飞行状态变量、控制变量和运动模态间的动态耦合需要测度。在初步设计阶段,弹道和控制学科是飞行器设计闭环迭代的主要组成部分,也是模型性能验证的主要方向,相比于其他学科,弹道性能与控制系统的研究分析更依赖于飞行器的模型,是本书研究内容的主要应用方向。

参考文献

［1］ Heiser W H, Pratt D T, Daley D H, et al. Hypersonic Airbreathing Propulsion［M］. Washington: AIAA, 1994.

［2］ Heppenheimer T A.美国国家空天飞机计划［M］.北京: 航空工业出版社,1989.

［3］ MBB. Sänger［R］. German: DLR, 1998.

［4］ Bond A, Varvill R, Scott-Scott J, et al. SKYLON — a realistic single stage spaceplane［J］. Spaceflight, 2003, 45: 158 – 161.

［5］ Varvill R, Bond A. The SKYLON spaceplane: progress to realisation［J］. Journal of the British Interplanetary Society, 2008, 61: 412 – 418.

［6］ Mehta U, Aftosmis M, Bowles J, et al. SKYLON aerospace plane and its aerodynamics and plumes［J］. Journal of Spacecraft and Rockets, 2016, 53(2): 340 – 352.

[7] McClinton C R. X－43－scramjet power breaks the hypersonic barrier dryden lectureship in research for 2006 [C]. 44th AIAA Aerospace Sciences Meeting and Exhibit, Reno, 2006.

[8] Voland R T, Huebner L D, McClinton C R. X－43 hypersonic vehicle technology development [C]. 56th International Astronautical Congress of the International Astronautical Federation, Fukuoka, 2005.

[9] 马岑睿,严聪,李彦彬.国外高超声速计划发展综述[J].飞航导弹,2011,6: 28－32.

[10] 陈英硕,叶蕾,苏鑫鑫.国外吸气式高超声速飞行器发展现状[J].飞航导弹,2008,12: 25－32.

[11] Cockrell C E, Auslender A H, White J A, et al. Aeroheating predictions for the X－43 hyper-X cowl-closed configuration at Mach 7 and 10 [C]. 40th AIAA Aerospace Sciences Conference & Exhibit, Reno, 2002.

[12] Huebner L D, Rock K E, Ruf E G, et al. Hyper-X flight engine ground testing for X－43 flight risk reduction [C]. AIAA/NAL-NASDA-ISAS 10th International Space Planesand hypersonic Systems and Technologies Conference, Kyoto, 2001.

[13] Peebles C. Hyper-X scramjet development [M]. Washington D C: AIAA, 2011: 159－178.

[14] Hank J M, Murphy J S, Mutzman R C. The X－51A scramjet engine flight demonstration program [C]. 15th AIAA International Space Planes and hypersonic Systems and Technologies Conference, Dayton, 2008.

[15] Mercier R A, Ronald T M F. Hypersonic technology (HyTech) program overview [C]. 8th AIAA International Space Planes and hypersonic Systems and Technologies Conference, Norfolk, 1998.

[16] Edwards T, Maurice L. HyTech fuels/fuel system research [C]. 8th AIAA International Space Planes and hypersonic Systems and Technologies Conference, Norfolk, 1998.

[17] Walker S, Tang M, Hamilton B A, et al. Falcon HTV－3X — a reusable hypersonic test bed [C]. 15th AIAA International Space Planes and hypersonic Systems and Technologies Conference, Dayton, 2008.

[18] Juliano T J, Adamczak D, Kimmel R L. HiFire－5 flight test heating analysis [C]. 52nd Aerospace Sciences Meeting, Maryland, 2014.

[19] Yentsch R J, Gaitonde D V, Kimmel R. Performance of turbulence modeling in simulation of the HiFire－1 flight test [J]. Journal of Spacecraft and Rockets, 2014, 51(1): 117－127.

[20] Hass N E, Smart M K, Paull A. Flight data analysis of HyShot 2 [C]. AIAA/CIRA 13th International Space Planes and hypersonics Systems and Technologies, Capua, 2005.

[21] Dessornes O, Scherrer D. Tests of the JAPHAR dual mode ramjet engine [J]. Aerospace Science and Technology, 2005, 9: 211－221.

[22] Jing T T, He G Q, Lin B B, et al. Thermal analysis of RBCC engine at ejector, ramjet and scramjet modes [C]. 14th International Energy Conversion Engineering Conference, Salt Lake City, 2016.

[23] Liu Y, He G Q, Liu P J, et al. Influence of primary rocket mass flow rate on performance of RBCC [C]. 43rd AIAA/ASME/SAE/ASEE Joint Propulsion Conference & Exhibit, Cincinnati, 2007.

［24］ Shi L, He G Q, Qin F. Numerical simulation on a rocket-based combined cycle engine in ejector mode under sea-level static consitions ［J］. Journal of Solid Rocket Technology, 2013, 36(3): 310－317.

［25］ Shi L, Liu X W, He G Q, et al. Numerical analysis of a dual-mode scramjet engine vs a rocket-based combined-cycle engine ［C］. 52nd AIAA/SAE/ASEE Joint Propulsion Conference, Salt Lake City, 2016.

［26］ Wang Y J, Li J, Qin F, et al. Study of thermal throat of RBCC combustor based on one-dimensional analysis ［J］. Acta Astronautica, 2015, 117: 130－141.

［27］ Zhang M, He G Q, Liu P J. Performance improved by multistage rockets ejection in RBCC engine ［C］. 44th AIAA/ASME/SAE/ASEE Joint Propulsion Conference & Exhibit, Hartford, 2008.

［28］ 刘晓伟.火箭基组合循环(RBCC)动力宽适用性进气道研究[D].西安:西北工业大学,2010.

［29］ 刘晓伟,石磊,刘佩进,等.RBCC 发动机引射模态进气道特性研究[J].固体火箭技术,2016,39(5):601－605.

［30］ 刘洋,何国强,刘佩进,等.RBCC 引射/亚燃模态过渡点选择[J].固体火箭技术,2009,32(5):500－505.

［31］ 吕翔,何国强,刘佩进.RBCC 引射模态准一维性能分析模型[J].推进技术,2006,27(6):529－541.

［32］ 李宇飞.RBCC 引射火箭模态性能研究[D].西安:西北工业大学,2004.

［33］ 武乐乐,何国强,秦飞,等.中心支板钝化对 RBCC 进气道性能的影响[J].固体火箭技术,2016,39(5):606－611.

［34］ 汤祥,何国强,秦飞.轴对称结构 RBCC 燃烧室超燃模态燃烧性能研究[J].西北工业大学学报,2014,32(1):29－34.

［35］ 潘浩,潘宏亮,秦飞,等.基于三维 CFD 的 RBCC 发动机建模方法[J].固体火箭技术,2015,38(3):336－341.

［36］ 阮建刚,何国强,吕翔.RBCC-RKT 两级入轨飞行器飞行轨迹优化方法[J].航空学报,2014,35(5):1284－1291.

［37］ 阮建刚,何国强,吕翔.RBCC-RKT 两级入轨飞行器起飞质量估算方法[J].推进技术,2013,34(5):603－608.

［38］ 霍超,何国强,吕翔,等.RBCC 发动机初步设计 CAD 系统研究[J].固体火箭技术,2010,33(1):25－29.

［39］ 黄生洪,何洪庆,何国强,等.火箭基组合循环(RBCC)推进系统概念设计模型[J].推进技术,2003,24(1):1－5.

［40］ 吕翔.火箭基组合循环(RBCC)发动机性能分析模型研究[D].西安:西北工业大学,2005.

［41］ 张时空,李江,秦飞,等.两级入轨运载器 RBCC 动力系统内流道设计与性能计算[J].推进技术,2015,36(4):520－526.

［42］ 徐大军,陈兵,蔡国飙,等.高超声速飞行器后体喷管三维构型设计[J].航空动力学报,2009,24(2):247－254.

[43] 徐旭,陈兵,徐大军.冲压发动机原理及技术[M].北京:北京航空航天大学出版社,2014.

[44] 王洪信,徐旭.火箭基组合循环发动机性能迭代算法研究[J].火箭推进,2015,41(1):56 - 62.

[45] 田亮,朱韶华,李轩,等.双支板超燃燃烧室燃烧状态的试验研究[J].推进技术,2016,37(6):1001 - 1007.

[46] 朱韶华,徐旭,田亮.多凹腔双模态冲压发动机燃料喷注方案试验研究[J].推进技术,2016,37(6):1022 - 1029.

[47] 张云峰,杨庆春,徐旭.一种双模态超燃燃烧室芯流面积的一维计算方法[J].推进技术,2018,39(8):1803 - 1809.

[48] 南向军,张堃元.采用新型基准流场的高超声速内收缩进气道性能分析[J].宇航学报,2012,33(2):255 - 259.

[49] 朱伟,张堃元,南向军.壁面马赫数分布规律可控的新型内收缩基准流场设计方法[J].推进技术,2013,34(4):433 - 438.

[50] 尤延铖,梁德旺,郭荣伟,等.高超声速三维内收缩式进气道乘波前体一体化设计研究评述[J].力学进展,2009,39(5):513 - 525.

[51] 郭军亮,黄国平,尤延铖,等.改善内乘波式进气道出口均匀性的内收缩基本流场研究[J].宇航学报,2009,30(5):1934 - 1940.

[52] 尤延铖,梁德旺.基于内乘波概念的三维变截面高超声速进气道[J].中国科学 E 辑:技术科学,2009,39(8):1483 - 1493.

[53] 南向军,张堃元,金志光,等.矩形转圆形高超声速内收缩进气道数值及试验研究[J].航空学报,2011,32(6):988 - 996.

[54] 南向军,张堃元,金志光,等.压升规律可控的高超声速内收缩进气道设计[J].航空动力学报,2011,26(3):518 - 523.

[55] 孙波,张堃元.Busemann 进气道风洞实验及数值研究[J].推进技术,2006,27(1):58 - 60.

[56] 孙波,张堃元.Busemann 进气道起动问题初步研究[J].推进技术,2006,27(2):128 - 131.

[57] 孙波,张堃元,金志光,等.流线追踪 Busemann 进气道设计参数的选择[J].推进技术,2007,28(1):55 - 59.

[58] 李永洲,张堃元,南向军.基于马赫数分布规律可控概念的高超声速内收缩进气道设计[J].航空动力学报,2012,27(11):2484 - 2491.

[59] 刘凯礼.高超声速进气道动稳态攻角特性研究[D].南京:南京航空航天大学,2011.

[60] 董昊.高超声速咽式进气道流场特性和设计方法研究[D].南京:南京航空航天大学,2010.

[61] 王卫星,李博,郭荣伟.不同反压下椭圆形隔离段流场特征与气动性能[J].航空动力学报,2010,25(3):647 - 653.

[62] 唐兰,徐惊雷,莫建伟,等.基于壁面压力分布的单边膨胀喷管反设计及试验验证[J].推进技术,2016,37(12):2226 - 2232.

[63] 徐惊雷.超燃冲压及 TBCC 组合循环发动机尾喷管设计方法研究进展[J].推进技术,

2018,39(10)：2236 - 2251.

[64]   桂丰.高超声速飞行器飞推一体化气动性能与优化研究[D].南京：南京航空航天大学,2013.

[65]   刘君,袁化成,葛宁.串联式 TBCC 进气道模态转换模拟器设计及其特性分析[J].航空学报,2016,37(12)：3675 - 3684.

[66]   张明阳,王占学,刘增文,等.Ma4 一级内并联式 TBCC 发动机模态转换性能分析[J].推进技术,2017,38(2)：315 - 322.

[67]   王翼.高超声速进气道启动问题研究[D].长沙：国防科学技术大学,2008.

[68]   Wang Z G, Zhao Y L, Zhao Y X, et al. Prediction of massive separation of unstarted inlet via free-interaction theory [J]. AIAA Journal, 2015, 53(4)：1108 - 1111.

[69]   Wang Z G, Sun X W, Huang W, et al. Experimental investigation on drag and heat flux reduction in supersonic/hypersonic flows：a survey [J]. Acta Astronautica, 2016, 129：95 - 110.

[70]   高太元,崔凯,王秀平,等.三维后体/尾喷管一体化构型优化设计及性能分析[J].科学通报,2012,57(4)：239 - 247.

[71]   焦子涵,邓帆,袁武,等.高超声速飞行器二元进气道试验和计算[J].固体火箭技术,2016,39(4)：470 - 475.

[72]   龚春林,谷良贤.高超声速飞行器多学科优化建模方法[J].计算机集成制造系统,2008,14(9)：1690 - 1695.

[73]   Dalle D, Torrez S, Driscoll J, et al. Flight envelope calculation of a hypersonic vehicle using a first principles-derived model [C]. 17th AIAA International Space Planes and hypersonic Systems and Technologies Conference, San Francisco, 2011.

[74]   Zhang X B, Zong Q, Zeng F L. Effects of aeroelastic modes on the dynamics of a flexible hypersonic vehicle [C]. 25th Chinese Control and Decision Conference, Guiyang, 2013.

[75]   Zhang X B, Zong Q. Modeling and analysis of an air-breathing flexible hypersonic vehicle [J]. Mathematical Problems in Engineering, 2014.

[76]   张希彬,宗群,曾凡琳.考虑气动-推进-弹性耦合的高超声速飞行器面向控制建模与分析[J].宇航学报,2014,35(5)：528 - 536.

[77]   宗群,曾凡琳,张希彬,等.高超声速飞行器建模与模型验证[M].北京：科学出版社,2016.

[78]   Shen H D, Liu Y B, Chen B Y, et al. Control-relevant modeling and performance limitation analysis for flexible air-breathing hypersonic vehicles [J]. Aerospace Science and Technology, 2018, 76：340 - 349.

[79]   Shaughnessy J D, S. Zane Pinckney, McMinn J D, et al. Hypersonic vehicle simulation model：Winged-cone configuration [R]. Hampton：Langley Research Center, 1990.

[80]   Wang Q, Robert F. Stengel. Robust nonlinear control of a hypersonic aircraft [J]. Journal of Guidance, Control, and Dynamics, 2000, 23(4)：577 - 585.

[81]   Keshmiri S, Colgren R, Mirmirani M. Six-DOF modeling and simulation of a generic hypersonic vehicle for control and navigation purposes [C]. AIAA Guidance, Navigation, and Control Conference and Exhibit, Keystone, Colorado, 2006.

[82] Keshmiri S, Colgren R, Mirmirani M. Six DOF nonlinear equations of motion for a generic hypersonic vehicle [C]. AIAA Atmospheric Flight Mechanics Conference and Exhibit, Hilton Head, South Carolina, 2007.

[83] Keshmiri S, Colgren R, Mirmirani M. Six-DOF modeling and simulation of a generic hypersonic vehicle for conceptual design studies [C]. AIAA Modeling and Simulation Technologies Conference and Exhibit, Providence, Rhode Island, 2004.

[84] Mirmirani M, Wu C, Clark A, et al. Modeling for control of a generic airbreathing hypersonic vehicle [C]. AIAA Guidance, Navigation, and Control Conference and Exhibit, San Francisco, California, 2005.

[85] Clark A, Wu C, Mirmirani M, et al. Development of an airframe-propulsion integrated generic hypersonic vehicle model [C]. 44th AIAA Aerospace Sciences Meeting and Exhibit, Reno, Nevada, 2006.

[86] Kuipers M, Mirmirani M, Ioannou P, et al. Adaptive control of an aeroelastic airbreathing hypersonic cruise vehicle [C]. AIAA Guidance, Navigation and Control Conference and Exhibit, Hilton Head, South Carolina, 2007.

[87] Mirmirani M, Kuipers M, Levin J, et al. Flight dynamic characteristics of a scramjet powered generic hypersonic vehicle [C]. 2009 American Control Conference, St. Louis, MO, 2009.

[88] Clark A, Mirmirani M, Wu C, et al. An aero-propulsion integrated elastic model of a generic airbreathing hypersonic vehicle [C]. AIAA Guidance, Navigation, and Control Conference and Exhibit, Keystone, Colorado, 2006.

[89] Bolender M A, Doman D B. Nonlinear longitudinal dynamical model of an air-breathing hypersonic vehicle [J]. Journal of Spacecraft and Rockets, 2007, 44(2): 374 – 387.

[90] Bolender M A, Doman D B. A non-linear model for the longitudinal dynamics of a hypersonic air-breathing vehicle [C]. AIAA Guidance, Navigation, and Control Conference and Exhibit, San Francisco, California, 2005.

[91] Oppenheimer M, Doman D. A hypersonic vehicle model developed with piston theory [C]. AIAA Atmospheric Flight Mechanics Conference and Exhibit, Keystone, Colorado, 2006.

[92] Oppenheimer M, Skujins T, Bolender M, et al. A flexible hypersonic vehicle model developed with piston theory [C]. AIAA Atmospheric Flight Mechanics Conference and Exhibit, Hilton Head, South Carolina, 2007.

[93] Shapiro A H. The dynamics and thermodynamics of compressible fluid flow, vol. I [M]. New York: The Ronald Press Company, 1953.

[94] Chavez F R, Schmidt D K. Analytical aeropropulsive/aeroelastic hypersonic-vehicle model with dynamic analysis [J]. Journal of Guidance, Control, and Dynamics, 1994, 17(6): 1308 – 1319.

[95] Bolender M A, Doman D B. Modeling unsteady heating effects on the structural dynamics of a hypersonic vehicle [C]. AIAA Atmospheric Flight Mechanics Conference and Exhibit, Keystone, Colorado, 2006.

[96] Bolender M A, Oppenheimer M W, Doman D B. Effects of unsteady and viscous aerodynamics on the dynamics of a flexible air-breathing hypersonic vehicle [C]. AIAA

Atmospheric Flight Mechanics Conference and Exhibit, Hilton Head, South Carolina, 2007.

[97] Oppenheimer M W, Doman D B, McNamara J J, et al. Viscous effects for a hypersonic vehicle model [C]. AIAA Atmospheric Flight Mechanics Conference and Exhibit, Honolulu, Hawaii, 2008.

[98] Oppenheimer MW, Skujins T, Doman D B, et al. Canard-elevon interactions on a hypersonic vehicle [C]. AIAA Atmospheric Flight Mechanics Conference and Exhibit, Honolulu, Hawaii, 2008.

[99] Williams T, Bolender M A, Doman D B, et al. An aerothermal flexible mode analysis of a hypersonic vehicle [C]. AIAA Atmospheric Flight Mechanics Conference and Exhibit, Keystone, Colorado, 2006.

[100] Culler A J, Williams T, Bolender M A. Aerothermal modeling and dynamic analysis of a hypersonic vehicle [C]. AIAA Atmospheric Flight Mechanics Conference and Exhibit, Hilton Head, South Carolina, 2007.

[101] Rice T. Rocket-based combined cycle flowpath testing for modes 1 and 4, final report [R]. Washignton, D.C.: NASA, 2002.

[102] Kim H S, Oh S, Choi J Y. Quasi-1D analysis and performance estimation of a sub-scale RBCC engine with chemical equilibrium [J]. Aerospace Science and Technology, 2017, 69: 39-47.

[103] Seleznev R K. Comparison of two-dimensional and quasi-one-dimensional scramjet models by the example of vag experiment [J]. Journal of Physics: Conference Series 815, 2017: 012007.

[104] O'Brien T F, Starkey R P, Lewis M J. Quasi-one-dimensional high-speed engine model with finite-rate chemistry [J]. Journal of Propulsion and Power, 2001, 17(6): 1366-1374.

[105] Chen S, Sun Q H. A quasi-one-dimensional model for hypersonic reactive flow along the stagnation streamline [J]. Chinese Journal of Aeronautics, 2016, 29(6): 1517-1526.

[106] Hao X Y, Chang J T, Bao W, et al. A model of mode transition logic in dual-mode scramjet engines [J]. Aerospace Science and Technology, 2016, 49: 173-184.

[107] Wang H B, Wang Z G, Sun M B, et al. Large eddy simulation of a hydrogen-fueled scramjet combustor with dual cavity [J]. Acta Astronautica, 2015(108): 119-128.

[108] Zhu S H, Xu X. Experimental study on mode transition of the dual-mode scramjet with two-staged-strut injectors [J]. Proceedings of the Institution of Mechanical Engineers, Part G: Journal of Aerospace Engineering, 2018, 232(10): 1864-1874.

[109] Ruf J, Lehman M, Pal S, et al. Experiment/analytical characterization of the RBCC rocket-ejector mode [C]. JANNAF — Interagency Propulsion Committee Joint Meeting, Monterey, CA, 2000.

[110] 邓军.火箭基组合循环(RBCC)引射模态分析[D].哈尔滨:哈尔滨工业大学,2014.

[111] 安佳宁.RBCC(火箭基组合循环)引射模态研究[D].长沙:国防科学技术大学,2011.

[112] 林其.火箭基组合循环发动机(RBCC)引射模态的准一维理论分析[D].绵阳:中国空气动力研究中心,2009.

[113] Javaid K H, Serghides V C. Airframe-propulsion integration methodology for waverider-

derived hypersonic cruise aircraft design concepts [J]. Journal of Spacecraft and Rockets, 2005, 42(4): 663-671.

[114] 吴颖川, 贺元元, 贺伟, 等. 吸气式高超声速飞行器机体推进一体化技术研究进展[J]. 航空学报, 2015, 36(1): 245-260.

[115] Lockwood M K, Petley D H, Martin J G, et al. Airbreathing hypersonic vehicle design and analysis methods and interactions [J]. Progress in Aerospace Sciences, 1999(35): 1-32.

[116] 严岭峰. RBCC 飞行器前体/进气道一体化气动构型设计[D]. 南京: 南京航空航天大学, 2014.

[117] Bissinger N C, Blagoveshchensky N A, Gubanov A A, et al. Improvement of forebody/inlet intention for hypersonic vehicle [J]. Aerospace Science and Technology, 1998, 8: 505-514.

[118] Reinartz B U, Herrmann C D, Ballmann J, et al. Aerodynamic performance analysis of a hypersonic inlet isolator using computation and experiment [J]. Journal of Propulsion And Power, 2003, 19(5): 868-875.

[119] Liu Z X, Xiao H, Wu D Y, et al. Aerodynamic performance of waverider forebody integrated with inlet and isolator [C]. 43rd AIAA/ASME/SAE/ASEE Joint Propulsion Conference & Exhibit, Cincinnati, OH, 2007.

[120] Murty MSR C, Chakraborty D. Coupled external and internal flow simulation of a liquid fuelled ramjet vehicle [J]. Aerospace Science and Technology, 2014, 36: 1-4.

[121] Bradford J E. Rapid prediction of aftbody nozzle performance in SCCREAM [C]. 38th AIAA/ASME/SAE/ASEE Joint Propulsion Conference & Exhibit, Indianapolis, Indiana, 2002.

[122] Weidner J P, Small W J, Penland J A. Scramjet integration on hypersonic research airplane concepts [J]. Journal of Aircraft, 1977, 14(5): 460-466.

[123] Bradford J E. A technique for rapid prediction of aftbody nozzle performance for hypersonic launch vehicle design [D]. Atlanta: Georgia Institute of Technology, 2001.

[124] Ikawa H. Rapid methodology for design and performance prediction of integrated supersonic combustion ramjet engine [J]. Journal of Propulsion and Power, 1991, 7(3): 437-444.

第 2 章

组合动力飞行器气动建模理论与方法

组合动力飞行器外流场的建模是飞行器整体模型化的一部分,是组合动力飞行器建模的基础之一。飞行器飞行过程的根本是力和力矩的平衡,而组合动力飞行器气动力和力矩的计算需要获得作用在飞行器壁面上的压力和摩擦力。一般来说,通过风洞试验或者飞行试验获得的结果具有决定性,但是其耗费巨大;高精度 CFD 计算结果满足建模需求,但其耗时较大,对于飞行器概念设计和初步设计阶段大量不同的构型方案的性能评估优势不大。基于物理机制的模型具有合理的精度和计算速度,在组合动力飞行器建模中有很大的应用潜力。另外,由于亚声速和跨声速基于面元法的模型计算精度较低,而采用有限体积法又失去了快速计算的特性,故在本书中仅考虑 $Ma > 2$ 的宽速域范围。

2.1 气动建模理论基础

对于一体化设计的组合动力飞行器,以类 X - 43A 飞行器的面对称二维构型为例(图 2.1),机体和发动机在几何上是融为一体的,但又属于不同的学科,需要建立不同的模型。因此,需要将飞行器的流场解耦为图 2.1 所示的外流场和内流场,其中,外流场包括飞行器上壁面、进气道外压缩段、操纵舵面、后体下表面(单边膨胀尾喷管外膨胀段)及发动机下表面。而进气道外压缩段和后体下表面作为体现气动/推进耦合的主要部件,在建模中需要与其他外表面区别对待。

对于高超声速飞行器,当飞行器表面当地速度超过声速时,就会产生激波或膨胀波(图 2.2)。一般而言,飞行器壁面与来流夹角为正时产生斜激波;夹角为负时产生膨胀波。当壁面与来流的夹角超过一定值或者激波后的反压达到一定

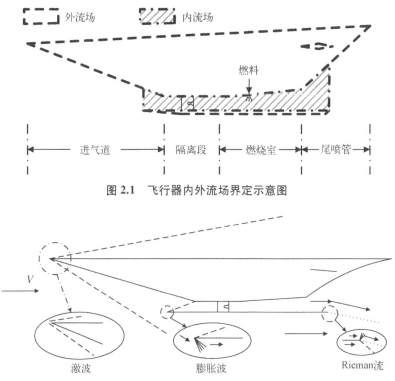

图 2.1　飞行器内外流场界定示意图

图 2.2　吸气式高超声速飞行器外流场示意图

值后,激波将会脱离壁面,形成脱体激波,脱体激波一般形成于飞行器前缘,如机体前缘、操作面前缘等。激波是一种非常薄的流动区域(在大气中大约为 10^{-5} cm),通过激波后,气流的压力和温度升高,速度下降。乘波体飞行器正是利用激波的这种增压特性,在飞行器下部形成半封闭的高压区,使得下部的高压气流只能沿轴向向后整体流动,而不会在横向上溢到飞行器上部的流动,形成相对更大的上下壁面压力差,从而增加升力。膨胀波形成于流动截面积的扩张,其由一系列马赫波组成,通过膨胀波后速度增加,压力下降。在实际应用中,等熵假设适用于绝大多数情况,而对于等熵 Prandtl-Meyer 膨胀波,当壁面偏转角度大于某一值时,其波后的马赫数将达到无穷大,这在实际应用中不可能发生,但这一最大偏转角随马赫数变化迅速减小(对于 $\gamma = 1.4$ 的气流,$Ma = 2$ 时最大偏转角大于 $100°$;$Ma = 10$ 时,最大偏转角小于 $30°$)。Rieman 流成因于两个流向不同和(或)压力不同的超声速流动相遇而形成的流动现象,一般情况下,Riemann 流出现在进气道和喷管流场中。本节将对高超声速流动中最主要的这几种流动现象进行描述。

2.1.1 激波理论

当超声速气流通过壁面转向其流动控制体内侧时,就会产生激波。激波主要分为正激波和斜激波两种(图2.3)。正激波一般形成于飞行器前缘(弓形激波)和内流道中,而斜激波形成于绝大部分高超声速飞行器外流场中。斜激波在垂直于激波面的方向上流动参数的变化和正激波类似,因此通常放在一起分析。由于激波厚度相对于飞行器的流动尺寸极薄,所以可以忽略其内部发生的变化,而将其作为一个不连续面来处理,这在计算过程中有很大的方便性。二维激波主要常见于面对称飞行器机体对称面附近及机翼、操纵面上三维释压效应不是特别明显的区域。三维释压效应导致二维激波计算的结果和三维激波计算的结果相去甚远,因此在机翼和操纵面边缘应采用三维激波关系计算。

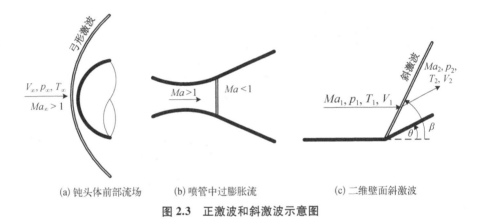

(a) 钝头体前部流场   (b) 喷管中过膨胀流   (c) 二维壁面斜激波

图2.3   正激波和斜激波示意图

在给出流动参数通过激波的变化前,首先给出滞止参数的定义。滞止参数是流动的总能量的有效衡量参数,假设气流为量热理想气体,则根据能量守恒和理想气体方程有

$$\frac{T_t}{T} = 1 + \frac{\gamma - 1}{2}Ma^2 \tag{2.1}$$

$$\frac{p_t}{p} = \left(1 + \frac{\gamma - 1}{2}Ma^2\right)^{\gamma/(\gamma-1)} \tag{2.2}$$

式中,T_t 表示气流总温;γ 表示比热容比;p_t 表示总压;p 表示静压;T 表示静温;Ma 表示马赫数。

标记激波前的区域为1,激波后的区域为2。对于二维正激波,假设流动为定常、绝热、无黏流,则激波前后主要参数的关系为

$$Ma_2^2 = \frac{1 + \dfrac{\gamma - 1}{2}Ma_1^2}{\gamma Ma_1^2 - \dfrac{\gamma - 1}{2}} \qquad (2.3)$$

$$\frac{p_2}{p_1} = 1 + \frac{2\gamma}{\gamma + 1}(Ma_1^2 - 1) \qquad (2.4)$$

$$\frac{T_2}{T_1} = \left[1 + \frac{2\gamma}{\gamma + 1}(Ma_1^2 - 1)\right]\frac{2 + (\gamma - 1)Ma_1^2}{(\gamma + 1)Ma_1^2} \qquad (2.5)$$

$$\frac{\rho_2}{\rho_1} = \frac{(\gamma + 1)Ma_1^2}{2 + (\gamma - 1)Ma_1^2} \qquad (2.6)$$

式中，ρ_1 和 ρ_2 表示密度。

对于二维斜激波，假设其处于定常、绝热和无黏流动中，则与激波面垂直方向上的速度是由正激波关系确定的，而与激波面平行方向上的速度在激波前后不发生变化，于是有以下激波前后的参数关系：

$$Ma_{n,1} = Ma_1 \sin\beta \qquad (2.7)$$

$$Ma_{n,2}^2 = \frac{1 + \dfrac{\gamma - 1}{2}Ma_{n,1}^2}{\gamma Ma_{n,1}^2 - \dfrac{\gamma - 1}{2}} \qquad (2.8)$$

$$\frac{\rho_2}{\rho_1} = \frac{(\gamma + 1)Ma_{n,1}^2}{2 + (\gamma - 1)Ma_{n,1}^2} \qquad (2.9)$$

$$\frac{p_2}{p_1} = 1 + \frac{2\gamma}{\gamma + 1}(Ma_{n,1}^2 - 1) \qquad (2.10)$$

$$\frac{T_2}{T_1} = \frac{p_2}{p_1}\frac{\rho_1}{\rho_2} \qquad (2.11)$$

$$Ma_2 = \frac{Ma_{n,2}}{\sin(\beta - \theta)} \qquad (2.12)$$

式中，标注参考图 2.3 中斜激波示意图，下标 n 为垂直方向；β 表示激波角；θ 表示壁面倾角。由上述关系可以获得二维斜激波后的气流参数，其中的激波角由三角关系式得

$$\tan \theta = 2\cot \beta \frac{Ma_1^2 \sin^2 \beta - 1}{Ma_1^2 [\gamma + \cos(2\beta)] + 2} \tag{2.13}$$

对于给定的来流马赫数 Ma_1,对应最大的壁面倾角 $\theta_{\max}$,当实际的壁面倾角大于 $\theta_{\max}$ 时,没有可行的附体斜激波解,取而代之的是脱体的弓形激波。由于形成的弓形激波离壁面最近的部分非常接近正激波,而由前面给出的正激波的公式得知其前后的参数变化非常剧烈,所以在高超声速巡航飞行器设计时,应当尽量避免在高超声速飞行时其头部形成脱体激波,以达到减阻效果,高超声速巡航飞行器前缘设计接近尖楔。对于跨大气层加速型高超声速飞行器,气动加热持续时间较短,并且其气动要求不如巡航型飞行器高,因此为了降低前缘气动加热的影响,一般使用较大头部半径的钝头体构型。

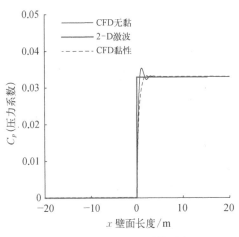

图 2.4 二维斜激波计算值与 CFD 计算结果对比

图 2.4 为图 2.3 中壁面迎角 $\theta = 5°$ 的二维斜激波计算值与相同条件下的 CFD 计算结果对比。由图 2.4 中曲线对比可知,二维斜激波计算所得的压力系数在很大范围内与 CFD 计算所得的黏性和无黏结果都非常接近。由于斜面倾角较小且来流马赫数较大,在壁面转折之前(斜激波头部)并没有出现明显的流动分离包,二维斜激波在激波初始点位置的预测与 CFD 计算值一致。在斜激波之后,对于实际流动,这一区域斜激波并非理想的

直激波,壁面压力发生振荡变化,但由于黏性效应,振荡在很短的距离内趋近于二维斜激波计算值。因此,二维斜激波在流动接近二维、壁面转折角较小且来流马赫数较大的情况下有非常高的计算精度。

在组合动力飞行器机体结构中,部分壁面三维流动效应明显,无法用二维激波关系式进行描述,需要采用对应的三维锥激波关系式。超声速气流流经圆锥壁面(图 2.5)的关系式由经过简化的特征线方程 Taylor-Maccoll[1,2] 方程给出。

$$u_\varphi^2 \left(u_r + \frac{\mathrm{d} u_\varphi}{\mathrm{d} \varphi} \right) = \frac{\gamma - 1}{2} \left(1 - u_r^2 - u_\varphi^2 \right) \left(2u_r + \frac{u_\varphi}{\tan \varphi} + \frac{\mathrm{d} u_\varphi}{\mathrm{d} \varphi} \right) \tag{2.14}$$

$$u_\varphi = \frac{\mathrm{d}u_\mathrm{r}}{\mathrm{d}\varphi} \qquad\qquad (2.15)$$

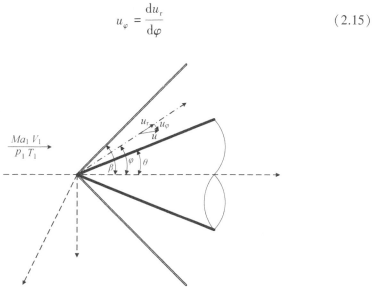

图 2.5　轴对称三维锥激波

Taylor-Maccoll 方程组的求解可以使用四级四阶 Runge-Kutta 方法。由激波后的参数开始积分,直到指定的激波角计算出的壁面倾角与给定值符合误差要求。事实上,三维效应的影响与当地壁面的横向曲率相关,而理论中无法对任意曲率的曲面都给出统一解析式,实际应用中一般用二维和三维轴对称计算的结果进行加权。

2.1.2　膨胀波理论

图 2.6 为 Prandtl-Meyer 膨胀波示意图,膨胀波的连续膨胀区域由无穷的马赫波组成,每个马赫波都使得速度方向改变一个无穷小的角度。第一道马赫波

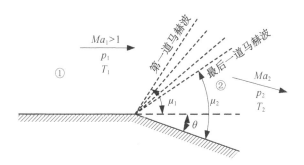

图 2.6　**Prandtl-Meyer 膨胀波示意图**

和最后一道马赫波的马赫角分别为 $\mu_1 = \arctan(1/Ma_1)$、$\mu_2 = \arctan(1/Ma_2)$。由于通过每个马赫波的熵值变化为零,所以假设气流通过 Prandtl-Meyer 膨胀波的熵值不变,即为等熵膨胀。对于 Prandtl-Meyer 膨胀波上游和下游的流动参数关系计算,首先给出量热理想气体的 Prandtl-Meyer 函数:

$$\nu(Ma) = \sqrt{\frac{\gamma+1}{\gamma-1}} \arctan\sqrt{\frac{\gamma-1}{\gamma+1}(Ma^2-1)} - \arctan\sqrt{Ma^2-1} \quad (2.16)$$

式中,γ 为比热比。气流通过 Prandtl-Meyer 膨胀波的速度转角 θ 为

$$\theta = \nu(Ma_2) - \nu(Ma_1) \quad (2.17)$$

由 Prandtl-Meyer 膨胀波的等熵特性 $T_{t,2} = T_{t,1}$、$p_{t,2} = p_{t,1}$ 可以得到膨胀波后的气流参数:

$$\frac{T_2}{T_1} = \frac{T_2/T_{t,2}}{T_1/T_{t,1}} = \frac{1 + \dfrac{\gamma-1}{2}Ma_1^2}{1 + \dfrac{\gamma-1}{2}Ma_2^2} \quad (2.18)$$

$$\frac{p_2}{p_1} = \frac{p_2/p_{t,2}}{p_1/p_{t,1}} = \left(\frac{1 + \dfrac{\gamma-1}{2}Ma_1^2}{1 + \dfrac{\gamma-1}{2}Ma_2^2}\right)^{\gamma/(\gamma-1)} \quad (2.19)$$

图 2.7 为图 2.6 中所示 $\theta = 5°$ 的膨胀斜面 Prandtl-Meyer 膨胀波计算值与

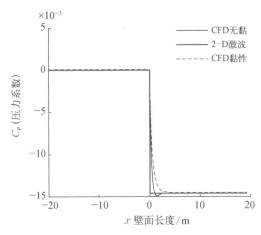

图 2.7　Prandtl-Meyer 膨胀波计算值与 CFD 计算结果对比

CFD 计算结果对比。图 2.7 中显示，Prandtl-Meyer 膨胀波计算值与 CFD 计算结果吻合很好，压力突变位置预测准确。与黏性和无黏 CFD 计算结果相比，Prandtl-Meyer 膨胀波没有考虑气流转折时微弱流动分离引起的压力系数振荡，但是这种影响并不会降低 Prandtl-Meyer 膨胀波对膨胀斜面转折点后压力系数的预测精度，在高超声速飞行器上使用 Prandtl-Meyer 膨胀波计算背风区压力系数能够满足初步设计和性能评估要求。

2.1.3　牛顿碰撞理论

考虑一个和自由流方向夹角为 θ 的平板（θ 又称为碰撞角），如图 2.8 所示。

根据牛顿模型，流体由大量的独立粒子组成，以速度 V_∞ 撞击到平板上。在撞击过程中，粒子失去它们垂直于平板方向的动量，而保留平行于平板方向的动量。法向动量的时间变化率等于粒子碰撞时作用在平板上的力。为了量化此模型，自由流垂直于平板表面的速度分量为 $V_\infty \sin\theta$。如果平板的表面积为 A，则和平板相遇

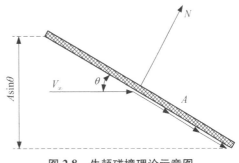

图 2.8　牛顿碰撞理论示意图

的质量流量为 $\rho_\infty(A\sin\theta)V_\infty$，于是动量的时间变化率为质量流量×法向速度分量的变化，即

$$(\rho_\infty V_\infty A\sin\theta)(V_\infty \sin\theta) = \rho_\infty V_\infty^2 A\sin^2\theta \tag{2.20}$$

由牛顿第二定律，作用在平板上的力为

$$N = \rho_\infty V_\infty^2 A\sin^2\theta \tag{2.21}$$

这个力作用在动量的时间变化率方向上（垂直于平板壁面）。因此，单位面积的力为

$$\frac{N}{A} = \rho_\infty V_\infty^2 \sin^2\theta \tag{2.22}$$

牛顿理论假设所有的独立粒子都以直线运动，但我们知道，这些气体粒子进行着随机的复杂运动，而不是完美的直线运动，自由流静压即为这种随机运动的度量。因此，公式 (2.22) 所示单位面积的力是相对于自由流压力 p_∞ 的差值，即

$$p - p_\infty = \rho_\infty V_\infty^2 \sin^2\theta \tag{2.23}$$

写成压力系数表达式:

$$C_p = \frac{p - p_\infty}{\dfrac{1}{2}\rho_\infty V_\infty^2} = 2\sin^2\theta \tag{2.24}$$

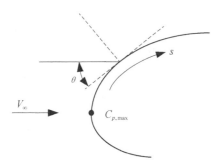

图 2.9 跨大气层加速型钝头体高超声速飞行器头部最大压力系数示意图

即为牛顿正弦平方法则,其中的 θ 为自由流和当地切线方向的夹角,如图 2.9 所示。

对于图 2.9 所示的跨大气层加速型钝头体高超声速飞行器头部最大压力系数示意图,钝头体的最大压力系数出现在滞止点,公式(2.24)预测获得此处的压力系数 $C_p = 2$;相反,由不可压流获得的滞止点压力系数 $C_p = 1$。实际上,滞止点的压力系数是由 $Ma_\infty = 0$ 时的 1 增长到 $Ma_\infty = 1$ 时的

1.28,当 $\gamma = 1.4$, $Ma_\infty \to \infty$ 时,$C_p = 1.86$($\gamma = 1$, $Ma_\infty \to \infty$ 时,$C_p = 2$)。

$C_p = 2$ 是当 $Ma_\infty \to \infty$ 时的极限值,对于较大但有限的马赫数,C_p 必然小于 2。考虑 C_p 沿表面距最大压力系数 $C_{p,\,max}$ 处的距离为 s 时的分布,$C_{p,\,max}$ 可由正激波理论获得,$C_{p,\,max} = [2/(\gamma M_\infty^2)][p_{1,\,2}/(p_\infty - 1)]$。 在滞止点下游,可以假设压力分布是以牛顿理论为基础的,因此有

$$C_p = C_{p,\,max} \sin^2\theta \tag{2.25}$$

公式(2.25)即为最大压力修正的牛顿理论,相比于公式(2.24),它对钝头体的压力分布估算更加准确。实际上由最大压力修正牛顿理论与有限差分计算结果的对比可以发现,牛顿理论更适用于较大的 Ma_∞ 和 θ,并且牛顿理论对于三维钝头体的估算效果较好。最大压力修正的牛顿理论由于对钝头体有更加精确的估算结果,经常被用于概念设计和初步设计时的估算。

牛顿碰撞理论在较小的碰撞角使用时,容易引起较大的误差,通过系数的修正很难匹配滞止点附近和小碰撞角附近的压力分布精度。在牛顿理论中,如果指数小于 2 将会在保持滞止点压力分布的同时,取得较好的小碰撞角区域压力分布。其公式表述为

$$C_p = C_{p,\,\max}\sin^N\theta \qquad (2.26)$$

在压力和压力导数匹配的点上(与其他压力算法的匹配,如 Dahlem-Buck 方法),式(2.26)中的指数需要迭代求解。通常情况下,典型的 Dahlem-Buck 曲线不会与指数为 2 的牛顿理论曲线相交,但是会在牛顿理论曲线的指数为 1.8~2 时与之相切,事实上这个指数 N 约为 1.86。

由以上讨论,修正牛顿理论的结果可以统一表达为

$$C_p = K\sin^N\theta \qquad (2.27)$$

式中,K 为修正系数;N 为修正指数,可由试验或数值结果获得。

虽然牛顿理论对钝头体迎风面的压力估算相当准确,但是其精确度随着 θ 的减小而减小,当遇到背风面($\theta < 0$)时,牛顿理论只能给出压力分布为 $C_p = 0$ 的结果。因此,在实际应用中,牛顿理论只用于估算迎风面的压力分布,即流动方向与壁面夹角为正值,而膨胀波理论则适用于背风面的压力计算。

图 2.10(b)为修正牛顿理论与钝头体[图 2.10(a)]CFD 数值计算结果的对比,其计算条件为 $Ma=8$、$H=30$ km。图 2.10(b)中压力系数曲线显示,相比于无黏和黏性 CFD 计算值,修正牛顿理论对钝头体头部压力预测能力较好;在流动下游,修正牛顿理论预测值较 CFD 计算值略低。在前面提及的修正牛顿理论中,原始牛顿理论获得的压力系数值较其他修正牛顿理论稍高,而系数修正牛顿理论使用了与最大压力牛顿理论接近的系数,致使它们的计算结果非常接近。

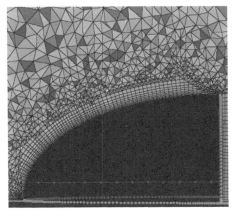
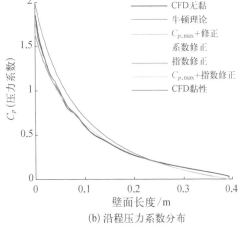

(a) 网格拓扑结构　　　　　　　　　(b) 沿程压力系数分布

图 2.10　(修正)牛顿理论计算结果与 CFD 计算值对比

指数修正牛顿理论相比于前两者有更接近黏性 CFD 计算值的趋势,而原始牛顿理论在滞止点附近的压力系数预测精度较高,因此本书提出以最大压力修正牛顿理论和指数修正牛顿理论为基础的组合修正牛顿模型,如图 2.10(b)中"$C_{p,\max}$+指数修正"曲线所示。该模型在牛顿碰撞角大于 50°时使用最大压力从系数修正牛顿理论和指数修正牛顿理论的线性插值计算压力系数;而在下游该理论使用指数修正牛顿理论计算压力系数值。根据计算结果与 CFD 黏性和无黏结果的对比可以发现,本书提出的组合修正牛顿模型不仅在滞止点附近能获得与 CFD 计算值更吻合的结果,且在较大的壁面倾角范围内与 CFD 计算曲线重叠较好。

2.1.4　切楔/切锥理论

1. 切楔理论

考虑图 2.11 所示的二维切楔理论示意图,假设其前缘是尖锐且激波附体,自由来流马赫数为 Ma_∞。对于楔面上倾角为 θ_i 的点 i,希望得到 i 处的压力 p_i。通过点 i 的切线形成与自由流夹角为 θ_i 的等价斜面,点 i 的压力可以近似认为等于这个等价斜面所形成的二维斜激波后的压力。

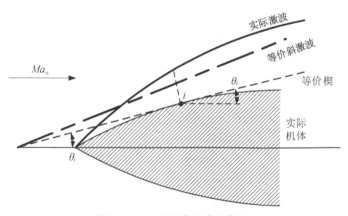

图 2.11　二维切楔理论示意图

文献[3]和[4]给出了一种基于经验的激波计算方法,其基本方程为

$$R^3 + bR^2 + cR + d = 0 \tag{2.28}$$

式中, $R = \sin^2\beta$; $b = -\dfrac{Ma_\infty^2 + 2}{Ma_\infty^2} - \gamma\sin^2\theta$; $c = \dfrac{2Ma_\infty^2 + 1}{Ma_\infty^4} +$

$$\left[\frac{(\gamma+1)^2}{4}+\frac{\gamma-1}{Ma_\infty^2}\right]\sin^2\theta;\ d=-\frac{\cos^2\theta}{Ma_\infty^4};\ \beta$$ 是激波角;θ 是楔角。

这个方程的根可以由三角函数解获得,为

$$y_1=2\sqrt{-p/3}\cos(w/3)-b/3$$

$$y_2=-2\sqrt{-p/3}\cos(w/3+60°)-b/3$$

$$y_3=-2\sqrt{-p/3}\cos(w/3-60°)-b/3$$

$$R_1=y_1-b/3$$

$$R_2=y_2-b/3$$

$$R_3=y_3-b/3$$

式中,$\cos w=-q/\left[2\sqrt{-(p/3)^3}\right]$;$p=-b^2/3+c$;$q=2(b/3)^3-bc/3+d$;$y_i$ 是还原三次方程的根;$R_i=\sin^2\beta$ 是公式(2.28)的根。

三个根中的最小值对应熵的减小,一般会被舍去。最大的根不符合物理现实,也会被舍去。小的偏差很容易引起解的大幅度扰动,因此这种解法很依赖计算精度。当方程式(2.28)无解时,说明形成脱体激波,需要用其他的方法求解。

当流动偏转角等于或者小于 2° 时,下面的方程被用来替代上述三次方程:

$$\sin^2\beta=\frac{1}{Ma_\infty^2}+\frac{\gamma-1}{2}\frac{\theta}{\sqrt{Ma_\infty^2-1}} \tag{2.29}$$

获得激波角后,其他的参数可由以下方程获得,即

$$\rho_2=\rho_\infty\frac{6Ma_\infty^2\sin^2\beta}{Ma_\infty^2\sin^2\beta+5} \tag{2.30}$$

$$T_2=T_\infty\frac{7(Ma_\infty^2\sin^2\beta-1)(Ma_\infty^2\sin^2\beta+5)}{36Ma_\infty^2\sin^2\beta} \tag{2.31}$$

$$C_p=\frac{(7Ma_\infty^2\sin^2\beta-1)/6}{0.7Ma_\infty^2} \tag{2.32}$$

式中,下标 2 代表激波后的参数。

2. 切锥理论

相比于二维的切楔理论,切锥理论适用于三维效应明显的流动区域。对于

图 2.12 所示的切锥理论示意图,可用等价锥面对实际锥体表面上某一点的压力
进行估算。与切楔理论不同的是,这里切锥后面压力的估算需要用到
Taylor-Maccoll 方程、特征线法等。

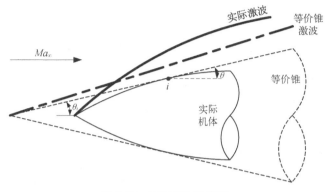

图 2.12   切锥理论示意图

文献[5]提供了一种近似方法来求解切锥表面压力,将壁面和激波之间的
速度关于 h 进行 Taylor 展开。

$$h = \theta_i - \theta \tag{2.33}$$

式中,θ_i 为锥线角度(所求点所在锥线);θ 为壁面倾角。激波上的 h 值 h_{SH} 为

$$h_{SH} = \frac{-\sin(2\theta)}{2 - (\gamma + 5)\sin^2\theta} \pm \sqrt{\left[\frac{\sin(2\theta)}{2 - (\gamma + 5)\sin^2\theta}\right]^2 + \left[\frac{(\gamma - 1)\sin^2\theta + 2/Ma_\infty^2}{2 - (\gamma + 5)\sin^2\theta}\right]} \tag{2.34}$$

求得的较小正值为需要的解。当地压力比(β 为激波角)为

$$\frac{p}{p_\infty} = \left(\frac{2\gamma}{\gamma + 1}Ma_\infty^2\sin^2\beta - \frac{\gamma - 1}{\gamma + 1}\right)\left(1 + \frac{\gamma Ma_\infty^2 h_{SH}^2\cos^2\beta}{1 + \frac{\gamma - 1}{2}Ma_\infty^2\sin^2\beta}\right) \tag{2.35}$$

针对二维和轴对称锥体进行切楔/切锥理论模型与高精度 CFD 数值计算结
果的对比,如图 2.13 所示。对于切楔理论模型,其在绝大部分区域都和 CFD 数
值计算结果吻合得很好,在靠近后部区域壁面与来流夹角很小时,切楔理论模型
预测的压力系数略低于 CFD 数值计算结果。对于切锥理论模型,其壁面压力系
数预测与 CFD 数值计算结果保持一致,最大的误差在于锥体尖部的压力系数预
测,切锥理论模型明显地高估了这一区域的压力系数,而 CFD 数值计算结果显

示这时的压力系数增长比切锥模型计算的缓慢且最大值较小,这是由网格处理方法导致的结果,而在实际的构型中,没有绝对尖锐的头部,因而根据对图 2.13 的分析,切楔/切锥理论模型适合高超声速压缩型壁面的压力估算(压缩型壁面是指能对气流产生压缩效应的壁面,需要注意的是切楔/切锥理论模型不能估算背风区的压力)。

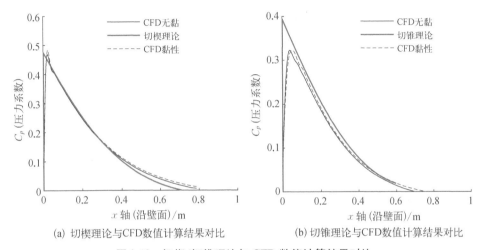

(a) 切楔理论与CFD数值计算结果对比　　(b) 切锥理论与CFD数值计算结果对比

图 2.13　切楔/切锥理论与 CFD 数值计算结果对比

2.1.5　非定常气动力建模理论

1. 非定常牛顿碰撞理论

根据牛顿提出的一种流体动力学理论,它假定流体与物体的微元表面相碰时,流体质点将失去与物体表面垂直方向上的动量而保持切向动量沿着物体表面的流动(图 2.14)。经验表明,牛顿碰撞理论适用于高超声速大碰撞角的情况。显然,流体对物面的压力是由流体在物面法线方向的动量变化引起的,而流体质点不能直接碰撞的表面(称为背风面)的压力为零。牛顿碰撞理论给出的压强系数可统一写成

$$C_p = 2\sin^2\delta U(\sin\delta) \tag{2.36}$$

式中,$U(\cdot)$ 为单位阶跃函数;$\sin\delta$ 为碰撞角的正弦,可根据气流速度和单位外法向量求出:

$$\sin\delta = -(\boldsymbol{V}^{\mathrm{T}}\hat{\boldsymbol{n}}) / \|\boldsymbol{V}\| \tag{2.37}$$

需要修改上述牛顿碰撞理论公式以适合非定常流计算。如图 2.15 所示,已知自由来流速度为 V_∞,飞行器外表面的某个微元平面 $\mathrm{d}A$ 存在(由飞行器的转动运动和弹性运动引起)非定常速度 V_B,由于微元平面 $\mathrm{d}A$ 面积很小,整个微元平面观察到的来流速度可看作 $V = V_\infty - V_B$,因此压强系数为

$$C_p = \frac{2\rho}{\rho_\infty} \frac{\left[(V_\infty - V_B)^{\mathrm{T}} \hat{n} \right]^2}{V_\infty^{\mathrm{T}} V_\infty} U\left[- (V_\infty - V_B)^{\mathrm{T}} \hat{n} \right] \tag{2.38}$$

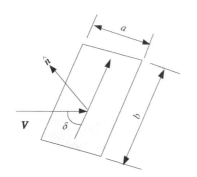

图 2.14　牛顿碰撞理论模型

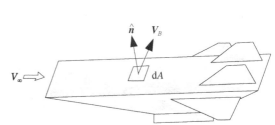

图 2.15　非定常牛顿碰撞理论模型

2. 非定常激波膨胀波理论

激波膨胀波理论用于计算超声速气流通过激波或膨胀波后的压强、温度和密度等参数。对于组合动力飞行器,在长细比很大并且弹性变形很小的前提下,可假设气流通过前缘激波或膨胀波后沿飞行器表面的流动是等熵的。这样容易得到非定常激波膨胀波理论:首先确定某一瞬时头部的激波或膨胀波;然后根据等熵关系确定飞行器表面的压强分布。

如图 2.16 所示,已知上游的马赫数 Ma_∞ 和下表面气流偏转角 δ_1,确定激波角 θ_s 可用下面的多项式方程:

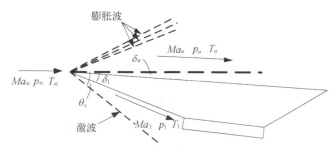

图 2.16　飞行器头部激波和膨胀波

$$\sin^6\theta_s + b\sin^4\theta_s + c\sin^2\theta_s + d = 0 \tag{2.39}$$

式中,

$$b = -\frac{Ma_\infty^2 + 2}{Ma_\infty^2} - \gamma\sin^2\delta_1, \quad c = \frac{2Ma_\infty^2 + 1}{Ma_\infty^4} + \left[\frac{(\gamma+1)^2}{4} + \frac{\gamma-1}{Ma_\infty^2}\right]\sin^2\delta_1, \quad d = -\frac{\cos^2\delta_1}{Ma_\infty^4}$$

直接运用三次方程的求根公式可以得到激波角 θ_s 的显式表达式[6]。首先定义

$$Q = \frac{3c - b^2}{9}, \quad R = \frac{9bc - 27d - 2b^3}{54}, \quad D = Q^3 + R^2 \tag{2.40}$$

对于实际问题中的弱激波解,有

$$\theta_s = \arctan\sqrt{\chi/(1-\chi)} \tag{2.41}$$

$$\chi = -\frac{b}{3} - \sqrt{-Q}\,(\cos\phi - \sqrt{3}\sin\phi),$$

$$\phi = \frac{1}{3}\left[\arctan(\sqrt{-D}/R) + \Delta\right], \quad \Delta = \begin{cases} 0, & R \geqslant 0 \\ \pi, & R < 0 \end{cases}$$

求出了激波角 θ_s 后,激波后的气流参数 Ma_1、p_1 和 T_1 可用下列式子求出:

$$Ma_1^2\sin^2(\theta_s - \delta_1) = \frac{1 + \dfrac{\gamma-1}{2}Ma_\infty^2\sin^2\theta_s}{\gamma Ma_\infty^2\sin^2\theta_s - \dfrac{\gamma-1}{2}} \tag{2.42}$$

$$\frac{p_1}{p_\infty} = 1 + \frac{2\gamma}{\gamma+1}(Ma_\infty^2\sin^2\theta_s - 1) \tag{2.43}$$

$$\frac{T_1}{T_\infty} = \left[1 + \frac{2\gamma}{\gamma+1}(Ma_\infty^2\sin^2\theta_s - 1)\right]\frac{2 + (\gamma-1)Ma_\infty^2\sin^2\theta_s}{(\gamma+1)Ma_\infty^2\sin^2\theta_s} \tag{2.44}$$

通过头部膨胀波的气流为等熵流,因此膨胀波和等熵流的公式是相同的。如图 2.16 所示,假设等熵流的气流偏转角为 δ_u,等熵流的参数可利用 Prandtl-Meyer 方程来求解:

$$\delta_u = \nu(Ma_u) - \nu(Ma_\infty) \tag{2.45}$$

$$\nu(Ma) = \sqrt{\frac{\gamma + 1}{\gamma - 1}} \arctan \sqrt{\frac{\gamma - 1}{\gamma + 1}(Ma^2 - 1)} - \arctan \sqrt{Ma^2 - 1} \quad (2.46)$$

式中, $\nu(\cdot)$ 为 Prandtl-Meyer 函数。根据式(2.45)和式(2.46)求出 Ma_u,然后利用等熵关系式可以求出 p_u 和 T_u:

$$\frac{p_u}{p_\infty} = \left(\frac{\rho_u}{\rho_\infty}\right)^\gamma = \left(\frac{T_u}{T_\infty}\right)^{\frac{\gamma}{\gamma-1}} = \left(\frac{1 + \dfrac{\gamma - 1}{2}Ma_\infty^2}{1 + \dfrac{\gamma - 1}{2}Ma_u^2}\right)^{\frac{\gamma}{\gamma-1}} \quad (2.47)$$

3. 活塞理论

活塞理论首先被 Lighthill[6] 用于振荡翼型,后来被 Ashley 和 Zartarian[7] 推广作为一种常用的超声速和高超声速气动载荷计算方法。

由飞行器运动引起的当地压强与流体速度法向分量的关系与在一维管道中运动的活塞表面的压强和活塞运动速度之间的关系相同(图 2.17)。活塞理论给出的压强表达式为

$$p = p_\infty \left(1 + \frac{\gamma - 1}{2}\frac{V_n}{a_\infty}\right)^{2\gamma/(\gamma-1)} \quad (2.48)$$

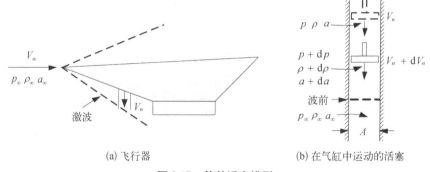

(a) 飞行器   (b) 在气缸中运动的活塞

图 2.17　等效活塞模型

对式(2.48)进行二项式展开并写成压强系数的形式为

$$C_p = \frac{2}{Ma_\infty^2}\left[\left(\frac{V_n}{a_\infty}\right) + \frac{\gamma + 1}{4}\left(\frac{V_n}{a_\infty}\right)^2 + \frac{\gamma + 1}{12}\left(\frac{V_n}{a_\infty}\right)^3 + \cdots\right] \quad (2.49)$$

如果式(2.49)所保留的最高阶数为 n,则称其为 n 阶活塞理论。一般来说,一阶活塞理论适用于 $0 < Ma_\infty \tau < 0.15$;二阶活塞理论适用于 $0 < Ma_\infty \tau < 0.3$;

三阶活塞理论适用于 $0 < Ma_\infty \tau < 0.6$。

对于马赫数不太高的情况,可用 van Dyke 理论从超声速气流的速度势函数中推导出二阶准定常压强系数公式[8],即

$$C_p = \frac{2}{Ma_\infty^2} \left[\frac{Ma_\infty}{\beta} \frac{V_n}{a_\infty} + \frac{Ma_\infty^4 (\gamma + 1) - 4\beta^2}{4\beta^4} \left(\frac{V_n}{a_\infty} \right)^2 + \cdots \right] \quad (2.50)$$

式中, $\beta = \sqrt{Ma_\infty^2 - 1}$ 称为压缩性修正因子。式(2.50)与式(2.49)在高马赫数 $(\beta \to Ma_\infty)$ 情况下完全相同,因此 van Dyke 理论有时也称为活塞理论。

对于高马赫数 $(Ma \geqslant 4)$ 的流体,用活塞理论确定飞行器表面的压强分布,活塞理论还可以计算非定常气动力,便于求解稳定性导数。应用活塞理论,确定飞行器表面的压力,从而计算飞行器表面的气动力和力矩。由于飞行器的相对厚度 τ_{ref} 很小,在高马赫数下前缘产生的激波或膨胀波都是非常倾斜并贴近飞行器的表面的。这使自由流与前缘激波或膨胀波的夹角很小。基于此,速度在平行于自由来流方向的变化比垂直于自由来流速度方向的变化小很多,类似地,流体参数在平行于自由来流方向的变化相比垂直于自由来流速度方向的变化也可以忽略。根据高超声速相似律,飞行器的法向速度可近似表示成 $V_n \approx Ma_\infty a_\infty \tau_{ref}$,即 $V_n / a_\infty \approx Ma_\infty \tau_{ref}$,因此活塞理论能够有效应用的条件是 $Ma_\infty \tau_{ref} \gg 1$,一般来说,一阶活塞理论可用于 $0 < Ma_\infty \tau_{ref} < 0.15$。如果考虑俯仰角速度的扰动压力,则法向速度非常小,能够满足一阶活塞理论的应用条件。

基于上面的分析和推导结果,取一阶活塞理论,忽略高阶小量得到

$$\frac{p}{p_\infty} = 1 + \frac{2\gamma}{\gamma - 1} \frac{\gamma - 1}{2} \frac{V_s}{a_\infty} \quad (2.51)$$

根据理想气体方程 $p = \rho RT$ 及声速 $a = \sqrt{\gamma RT}$,代入式(2.51)化简可得

$$p = p_\infty + a_\infty \rho_\infty V_s \quad (2.52)$$

式中,下标"∞"代表通过飞行器表面的自由来流条件; V_s 为飞行器表面在其外法向相对于来流的速度; a_∞ 为自由来流声速; γ 为比热容比; R 为理想气体常数。因此,可得由气体产生的微元力为

$$\mathrm{d}\boldsymbol{F} = (-P_\infty - a_\infty \rho_\infty V_s) \mathrm{d}A\boldsymbol{n} \quad (2.53)$$

法向速度可以通过作用于飞行器表面的气流速度与其法向量的内积得到,

因此式(2.53)可以写成

$$\mathrm{d}\boldsymbol{F} = [- P_\infty - a_\infty \rho_\infty (\boldsymbol{V} \cdot \boldsymbol{n})] \mathrm{d}A\boldsymbol{n} \tag{2.54}$$

通过式(2.54)可以计算飞行器的气动力。从式(2.54)可以看出,计算飞行器表面上的气动力必须确定飞行器表面相对于来流气流速度 $\boldsymbol{V}$,表面面积 A 及表面外法向量 $\boldsymbol{n}$。式(2.54)是高超声速无黏气动力分析与计算的基础。

2.2 壁面摩擦力模型与方法

2.2.1 van Direst 边界层流

可压湍流边界层摩阻系数一般是基于动量方程在边界层内的积分推导的,因此这种推导依赖边界层流型的解析方程,它必须足够精确且简单容易积分。边界层流型一般都是根据 van Driest[9,10] 的推导,假设流动为理想气体,使用 Prandtl 混合长度积分动量方程。

在边界层内,当压力为常值时,密度 ρ 和温度 T 是成反比的,温度可通过 Crocco 温度函数与边界层内的速度 u 关系获得,即

$$\frac{\bar{T}}{T_\mathrm{w}} = 1 + B \frac{\bar{u}}{u_\mathrm{e}} - A^2 \left(\frac{\bar{u}}{u_\mathrm{e}} \right)^2 \tag{2.55}$$

式中,有上划线的变量代表时间平均值。常数 A 和 B 为马赫数、壁面和边界层边界的温度、比热容比 γ 及恢复因子的函数。为了使这些修正方法适用于高温流,首先给出当量 Crocco 熔方程:

$$\frac{\bar{h}}{h_\mathrm{w}} = 1 + B \frac{\bar{u}}{u_\mathrm{e}} - A^2 \left(\frac{\bar{u}}{u_\mathrm{e}} \right)^2 \tag{2.56}$$

需要注意的是,当常值比热比假设存在时,熔值 $h = C_p T$, 式(2.56)将会变回式(2.55),但是在这两式中,系数项不包含常值比热容比的假设。

雷诺平均能量方程为

$$\overline{\rho u} \frac{\partial \bar{h}}{\partial x} + \overline{\rho v} \frac{\partial \bar{h}}{\partial y} = \frac{\partial}{\partial y} \left[- \overline{(\rho v)' h'} \right] - \overline{(\rho v)' u'} \frac{\partial \bar{u}}{\partial y} \tag{2.57}$$

取

$$- \overline{(\rho v)' u'} = \varepsilon \frac{\partial \bar{u}}{\partial y}$$

$$- \overline{(\rho v)' h'} = \xi \frac{\partial \bar{h}}{\partial y} \tag{2.58}$$

能量方程变为

$$\overline{\rho u} \frac{\partial \bar{h}}{\partial x} + \overline{\rho v} \frac{\partial \bar{h}}{\partial y} = \frac{\partial}{\partial y} \left(\xi \frac{\partial \bar{h}}{\partial y} \right) + \varepsilon \left(\frac{\partial \bar{u}}{\partial y} \right)^2 \tag{2.59}$$

式(2.58)中的涡量 ξ 定义为

$$\xi \equiv \frac{k_t}{C_p} \tag{2.60}$$

式中，k_t 为涡热导率。

类似地，雷诺平均动量方程为

$$\overline{\rho u} \frac{\partial \bar{u}}{\partial x} + \overline{\rho v} \frac{\partial \bar{u}}{\partial y} = \frac{\partial}{\partial y} \left(\varepsilon \frac{\partial \bar{u}}{\partial y} \right) \tag{2.61}$$

假设边界层内的焓值为 $\bar{u}$ 的函数，并有

$$\bar{h} = f(\bar{u}) \tag{2.62}$$

将式(2.62)代入雷诺平均能量方程，并重新整理得到

$$\frac{df(\bar{u})}{d\bar{u}} \left[\overline{\rho u} \frac{\partial \bar{u}}{\partial x} + \overline{\rho v} \frac{\partial \bar{u}}{\partial y} - \frac{\partial}{\partial y} \left(\varepsilon \frac{\partial \bar{u}}{\partial y} \right) \right] = \varepsilon \left[\frac{d^2 f(\bar{u})}{d\bar{u}^2} + 1 \right] \left(\frac{\partial \bar{u}}{\partial y} \right)^2 \tag{2.63}$$

等式左边方括号里面的项等于动量方程，因此必然为零，即等式右边等于零，则

$$\frac{d^2 f(\bar{u})}{d\bar{u}^2} + 1 = 0 \tag{2.64}$$

$$d^2 f(\bar{u}) = - d\bar{u}^2 \tag{2.65}$$

积分得

$$f(\bar{u}) = \bar{h} = A_1 + B_1 \bar{u} - \frac{\bar{u}^2}{2} \tag{2.66}$$

式中，A_1 和 B_1 为积分常值。边界条件为

$$\bar{h} = h_w, \quad \bar{u} = 0$$

$$\bar{h} = h_e, \quad \bar{u} = u_e \tag{2.67}$$

则积分常数为

$$A_1 = h_w$$

$$B_1 = \frac{h_e - h_w}{u_e} + \frac{1}{2} u_e \tag{2.68}$$

代入式(2.66),得

$$\bar{h} = h_w + (h_e - h_w) \frac{\bar{u}}{u_e} + \frac{1}{2} u_e \bar{u} - \frac{1}{2} \bar{u}^2 \tag{2.69}$$

两边同除以 h_w,得

$$\frac{\bar{h}}{h_w} = 1 + \left[\left(1 + \frac{1}{2} \frac{u_e^2}{h_e} \right) \frac{h_e}{h_w} - 1 \right] \frac{\bar{u}}{u_e} - \frac{1}{2} \frac{u_e^2}{h_e} \frac{h_e}{h_w} \left(\frac{\bar{u}}{u_e} \right)^2 \tag{2.70}$$

这个方程为 Crocco 温度方程的焓形式。相比于公式(2.56),常数 A 和 B 为

$$A^2 = \frac{1}{2} \frac{u_e^2/h_e}{h_w/h_e} \tag{2.71}$$

$$B = \frac{1 + (1/2) u_e^2/h_e}{h_w/h_e} - 1$$

如果 C_p 为常值,则 $h_w/h_e = C_p T_w/(C_p T_e) = T_w/T_e$,且

$$\frac{1}{2} \frac{u_e^2}{h_e} = \frac{1}{2} \frac{u_e^2}{C_p T_e} = \frac{1}{2} \frac{u_e^2}{\left(\frac{C_p}{\gamma R} \right) a_e^2} = \frac{1}{2} \frac{\gamma R}{C_p} M_e^2 = \frac{\gamma - 1}{2} M_e^2 \tag{2.72}$$

常数 A 和 B 分别为

$$A^2 = \frac{(\gamma - 1) M_e^2/2}{T_w/T_e} \tag{2.73}$$

$$B = \frac{1 + (\gamma - 1) M_e^2/2}{T_w/T_e} - 1$$

van Driest 在推导摩阻系数修正方程时,假设层流 Prandtl 数和湍流 Prandtl

数都等于 1,然后又通过在式(2.73)中加入有效马赫数 $Ma_{eff}^2 = rMa^2$ 来修正这一问题,其中 r 是平板恢复因子。因为式(2.72)中的 u^2/h_e 相似于 Ma^2,所以常数 A 和 B 包含恢复因子 r(使用绝热壁面条件会出现负值)的表达式为

$$A^2 = \frac{(1/2)\, ru_e^2/h_e}{h_w/h_e} \tag{2.74}$$

$$B = \frac{1 + (1/2)\, ru_e^2/h_e}{h_w/h_e} - 1$$

湍流平板恢复因子一般取为

$$r = \sqrt[3]{Pr} \tag{2.75}$$

式中,Pr 为 Prandtl 数。

沿着 von Karman 混合长度:

$$\ell = \kappa \left(\frac{\mathrm{d}\,\bar{u}/\mathrm{d}y}{\mathrm{d}^2\,\bar{u}/\mathrm{d}y^2} \right) \tag{2.76}$$

积分 Prandtl 混合长度方程得到表面摩擦方程为

$$\tau = -\bar{\rho}\ell^2 \left(\frac{\mathrm{d}\,\bar{u}}{\mathrm{d}y} \right)^2 \tag{2.77}$$

在边界层内,假设压力在 y 方向为常值,密度反比于温度,即

$$\frac{\bar{\rho}}{\rho_w} = \frac{T_w}{T} \tag{2.78}$$

利用式(2.55)将密度写为速度的函数,即

$$\frac{\bar{\rho}}{\rho_w} = \frac{1}{1 + B\dfrac{\bar{u}}{u_e} - A^2 \left(\dfrac{\bar{u}}{u_e} \right)^2} \tag{2.79}$$

式(2.77)可以写成关于 u 的方程,并积分得

$$\frac{1}{A}\arcsin \frac{2A^2(\bar{u}/u_e) - B}{\sqrt{B^2 + 4A^2}} + \frac{1}{A}\arcsin \frac{2B}{\sqrt{B^2 + 4A^2}} = \frac{1}{u_e}\sqrt{\frac{\tau_w}{\rho_w}} \left(F + \frac{1}{\kappa}\sqrt{\frac{\tau_w}{\rho_w}}\frac{y}{\nu_w} \right) \tag{2.80}$$

这个方程称为 van Driest 有效速度,可以用来将壁面方程扩展到可压流区域。

在理想气体假设中温度和密度的反比例关系使得包括 van Driest 理论在内的很多理论,在高温流中缺乏可用性。一般而言,自由流温度都在理想气体假设成立的范围内,但是温度较高的边界层内的分子振动效应和离解会使得理想气体假设不再适用。

为改善这一缺陷,推导出的密度-速度关系式必须是类似于式(2.79)的公式,但是常系数 A^2 和 B 将计入高温效应的影响。

$$\frac{\bar{\rho}}{\rho_w} = \frac{1}{1 + \hat{B}\frac{\bar{u}}{u_e} - \hat{A}^2\left(\frac{\bar{u}}{u_e}\right)^2} \tag{2.81}$$

式中,$\hat{A}^2$ 和 $\hat{B}$ 为未确定的修正后系数。因为式(2.81)仅是一个二次方程,所以这些系数不能被调整到给出边界层内精确的密度型面,但是式(2.81)可以提供一个密度型面的近似解来提升摩阻修正的精度。

求解式(2.81)需要三个点,其中的一个点即壁面条件,已经包含在式(2.81)中,其他两个点分别是边界层边界条件和最大焓值点。最大焓值点可以通过将式(2.56)对速度的导数取为 0 得到,即

$$\frac{d(\bar{h}/h_w)}{d(\bar{u}/u_e)} = B - 2A^2\frac{\bar{u}^*}{u_e} = 0 \\ \Rightarrow \frac{\bar{u}^*}{u_e} = \frac{B}{2A^2} \tag{2.82}$$

式中,u^* 为最大焓值时的速度。最大焓值可通过将这个速度型面代入式(2.56)获得

$$\frac{\bar{h}_{max}}{h_w} = 1 + \frac{B^2}{4A^2} \tag{2.83}$$

给定 $\bar{h}_{max}$ 和在边界层内不变的压力 $p[p = \rho^* R T^*, \gamma R T^* = (\gamma - 1)\bar{h}_{max}]$,最大焓值点的密度就可以计算出来,如果考虑热平衡化学,焓值由如 $h = h(p, \rho)$ 的多项式拟合获得。使用迭代过程,$\bar{\rho}^*$ 可由 $\bar{h}_{max}$ 和 p 计算得到。

为计算系数 $\hat{A}^2$ 和 $\hat{B}$,将 u_e 和 ρ_e 代入式(2.81)得

$$\hat{A}^2 = 1 + \hat{B} - \frac{\rho_w}{\rho_e} \tag{2.84}$$

将式(2.84)代入式(2.81)，并且计入 u^* 和 $\overline{h}_{\max}$，则

$$\hat{B} = \frac{(\rho_w/\rho^* - 1) - (\rho_w/\rho_e - 1)u^{*2}}{u^*/u_e - (u^*/u_e)^2} \tag{2.85}$$

将式(2.84)和式(2.85)计算出的 $\hat{A}^2$ 和 $\hat{B}$ 的值代入式(2.81)便可求得边界层密度型面关于速度 u 的表达式。

2.2.2　van Direst Ⅱ 方法

van Driest Ⅱ 摩阻系数修正方法[10,11]是对使用 Prandtl 混合长度积分的摩阻系数方法的修正，因此 2.2.1 节的方法也称为 van Driest Ⅰ 方法，而本小节方法称为 van Driest Ⅱ 方法。

为推导摩阻系数的修正方法，将平板动量方程 $d\theta/dx = C_f/2$ 写成以下形式：

$$\tau_w = \frac{d}{dx}\int_0^\delta \bar{\rho}\,\bar{u}(u_e - \bar{u})\,dy \tag{2.86}$$

表面摩擦系数定义为

$$C_f \equiv \frac{\tau_w}{\frac{1}{2}\rho_e u_e^2} \tag{2.87}$$

与 van Driest 边界层流型推导类似，除了将理想气体假设去除外。式(2.86)微分求得 dy，沿着由式(2.81)给出的密度方程代入式(2.86)，积分并序列化近似为

$$\frac{\arcsin\alpha + \arcsin\beta}{\sqrt{\frac{1}{2}A^2 C_{fw}}} = \text{const} + \frac{1}{\kappa}\ln(C_{fw}Re_w) \tag{2.88}$$

式中，

$$\alpha = \frac{2\hat{A}^2 - \hat{B}}{\sqrt{\hat{B}^2 + 4\hat{A}^2}}$$

$$\beta = \frac{\hat{B}}{\sqrt{\hat{B}^2 + 4\hat{A}^2}} \tag{2.89}$$

如果理想气体假设成立，则式（2.89）中，应使用 A 和 B。壁面摩阻系数 C_{fw} 和雷诺数 Re_w 分别为

$$C_{fw} = \frac{\tau_w}{\frac{1}{2}\rho_w u_e^2} \tag{2.90}$$

$$Re_w = \frac{\rho_w u_e x}{\mu_w} \tag{2.91}$$

进而转化为自由流形式：

$$C_{fw}Re_w = \frac{\tau_w}{\frac{1}{2}\rho_w u_e^2}\frac{\rho_w u_e x}{\mu_w} = \frac{\tau_w}{\frac{1}{2}\rho_w u_e^2}\frac{\rho_w u_e x}{\mu_e}\frac{\mu_e}{\mu_w} = C_f Re_e \frac{\mu_e}{\mu_w} \tag{2.92}$$

式中，$Re_e = \rho_e u_e x / \mu_e$。

$$C_{fw} = \frac{\tau_w}{\frac{1}{2}\rho_w u_e^2} = \frac{\tau_w}{\frac{1}{2}\rho_e u_e^2}\frac{\rho_e}{\rho_w} = C_f \frac{\rho_e}{\rho_w} \tag{2.93}$$

方程式（2.88）变为

$$\frac{\arcsin\alpha + \arcsin\beta}{\sqrt{\frac{1}{2}A^2 C_f \frac{\rho_e}{\rho_w}}} = \text{const} + \frac{1}{\kappa}\ln\left(C_f Re_e \frac{\mu_e}{\mu_w}\right) \tag{2.94}$$

式中，常值由 $Ma = 0$ 和 $T_w = T_e$ 获得。与 Karman-Schoenherr 不可压流摩阻方程匹配。

$$\frac{1}{\sqrt{C_f}} = 1.70 + 4.15\lg(C_f Re_e) \tag{2.95}$$

得到 van Driest 表面摩擦系数公式为

$$\frac{0.242(\arcsin\alpha + \arcsin\beta)}{\sqrt{A^2 C_f \frac{\rho_e}{\rho_w}}} = 0.41 + \lg\left(C_f Re_e \frac{\mu_e}{\mu_w}\right) \tag{2.96}$$

动量厚度雷诺数由动量方程沿无黏表面流线积分所得，进而，不可压变动

量厚度雷诺数由式(2.97)计算。

$$\overline{Re}_{\theta} = F_{\theta}Re_{\theta} \qquad (2.97)$$

式中,$F_{\theta} = \mu_e/\mu_w$。变形动量厚度雷诺数用来计算不可压变形表面摩擦系数,且通过式(2.98)转变为可压表面摩擦系数。

$$C_f = \overline{C}_f/F_c \qquad (2.98)$$

式中,

$$F_c = \left[\int_0^1 \left(\frac{\rho}{\rho_e} \right)^{1/2} \mathrm{d}\left(\frac{U}{U_e} \right) \right]^{-2} \qquad (2.99)$$

总结以上推导和结论,可压流和不可压流摩阻系数之间的转换公式概括如下:

$$\overline{C}_f = F_c C_f \qquad (2.100)$$

$$\overline{Re}_{\theta} = \frac{\mu_e}{\mu_w} \cdot Re_{\theta} \qquad (2.101)$$

$$\overline{Re}_x = \int_0^{Re_x} \frac{F_{r\theta}}{F_c} \mathrm{d}Re_x = F_{rx}Re_x \qquad (2.102)$$

$$F_{rx} = \frac{F_{r\theta}}{F_c} \qquad (2.103)$$

如前所述,参数 $F_{r\theta}$、F_{rx} 和 F_c 分别是马赫数、壁面与总温之比和恢复因子的函数($\overline{C}_f$ 在后面以 C_f 取代),确定这几个参数的不同方法显示不同的计算精度和难度。

2.2.3 基于 van Direst 的摩擦力计算

van Driest Ⅱ 理论由于其较高的精度、简单的计算流程和呈体系化的计算思路,通常被用来建立新的壁面摩擦力模型,对既有数据进行一定的修正,以期满足研究需求。

1. Spalding-Chi 方法

Spalding-Chi 方法是一个半经验公式修正方法[10,12,13]。在 van Driest 公式中使用的是 T_w/T_e 和 T_{aw}/T_e 这两个比值,而 Spalding 和 Chi 用曲线拟合现有的数据

获得关于 T_w/T_e 和 T_{aw}/T_e 的方程(在高温时 T_w/T_e 和 T_{aw}/T_e 应被 h_w/h_e 和 h_{aw}/h_e 替代)。

在 Spalding-Chi 方法中,可压流摩阻系数是基于当量不可压流摩阻系数来表达的。

$$C_{fi} = F_c C_f \tag{2.104}$$

式中,C_f 为可压流摩阻系数;C_{fi} 为不可压流摩阻系数,C_{fi} 由当量雷诺数给出,为

$$Re_{xi} = F_{rx} Re_x \tag{2.105}$$

式中,Re_{xi} 为基于 x 的当量不可压流雷诺数;Re_x 为实际的可压流雷诺数:

$$Re_x = \frac{\rho_e u_e x}{\mu_e} \tag{2.106}$$

系数 F_{rx} 定义为

$$F_{rx} = \frac{F_{r\theta}}{F_c} \tag{2.107}$$

在较高温度时,理想气体假设不再适用,F_c 和 $F_{r\theta}$ 的方程由焓进行定义:

$$F_c = \frac{\dfrac{h_{aw}}{h_e} - 1}{(\arcsin \alpha + \arcsin \beta)^2} \tag{2.108}$$

$$F_{r\theta} = \left(\frac{h_{aw}}{h_e}\right)^{0.772} \left(\frac{h_w}{h_e}\right)^{-1.474} \tag{2.109}$$

式中,h 为比焓;下标 aw 代表绝热壁面条件,w 代表实际壁面条件。绝热壁面焓由式(2.110)计算:

$$h_{aw} = h_e + \frac{r u_e^2}{2} \tag{2.110}$$

温度和焓由以下关系式计算:

$$\frac{T_{aw}}{T_e} = 1 + r\left(\frac{T_{te}}{T_e} - 1\right) \tag{2.111}$$

$$h = \frac{\gamma R T}{\gamma - 1} \tag{2.112}$$

$$\frac{h_{aw}}{h_e} = 1 + r\frac{u_e^2}{2h_e} = 1 + r\frac{\gamma-1}{2}Ma_e^2 \tag{2.113}$$

α 和 β 由式(2.89)计算。文献[10]中使用的不可压流摩阻系数修正为

$$C_{fi} = \frac{0.455}{\ln^2(0.06Re_{xi})} \tag{2.114}$$

2. White-Christoph 方法

White-Christoph 表面摩擦方程理论是基于壁面方程法则[10,12,14]，使用和 Spalding-Chi 方法相同的规范形式，且 F_c 和 Spalding-Chi 方法中的相同。雷诺数因子被写成关于 h_e/h_w 的函数：

$$F_{rx} = \frac{\left(\dfrac{\mu_e}{\mu_w}\right)\sqrt{\dfrac{h_e}{h_w}}}{\sqrt{F_c}} = F\frac{\rho_w\mu_e}{\rho_e\mu_w} = F\frac{T_e}{T_w}\frac{\mu_e}{\mu_w} \tag{2.115}$$

由公式(2.114)给出的修正方法计算不可压流摩阻系数，其他参数为

$$F_c = \frac{T_w}{T_e}F^{-2} \tag{2.116}$$

$$F_{r\theta} = \frac{\dfrac{\rho_w\mu_e}{\rho_e\mu_w}}{F\dfrac{T_w}{T_e}} = \frac{\mu_e}{\mu_w}/F \tag{2.117}$$

$$F = \frac{1 + 0.22r\dfrac{\gamma-1}{2}Ma_e^2\dfrac{T_e}{T_w}}{1 + 0.3\left(\dfrac{T_{aw}}{T_w} - 1\right)} \tag{2.118}$$

$$\frac{T_{aw}}{T_e} = 1 + r\frac{\gamma-1}{2}Ma_e^2 \tag{2.119}$$

3. Moore 方法

Moore 方法[12,14]是一种类似于 Spalding-Chi 方法和 White-Christoph 方法的基于 van Driest Ⅱ 理论的方法，与之不同的是其中各系数由以下公式计算。

$$F_{\mathrm{c}} = \frac{1/t - 1}{Q(\arcsin\sqrt{1-r})^2} \tag{2.120}$$

$$F_{r\theta} = 0.115\ 6Z/L \tag{2.121}$$

$$t = T_{\mathrm{e}}/T_{\mathrm{w}} \tag{2.122}$$

$$Q = 0.921\ 2e^{0.070\ 6(1-t)} \tag{2.123}$$

$$L = 11.5 + 6.6(1 - T_{\mathrm{w}}/T_{\mathrm{aw}}) \tag{2.124}$$

$$Z = \frac{\mu_{\mathrm{e}}}{\mu_{\mathrm{w}}}e^{0.4L} \tag{2.125}$$

式中,$\mu_{\mathrm{e}}/\mu_{\mathrm{w}}$ 有以下关系 ($n = 0.67$):

$$\frac{\mu_{\mathrm{e}}}{\mu_{\mathrm{w}}} = \left(\frac{T_{\mathrm{e}}}{T_{\mathrm{w}}}\right)^n \tag{2.126}$$

4. Eckert 方法

Eckert 方法[12,14,15]是另外一种基于 van Driest Ⅱ 理论的壁面摩擦力方法,各系数的表达式如下:

$$F_{\mathrm{c}} = \frac{T_{\mathrm{s}}}{T_{\mathrm{e}}} \tag{2.127}$$

$$F_{r\theta} = \frac{\mu_{\mathrm{e}}}{\mu_{\mathrm{s}}} \tag{2.128}$$

$$\frac{T_{\mathrm{s}}}{T_{\mathrm{e}}} = 1 + 0.039Ma_{\mathrm{e}}^2 - \frac{1 - 1/t}{2} \tag{2.129}$$

$$t = T_{\mathrm{e}}/T_{\mathrm{w}} \tag{2.130}$$

5. Sommer & Short 方法

Sommer & Short 方法[12,16]中各对应系数的表达如下:

$$F_{\mathrm{c}} = T_{\mathrm{s}}/T_{\mathrm{e}} \tag{2.131}$$

$$F_{r\theta} = \mu_{\mathrm{e}}/\mu_{\mathrm{s}} \tag{2.132}$$

$$t = T_{\mathrm{e}}/T_{\mathrm{w}} \tag{2.133}$$

$$\frac{T_s}{T_e} = 1 + 0.035 Ma_e^2 + 0.45(1/t - 1) \tag{2.134}$$

6. Coles 方法

Coles 方法[12,14,17]中各系数的表达式如下：

$$F_c = \frac{T_w}{T_e}\frac{\mu_s}{\mu_w} \tag{2.135}$$

$$F_{r\theta} = \frac{\mu_e}{\mu_s} \tag{2.136}$$

$$\frac{T_s}{T_w} = 1 - \sqrt{a}\left(1 - \frac{T_{te}}{T_w}\right)\sqrt{\frac{C_{fi}}{2}} - a\frac{T_{te} - T_e}{T_w}\frac{C_{fi}}{2} \tag{2.137}$$

Coles[17]确定的 a 值为 305。对于 μ 的计算，除了使用 Sutherland 公式外，还可以使用：

$$\mu = \frac{1.49 \times 10^{-6} T^{1/2}}{1 + \frac{122.22}{T} \times 10^{-5/T}} \tag{2.138}$$

式(2.135)~式(2.138)需要结合式(2.102)~式(2.104)，迭代就可求解 T_s 和 C_{fi}。

文献[14]通过与大量实验的对比（马赫数为 4~13，壁面温度与总温之比为 0.1~0.7）认为，结合虚拟原点概念的 Spalding-Chi 方法能够在马赫数小于 10 时获得较好的结果；而 Coles 方法在较少的试验数据下对于马赫数大于 10 的流动表现出较好的结果。

7. Baronti & Libby 方法

Baronti & Libby 方法[12,18]中各系数由如下关系式给出：

$$F_c = j\frac{\mu_B}{\mu_w} \tag{2.139}$$

$$F_{r\theta} = \frac{\mu_e}{\mu_B} \tag{2.140}$$

$$j = T_w/T_e \tag{2.141}$$

$$\frac{T_f}{T_e} = \left[j + \left(1 + \frac{\gamma-1}{2}Ma_e^2 - j\right)10.6\sqrt{\frac{C_{fi}}{2}} - \frac{\gamma-1}{2}Ma_e^2 10.6^2\frac{C_{fi}}{2}\right] \tag{2.142}$$

$$\frac{\mu_B}{\mu_f} = \frac{T_f}{T_e}\left[j + \left(1 + \frac{\gamma - 1}{2}Ma_e^2 - j\right)\frac{10.6}{2}\sqrt{\frac{C_{fi}}{2}} - \frac{\gamma - 1}{2}Ma_e^2\frac{10.6^2}{3}\frac{C_{fi}}{2}\right]^{-1} \quad (2.143)$$

式(2.139)~式(2.143)结合式(2.102)~式(2.104),可通过迭代求解出 T_f 和 C_{fi}。

van Driest Ⅱ理论由于其较高的精度、简单的计算流程和成体系化的计算思路,通常被用来建立新的壁面摩擦力模型,对既有数据进行一定的修正,如表 2.1 所示,以期满足需求。

表 2.1   基于 van Driest Ⅱ理论的湍流摩擦力模型

湍流摩擦力模型	表　达　式
Spalding-Chi	$F_c = \dfrac{h_{aw}/h_e - 1}{(\arcsin \alpha + \arcsin \beta)^2}$, $F_{r\theta} = \left(\dfrac{h_{aw}}{h_e}\right)^{0.772}\left(\dfrac{h_w}{h_e}\right)^{-1.474}$, $C_{fi} = \dfrac{0.455}{\ln^2(0.06Re_{xi})}$
White-Christoph	$F_{rx} = F\dfrac{T_e}{T_w}\dfrac{\mu_e}{\mu_w}$, $F_c = \dfrac{T_w}{T_e}F^{-2}$, $F_{r\theta} = \dfrac{\mu_e}{\mu_w}/F$, $F = \dfrac{1 + 0.22r\dfrac{\gamma - 1}{2}Ma_e^2\dfrac{T_e}{T_w}}{1 + 0.3(T_{aw}/T_w - 1)}$
Moore	$F_c = \dfrac{1/t - 1}{Q(\arcsin\sqrt{1 - r})^2}$, $F_{r\theta} = \dfrac{0.115\,6Z}{L}$, $t = \dfrac{T_e}{T_w}$, $Q = 0.921\,2e^{0.070\,6(1-t)}$, $L = 11.5 + 6.6(1 - T_w/T_{aw})$, $Z = e^{0.4L}\mu_e/\mu_w$
Eckert	$F_c = \dfrac{T_s}{T_e}$, $F_{r\theta} = \dfrac{\mu_e}{\mu_s}$, $\dfrac{T_s}{T_e} = 1 + 0.039Ma_e^2 - \dfrac{1 - 1/t}{2}$, $t = T_e/T_w$
Sommer & Short	$F_c = \dfrac{T_s}{T_e}$, $F_{r\theta} = \dfrac{\mu_e}{\mu_s}$, $\dfrac{T_s}{T_e} = 1 + 0.035Ma_e^2 + 0.45\left(\dfrac{1}{t} - 1\right)$, $t = T_e/T_w$
Coles	$F_c = \dfrac{T_w}{T_e}\dfrac{\mu_s}{\mu_w}$, $F_{r\theta} = \dfrac{\mu_e}{\mu_s}$, $\dfrac{T_s}{T_w} = 1 - \sqrt{a}\left(1 - \dfrac{T_{te}}{T_w}\right)\sqrt{\dfrac{C_{fi}}{2}} - a\dfrac{T_{te} - T_e}{T_w}\dfrac{C_{fi}}{2}$, $a = 305$
Baronti & Libby	$F_c = j\dfrac{\mu_B}{\mu_w}$, $F_{r\theta} = \dfrac{\mu_e}{\mu_B}$, $j = \dfrac{T_w}{T_e}$, $\dfrac{T_f}{T_e} = \left[j + 10.6\left(1 + \dfrac{\gamma - 1}{2}Ma_e^2 - j\right)\sqrt{\dfrac{C_{fi}}{2}} - 10.6^2\dfrac{\gamma - 1}{2}Ma_e^2\dfrac{C_{fi}}{2}\right]$, $\dfrac{\mu_B}{\mu_f} = \dfrac{T_f}{T_e}\left[j + \dfrac{10.6}{2}\left(1 + \dfrac{\gamma - 1}{2}Ma_e^2 - j\right)\sqrt{\dfrac{C_{fi}}{2}} - \dfrac{10.6^2}{3}\dfrac{\gamma - 1}{2}Ma_e^2\dfrac{C_{fi}}{2}\right]^{-1}$

　　图 2.18 为基于 van Driest 理论的方法与三种边界层模型的 CFD 结果、不可压平板摩擦力系数计算方法的对比。图 2.18 中适用于气动加热高温区壁面摩擦力计算的高焓值。

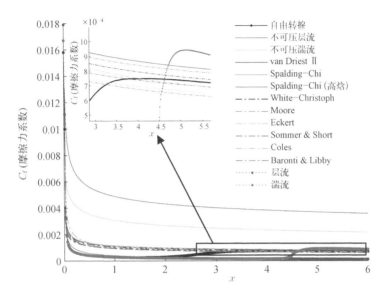

图 2.18　基于 van Driest 理论的方法与三种边界层模型的 CFD 结果、不可压平板摩擦力系数计算方法的对比

　　Spalding-Chi 方法相比于 CFD 计算值有着明显的高估,并且高于不可压平板湍流计算方法。以 van Driest Ⅱ 理论为基础的湍流模型相互之间的差别较小(图 2.18 中局部视图),和 CFD 数值仿真结果中完全湍流区域的摩擦力系数很接近。因而,基于 van Driest Ⅱ 理论的方法对于湍流完全发展阶段的摩擦力计算结果与 CFD 计算值吻合较好,适合湍流摩阻系数计算。

　　在湍流完全发展的区域,由图 2.18 及其局部图可知,基于 van Driest Ⅱ 理论的 Baronti & Libby 方法和 Eckert 方法给出了相对较小的结果,Coles 方法、Sommer & Short 方法及 White-Christoph 方法预测得到最接近使用 Langtry-Menter 边界层转捩模型的 CFD 数值仿真值,不同的是前两者略低于其值,而后者略高于其值,并且前两者计算值几乎相同。Moore 方法、van Driest Ⅱ 理论方法和 Spalding-Chi 方法稍微高于自由转捩 CFD 计算值、低于 k-ε 模型计算值,后两者的结果几乎相同并且略高于 Moore 方法的值。由于 CFD 计算中并没有给定平板壁面的表面粗糙度,实际的摩擦力系数值应该稍大于 CFD 计算值,但总体上来看,基于 van Driest Ⅱ 理论的各湍流摩阻系数计算方法相差不大,且与 CFD 结果相近。

2.2.4　参考温度/参考焓法

参考温度/参考焓法是一种预测可压流中摩阻系数的近似方法,它简单地使用由不可压流摩阻系数得来的公式,但对于其中的雷诺数项进行参考温度/参考焓修正,以考虑热动力学和气体输运特性。

对于可压层流平板流动,考虑可压缩性,其摩阻系数变为

$$C_f^* = \frac{0.664}{\sqrt{Re_x^*}} \tag{2.144}$$

式中,带 * 的量由参考温度/参考焓法估算。其中,

$$Re_x^* = \frac{\rho^* u x}{\mu^*} \tag{2.145}$$

$$\rho^* = \frac{p}{R_g T^*} \tag{2.146}$$

式中,μ^* 为对应温度 T^* 的黏性系数,由 Sutherland 公式 $\dfrac{\mu^*}{\mu_0} = \left(\dfrac{T^*}{T_0}\right)^{3/2} \dfrac{T_0 + 110}{T^* + 110}$ 可得,其中 μ_0 和 T_0 为参考值,可以取海平面状态 $\mu_0 = 1.789\,38 \times 10^{-5}$,$T_0 = 288.15$;$R_g$ 为气体常数。湍流摩阻系数公式为

$$C_f = \frac{0.059\,2}{Re_x^{*\,1/5}} \tag{2.147}$$

根据分析,摩阻系数 C_f 是 Ma_e 和 T_w/T_e 的函数,因此在参考温度函数中包含这两项是非常必要的。式(2.148)为参考温度的其中一种,也是应用最广法的一种表达。

$$\frac{T^*}{T_e} = 1 + 0.032 Ma_e^2 + 0.58\left(\frac{T_w}{T_e} - 1\right) \tag{2.148}$$

假设比热比和 Prandtl 数不随温度变化,$Pr = Pr^*$(标准气体状态下,$Pr = 0.71$ 在大约 800 K 以内都有效),则恢复因子为

$$r = \frac{h_{aw} - h_e}{h_t - h_e} = \frac{T_{aw} - T_e}{T_t - T_e} = \sqrt{Pr} \tag{2.149}$$

若壁面为绝热壁面,则有

$$\frac{T_w}{T_e} = \frac{T_{aw}}{T_e} = 1 + r\left(\frac{T_t}{T_e} - 1\right) \tag{2.150}$$

而 T_e 和 Ma_e 可取为边界层外自由出流条件,结合式(2.146)~式(2.150)可获得参考温度下的气体参数,进而求得可压流摩阻系数。Meador 和 Smart[19] 提出的层流可压流参考温度公式为

$$\frac{T^*}{T_e} = 0.45 + 0.55\frac{T_w}{T_e} + 0.16r\left(\frac{\gamma - 1}{2}\right)Ma_e^2 \tag{2.151}$$

对于湍流,由于流动运动方式与层流截然不同,式(2.148)会带来较大的误差,Meador 和 Smart[19] 给出的针对湍流的参考温度公式则可以得到相对较好的结果。

$$\frac{T^*}{T_e} = 0.5\left(1 + \frac{T_w}{T_e}\right) + 0.16r\left(\frac{\gamma - 1}{2}\right)Ma_e^2 \tag{2.152}$$

Sommer 和 Short[16] 提出的根据已有试验数据针对湍流进行修正的表达式为

$$\frac{T^*}{T_e} = 0.55 + 0.035Ma_e^2 + 0.45\frac{T_w}{T_e} \tag{2.153}$$

采用图 2.19 所示的计算流域,对摩擦力计算方法进行 CFD 数值验证,出口使用外插、黏性壁面使用绝热壁面条件来计算壁面摩擦系数。CFD 计算中共提供了三种壁面边界层条件: 使用 Langtry-Menter 转捩模型边界层、层流边界层及使用两方程 k-ε 湍流模型的边界层,计算中选取光滑壁面(根据 Wang 等[20] 的结果,光滑壁面和粗糙壁面最大阻力系数差值只有 0.79%)。采用由 256 372 个四边形结构网格组成的计算区域,经过大约 2 500 步迭代趋于收敛。使用参考温度法计算所得壁面摩擦力结果和不可压流与三种边界层条件的 CFD 计算结果如图 2.20 所示。

图 2.19　平板壁面摩擦力 CFD 几何模型

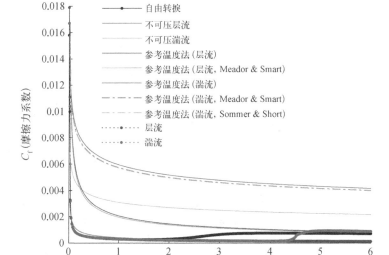

图 2.20　参考温度法计算所得壁面摩擦力结果和不可压流与
三种边界层条件的 CFD 计算结果

　　由图 2.20 中的曲线可知,相对于接近真实解的 CFD 自由转捩数值结果,不可压层流计算值在平板前段和 CFD 结果很相近,这主要是由于在平板前段,边界层为层流状态,尚未进入转捩区域,不可压平板层流计算方法能够准确地估算这一段的摩擦力系数。在 CFD 自由转捩数值结果的转捩区($x = 2 \sim 3.5$,图 2.20),摩擦力系数逐渐上升,并在平板后半段当边界层发展为完全湍流边界层时趋于平稳。在转捩区,不可压流模型和参考温度模型绝没有捕捉到摩擦力的逐渐增大,这是因为这两类方法不适用于转捩区域的摩擦力计算。在完全湍流区域,参考温度法和不可压湍流方法计算的结果高于 CFD 结果,都不能很好地重现 CFD 计算值。同时由图 2.20 可以总结出,转捩位置对于摩擦力积分获得的总摩擦阻力有很大的影响,单一的层流或者湍流计算方法不能给出转捩位置对摩擦力的影响,而且参考温度法计算的结果大于 CFD 计算的数值,因而单一参考温度法无法满足吸气式高超声速飞行器外流场壁面摩擦力计算的需求。

　　由前面的假设可以看到,在上面的讨论中没有考虑温度对比热容比的影响。Eckert[15] 提出了一种考虑了这种影响的方法——参考焓法,建议使用式(2.154)表达:

$$h^* = 0.5h_\mathrm{w} + 0.22h_\mathrm{aw} + 0.28h_\mathrm{e} \tag{2.154}$$

文献[21]给出参考焓法的另一种表达形式,其本质是式(2.154)的变形。

$$h^* = h_e + 0.5(h_w - h_e) + 0.22(h_{aw} - h_e) \tag{2.155}$$

式中,绝热壁面焓:

$$h_{aw} = h_e + r\frac{U_e^2}{2} \tag{2.156}$$

式中,U_e 为边界层边界速度。

文献[19]给出的参考焓算法为

$$\frac{T^*}{T_e} = 0.45 + 0.55\frac{T_w}{T_e} + 0.16r\frac{\gamma-1}{2}Ma_e^2 \tag{2.157}$$

式中,r 为恢复因子,层流状态等于 $Pr^{1/2}$,湍流状态等于 $Pr^{1/3}$,$Pr = 0.71$。

参考焓法计算所得壁面摩擦力结果和不可压流计算结果、三种边界层条件的 CFD 计算结果对比如图 2.21 所示。一方面,类似于参考温度法,参考焓法获得的层流摩擦力系数和湍流摩擦力系数均高于 CFD 计算所得的值,同时注意到,使用 Schlichting 公式计算摩擦力系数的湍流参考焓法获得的结果稍低于另外两种湍流参考焓方法。另一方面,两种层流参考焓法计算的结果大体相同,与

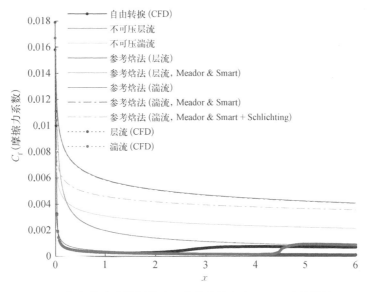

图 2.21　参考焓法计算所得壁面摩擦力结果和不可压流计算结果、
三种边界层条件的 CFD 计算结果对比

对应的湍流方法相似。通过对图 2.20 和图 2.21 的分析,认为参考温度法和参考焓法计算所得的摩擦力系数要高于 CFD 数值方法计算的结果,且不能反映流动中由边界层转捩引起的摩擦力系数变化。

根据经验,湍流的参考温度法/参考焓法获得的摩擦力系数误差较对应的层流方法的误差大,因此在通常的研究中层流状态可使用参考温度法/参考焓法,湍流状态则使用其他更精确的方法,如基于 van Driest Ⅱ 理论的方法等。

2.2.5　底压模型

对于暴露在高超声速流中的物体,期望物体底面上承受总真空压和如下的压力系数:

$$C_p = - \frac{1}{\gamma Ma_\infty^2 / 2} \tag{2.158}$$

但是真实气体效应的黏性总会使有些压力作用在底部,而试验数据也显示这时的压力系数大约为 70%的大气真空压[3]。

$$C_p = - \frac{1}{Ma_\infty^2} \tag{2.159}$$

也可以由下面的近似公式(下面称理论方法)给出:

$$C_p = - \frac{1}{Ma_\infty^2} + \frac{0.57}{Ma_\infty^4}, \quad Ma_\infty > 1.0 \tag{2.160}$$

此外,Gaubeaud 公式[22]可以用来计算飞行器壁面与来流夹角大于 45°时的背风区压力系数[23,24]。

$$C_p = \frac{2}{\gamma Ma_\infty^2} \left\{ \left(\frac{2}{\gamma + 1} \right)^{1.4} \left(\frac{1}{Ma_\infty} \right)^{2.8} \left[\frac{2\gamma Ma_\infty^2 - (\gamma - 1)}{\gamma + 1} \right] - 1 \right\} \tag{2.161}$$

图 2.22 为理论方法计算值[式(2.160)]、Gaubeaud 公式与 CFD 黏性/无黏计算和试验值对比。如图 2.22(a)中压力系数分布曲线所示,理论方法计算所得的结果更接近 CFD 计算值,两种方法均只能求得底压平均值。图 2.22(b)为对于 HL-20 机体底部的模型计算值与试验值[25,26]对比,图中显示在亚声速、跨声速段,理论方法并不能准确预测底压随马赫数变化的趋势;在马赫数 1.2 之后,理论计算值与试验值吻合度很高;Gaubeaud 公式虽然准确预测了变化趋势,却略高估计了压力系数,但误差随着马赫数的增加逐渐减小;两种方法与试验值

均方误差分别为 1.64% 和 5.66%。对于底部流动区域，由于流动的复杂性，并不能完全依据 CFD 计算值和试验值的优劣来评判底压模型结果的准确性，但可以作为选择底压计算模型的参考，而上述两种模型计算结果与 CFD 计算值及超声速试验值都比较吻合，因而其被认为适合组合动力飞行器底压计算。

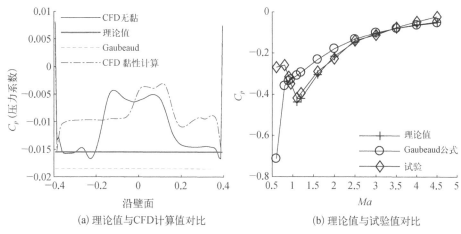

(a) 理论值与CFD计算值对比　　　　　　(b) 理论值与试验值对比

图 2.22　底压计算值与 CFD 计算值和试验值对比

2.3　气动力计算方法

2.3.1　流线追踪方法

对于组合动力飞行器宽速域气动力估算，相比于目前普遍采用的基于自由来流的方法，基于流线的气动力估算方法在计算当前点的气动力数值时，不仅会考虑自由来流条件的影响，而且还会考虑经过当前点的流线受机体壁面的累积气动影响，如图 2.23 所示，因而从物理意义上保证了后者计算结果更接近实际飞行过程中的状况。

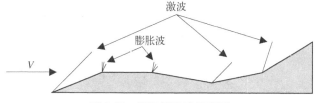

图 2.23　沿流线流动示意图

基于流线计算策略的重点是流线的确定,流线是计算壁面气动压力分布和摩擦力分布的基础。当前面元上单位速度矢量为

$$V_i = n_i \times V_\infty \times n_i \tag{2.162}$$

式中,V_i 为当地面元上的单位速度矢量;n_i 为当地面元的单位外法向矢量;V_∞ 为自由流单位速度矢量。在不考虑边界层的影响时,无黏流线是计算壁面气动参数的合理选择;当考虑黏性边界层影响时,此处计算的流线是真实流线的一种近似解,但为了简化计算过程,在此假设式(2.162)获得的流线即为壁面上的流线。

2.3.2 面元法

面元法经常用于快速计算飞行器的气动特性。面元法的基本思想是:将飞行器的外表面分割成有限的微小曲面,对每个微小曲面选用一个平面四边形(或三角形)来代替,将这些替代平面上的气动力求和,便得到飞行器上的总气动力。比较著名的基于面元法的高超声速气动力计算程序有 S/HABP(supersonic-hypersonic arbitrary body program)和 APAS[27](aerodynamic preliminary analysis system)等。S/HABP 和 APAS 中的高超声速气动计算代码都是 HABP。HABP 以线框网格作为几何外形输入,以平面四边形单元作为最底层的分析面元,它可计算无黏表面压强、黏性力等。HABP 将飞行器表面分为迎风面和背风面,通过人为地选择迎风面(背风面)压强计算方法可确定飞行器表面的压强。

飞行器的任意表面可表示为参数方程:

$$y = f(u, v), \ u_1 \leqslant u \leqslant u_2, \ v_1 \leqslant v \leqslant v_2 \tag{2.163}$$

式中,u 和 v 为参数。将参数 u 和 v 在各自的取值范围内分别分为 m 份和 n 份,就将该表面划分为 $m \times n$ 小曲面。面元网格的划分也可以从其他网格划分软件导入。

如图 2.24 所示,假设某个面元的四个角点位置向量为 r_1、r_2、r_3 和 r_4。记角点 1 到角点 4 的位置向量为 T_1,角点 2 到角点 3 的位置向量为 T_2,那么,

$$T_1 = r_4 - r_1, \ T_2 = r_3 - r_2 \tag{2.164}$$

$$\hat{n} = (T_1 \times T_2) / \| T_1 \times T_2 \| \tag{2.165}$$

空间中任意一点和一个法向量可以确定一个平面。取 $\hat{n}$ 作为法向量,并取

曲面四个角点的平均值作为空间点,从而确定该曲面的近似平面。四个角点的平均值为

$$\bar{r} = (r_1 + r_2 + r_3 + r_4)/4 \tag{2.166}$$

曲面的四个角点在近似平面上的四个投影点为

$$r_i' = r_i - \hat{n}^{\mathrm{T}}(r_i - \bar{r})\,\hat{n},\ i = 1,\ 2,\ 3,\ 4 \tag{2.167}$$

投影四边形 $1'2'4'3'$(面元)被用于近似地表示曲面 1243(图 2.25)。面元的面积和面心坐标可表示为

$$A = \frac{1}{2}(\hat{n} \times T_1) \cdot T_2,\ r_{\mathrm{c}} = \frac{1}{3}\left(r_1' + \frac{A_1}{A}r_2' + \frac{A_2}{A}r_3' + r_4'\right) \tag{2.168}$$

式中,A_1 和 A_2 分别为三角形 $1'2'4'$ 和 $1'4'3'$ 的面积。

$$A_1 = \frac{1}{2}(\hat{n} \times T_1) \cdot (r_1' - r_2'),\ A_2 = \frac{1}{2}(\hat{n} \times T_1) \cdot (r_3' - r_1') \tag{2.169}$$

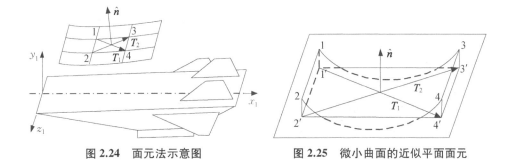

图 2.24　面元法示意图　　　图 2.25　微小曲面的近似平面面元

2.4　组合动力飞行器气动组合建模方法

2.1 节和 2.2 节建立的壁面压力和摩擦力模型可以降低计算周期,提升方案迭代速度,但是每一种理论模型都具有一定的适应范围,不能满足宽域飞行的需求。因此需要将各个模型的适应范围进行有机组合,使其能够适用于组合动力飞行器外流场的宽域特点。本节以前述高精度 CFD 计算结果和模型的对比分析为参考,考察模型对高精度 CFD 计算结果的重现能力和模型的适用范围,以

此为基础提出壁面受力组合模型的模型匹配策略,分别建立壁面压力和摩擦力组合模型,最后对组合模型的精度和可靠性进行验证。

2.4.1   模型匹配策略

在壁面压力和摩擦力计算的过程中,涉及不同模型之间的匹配问题,例如,计算头部压力分布的修正牛顿理论模型和计算迎风面压力分布的激波方法的匹配,计算层流摩擦力系数和计算湍流摩擦力系数的模型的匹配等。这些匹配问题是建立壁面受力组合模型的基础。摩擦力模型的转换和匹配主要依赖沿流线的流动转捩,在转捩之前流动为层流,在转捩之后流动为湍流,正如2.3.3节研究的内容。而压力组合模型的模型匹配策略涉及的单个模型应用范围不完全重叠。

从理论上看,各压力模型表征的压力系数在其适用范围内有部分的重合和互补,如图2.26所示,同时图中也给出各模型的适用范围。一方面,在迎风面,修正牛顿模型能够适用于所有的壁面倾角,但随着壁面倾角的减小,切楔/切锥模型和二维/三维激波模型的精度逐渐高于修正牛顿模型,而这两种模型仅适用于激波附体后的迎风面;另一方面,在背风面,膨胀波模型可应用于甚至小于-90°壁面倾角的范围,然而在背风面倾角小于某一值之后,底压模型预测的结果精度高于膨胀波模型预测的结果精度。

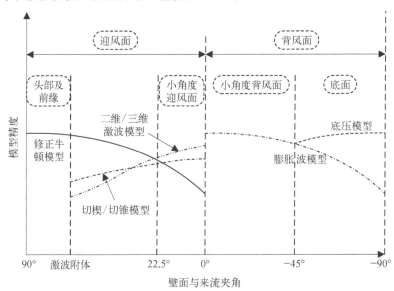

图 2.26   各模型精度相对于壁面与来流夹角的变化(仅作示意,各模型精度非量化比较)

对于超声速/高超声速宽速域的壁面压力计算,需要在满足适用范围要求的基础上,采用尽可能高精度的模型。另外,后面将要搭建的超声速/高超声速飞行器外流场气动力的快速估算平台包含不同参数、不同修正理论的模型,这些模型需要以合理的策略进行调动,因而需要指定模型转换和匹配策略。结合前面的研究结论,本书采用的压力模型转换和匹配策略主要如下。

(1) 压力系数相等策略。压力系数相等策略是指在不同的模型之间转换时,为保证沿流线壁面压力变化的值连续,需要保证不同模型在转换点的压力系数计算结果一致或相近。

(2) 激波附体角转换策略。激波附体角转换策略适用于基于切楔/切锥模型和激波模型构建的模型,从滞止点开始沿流线到达能使激波附体的壁面倾角后,采用基于切楔/切锥模型和激波模型构建的模型,而在这之前采用基于牛顿理论的模型。

(3) Dahlem-Buck 转换倾角策略。Dahlem-Buck 转换倾角由试验结论总结而来[29],主要应用于基于牛顿理论的模型和基于切楔/切锥模型和激波模型构建的模型之间的模型转换和结果匹配,其值为 22.5°。在迎风面当壁面倾角大于此角度时,采用基于牛顿理论的模型,否则采用其他模型。

(4) 0°壁面倾角策略。0°壁面倾角主要为保证迎风面计算模型和背风面计算模型之间的匹配,由于两类模型的适用范围限制,相互之间不存在重合,在当地壁面倾角小于 0°时切换为背风面模型。

(5) 底压模型转换倾角策略。随着背风面倾角的逐渐减小,回流效应使得背风面膨胀波模型计算所得的压力系数精度降低,此时采用底压模型更能重现壁面压力状态。通过与试验及 CFD 数据的比对,本书采用-45°作为底压模型的转换倾角,文献[24]中也采用了相同的角度。

2.4.2　壁面压力组合模型

1. 激波/膨胀波组合模型

斜激波理论适用于机体壁面与来流有正夹角的情况,而不适用于与来流有负夹角的壁面;Prandtl-Meyer 膨胀波理论适用于与来流有负夹角的壁面,而不适用于与来流有正夹角的壁面。采用第四种模型匹配策略将这两种方法组合起来,称为激波/膨胀波组合模型(包含分别适用于二维和三维构型的两种组合模型:斜激波理论 + Prandtl-Meyer 膨胀波理论;三维 Taylor-Maccoll 理论 + Prandtl-Meyer 膨胀波理论),对于既有压缩面又有膨胀面的高超声速飞行器壁面,激波/膨胀波组合模型可以覆盖绝大部分机体外壁面的压力估算。

采用激波/膨胀波组合模型和 CFD 数值计算对尖楔/尖锥体构型进行计算的结果如图 2.27(a)所示。由于计算构型为曲线/曲面尖锥体[图 2.27(b)右上角截面图],所以在其头部会产生曲激波,在激波之后由于壁面的连续收缩效应,流动在壁面产生连续膨胀波,这种流动类型和绝大多数高超声速飞行器外流场流动模式类似。使用激波/膨胀波理论计算所得的表面压力分布如图 2.27(a)中红色曲线所示,从头部附近某一点开始,CFD 计算结果与激波/膨胀波组合模型计算结果吻合良好;二维激波/膨胀波组合模型预测的沿壁面的压力系数整体高于三维模型计算结果,与二维构型 CFD 计算结果均方误差为 0.77%;三维激波/膨胀波组合模型中采用 Taylor-Maccoll 方程组,考虑三维释压效应,因而和三维 CFD 计算结果非常接近,其均方误差为 1.08%,低于二维曲线尖楔的压力分布。需要注意的是,在滞止点稍靠下游,网格处理中的不连续性[图 2.27(b)],流动在紧靠头部附近出现了激波的再附与分离,致使压力系数出现一个明显的峰值,如图 2.27(a)所示,然而这并不会影响激波/膨胀波组合模型的高精确性。在实际高超声速飞行器设计中,壁面前缘采用一定程度的钝头构型,超出激波/膨胀波组合模型适用范围。根据结论,二维激波/膨胀波理论不能很好地捕捉三维流动效应,因而只适用于三维效果不明显的外流场中(如机翼、平坦的机身腹部);三维激波/膨胀波理论考虑到三维释压效应,适合三维效应明显的部位(如机身前部、翼尖等)。从示例计算的对比可以看出,激波/膨胀波理论计算所得的结果和 CFD 计算结果有很高的吻合度,适合计算高超声速飞行器外流场壁面压力分布。

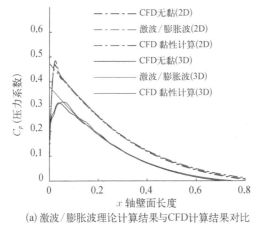

(a) 激波/膨胀波理论计算结果与 CFD 计算结果对比

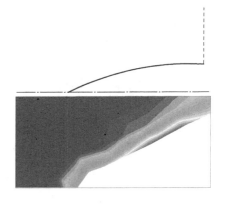

(b) 曲线尖锥几何构型与 CFD 压力云图

图 2.27   激波/膨胀波理论计算结果与 CFD 计算结果对比以及
曲线尖锥几何构型与 CFD 压力云图

2. 牛顿-切楔/切锥组合模型

对于切楔/切锥理论失效的钝头体头部区域采用修正牛顿理论模型,而在壁面倾角降低到一定值之后(采用模型匹配策略 3 给定的角度),再采用切楔/切锥方法求解高超声速飞行器壁面压力分布,构建牛顿-切楔/切锥组合模型,能够扩大牛顿理论和切楔/切锥方法的应用范围。以牛顿-切锥组合模型和 CFD 分别计算图 2.9 所示的钝头体构型的壁面压力分布,其结果的对比如图 2.28 所示。

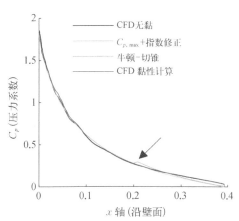

由于在转换倾角前修正牛顿理论模型和牛顿-切锥组合模型都使用组合牛顿模型,在图 2.28 中箭头所指模型转换点位置之前,修正牛顿理论模型和牛顿-切锥组合模型计算结果一致,而在转换点之后,修正牛顿理论模型持续下降并逐渐低于 CFD 计算值。虽然牛顿-切锥组合模型计算值在模型转换点后有所增加,但其下降的梯度大于修正牛顿理论模型,因而在下游和修正牛顿理论模型计算值很接近。

图 2.28　牛顿-切锥组合模型与 CFD 计算结果对比

从量化分析结果来看,牛顿-切锥组合模型与 CFD 计算结果的均方误差为 1.63%,而修正牛顿理论模型与 CFD 计算结果的均方误差为 1.73%。但是修正牛顿理论模型拓展了切楔/切锥模型的适用范围,使牛顿-切楔/切锥组合模型能够在整个迎风面获得较好的计算结果,且对于机体大部分壁面为小倾角的情况下,牛顿-切楔/切锥组合模型的累积误差明显小于修正牛顿理论模型。

3. 牛顿-激波/膨胀波组合模型

前述激波/膨胀波组合模型存在最大壁面倾角限制,当壁面与来流夹角大于这个限制角度时,激波将会脱体,二维激波模型和 Taylor-Maccoll 方程都不能处理激波脱体的情况,而修正牛顿理论模型在大倾角时的使用不受激波脱体的限制,采用模型匹配策略 1,以修正牛顿理论模型和激波/膨胀波模型建立组合模型,可以覆盖绝大部分的高超声速飞行器外流场壁面。图 2.29 为采用牛顿-激波/膨胀波组合模型和 CFD 分别计算图 2.9 所示的钝头体构型的壁面压力分布。

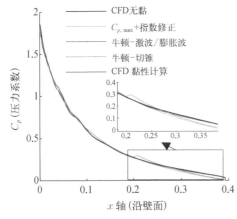

图 2.29 牛顿-激波/膨胀波组合模型与 CFD 计算结果对比

牛顿-激波/膨胀波组合模型预测所得的压力系数和 CFD 无黏和黏性数值计算结果保持了高度的一致性,并且在钝头体头部也有很高的吻合度,均方误差为 1.32%;相比于修正牛顿理论模型和牛顿-切锥组合模型,牛顿-激波/膨胀波组合模型更能准确地描述流动下游小壁面倾角区域的压力分布;牛顿-激波/膨胀波组合模型能够描述修正牛顿理论模型和牛顿-切楔/切锥组合模型不适用的膨胀壁面压力分布计算。为定量分析组合模型与高精度 CFD 数值计算结果的误差,对其误差分别进行统计学评估,求得其误差的均值和标准差(均值越接近 0,两者结果越接近;标准差越小,差值的分布越集中)。根据统计计算,牛顿-激波/膨胀波组合模型计算结果与 CFD 黏性数值计算结果误差的均值和标准差分别为 $-0.009\,084$ 和 $0.022\,39$,而这两个值对于牛顿-切锥组合模型分别为 $-0.014\,95$ 和 $0.025\,74$,虽然两者都非常逼近于 CFD 计算值,但牛顿-激波/膨胀波组合模型的误差和稳定性表现更好。

2.4.3 壁面摩擦力组合模型

通过本章前面的分析,即使计算壁面摩阻系的各种方法在对应的范围内对 CFD 计算结果有很好的逼近程度,也很难在整个流线尺度上有很好的全局逼近程度,因此在不同的区域使用不同的壁面摩阻方法,进行基于流线长度的组合,以使计算结果能够在全局范围内逼近 CFD 数值结果。

一方面,在前面的分析中,不可压层流模型在平板前部对 CFD 计算结果有很高的重现能力,但在湍流边界层区域,不可压平板层流模型的计算值比 CFD 计算值低。另一方面,参考温度法和参考焓法层流模型在其前部区域的估算值稍高于 CFD 计算值,如图 2.20 和图 2.21 所示,因而在层流区域使用平板不可压层流模型具有更高的精度(实际壁面摩阻系数会因表面粗糙度、开缝等因素影响高于前面 CFD 计算结果,因而书中保留参考温度/参考焓层流模型在层流区域的应用)。在湍流区域,平板不可压湍流模型和参考温度/参考焓湍流模型均不同程度地高于 CFD 计算值,如图 2.20 和图 2.21 所示,而基于 van Driest II 理论的模型计算所得的湍流壁面摩阻系数更接近 CFD 计算结果(图 2.18),因此在湍流区域使用基于 van Driest Ⅱ 理论的方法更为合理。

在边界层流动由层流到湍流的转捩区域,雷诺数的大小起着很重要的作用,Bowcutt 等[28]提出一种基于零攻角尖锥和超声速后掠机翼试验数据的转捩雷诺数经验方法,将转捩雷诺数和边界层边界马赫数联系起来。

$$\lg(Re_{xt}) = 6.421\exp(1.209 \times 10^{-4}Ma_e^{2.641}) \tag{2.170}$$

式中,Re_{xt} 为当地转捩雷诺数;Ma_e 为边界层边界马赫数。对于后掠角度为 Λ 的后掠机翼,其转捩雷诺数为

$$\frac{(Re_{xt})_\Lambda}{(Re_{xt})_{\Lambda=0}} = 0.787\cos^{4.346}\Lambda - 0.722\,1e^{-0.099\,1\Lambda} + 0.946\,4 \tag{2.171}$$

式中,$(Re_{xt})_\Lambda$ 为考虑后掠角时的转捩雷诺数;$(Re_{xt})_{\Lambda=0}$ 为后掠角为零时的转捩雷诺数,可由公式(2.170)计算得到。另外,转捩区的长度可由以下关系式[29]计算:

$$x_{t,e} = x_{t,s}(1 + 5Re_{x,ts}^{-0.2}) \tag{2.172}$$

式中,$x_{t,s}$ 和 $x_{t,e}$ 分别为沿流线的转捩区起始和终止位置;$Re_{x,ts}$ 为转捩区起始点雷诺数。

在求得转捩雷诺数和转捩区长度以后,就可以对转捩前的层流区域和转捩后的湍流区域分别使用相应的壁面摩擦力计算模型进行计算,并在转捩区内进行插值。基于摩擦力组合模型计算所得的摩阻系数与 CFD 计算结果对比如图 2.30 所示。

由图 2.30 的摩擦力系数沿程变化曲线可知,在大部分层流和湍流区域内,组合模型获得的结果与 CFD 计算结果吻合,但是存在转捩区域比 CFD 计算结果提前的现象,这主要是由于 CFD 计算过程中并没有指定壁面的粗糙度且使用了绝热壁面条件,这会导致转捩相比于实际情况有所滞后,所以上述组合建模方法反而会更加接近实际转捩位置。如果不考虑转捩位置,只考虑转捩前后的摩擦力系数,本书提出的组合模型具有较高的 CFD 计算结果逼近度。对于图 2.30 中给出的几种模型,从定量的角度描述各模型与 CFD 自由转捩计算值的均方误差,如表 2.2 所示,组合模型对 CFD 计算结果的重现能力较好,且保持在同一误差水平,均可作为壁面摩擦力计算的候选模型。

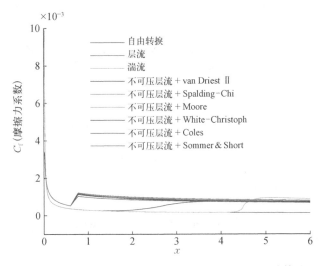

图2.30   摩擦力组合模型计算所得的摩擦力系数与CFD计算结果对比

表2.2   壁面摩擦力组合模型的均方误差

组合模型	不可压层流+ van Driest Ⅱ	不可压层流+ Spalding-Chi	不可压层流+ Moore
RMS/%	6.78	6.76	6.56
组合模型	不可压层流+ White-Christoph	不可压层流+ Coles	不可压层流+ Sommer & Short
RMS/%	6.31	6.24	5.92

2.5   模型验证

针对翼型、机翼和飞行器三种应用对象,本节将对上述的组合模型进行基于CFD数值计算的定性和定量验证,以分析所建立组合模型的适用性和精确性。

1. 压力组合模型验证

图2.31为外流场壁面压力组合模型与高精度CFD数值方法对NACA 0006翼型壁面压力计算结果对比。如图2.31(a)所示,在$Ma = 3.34$状态下,牛顿-激波/膨胀波组合模型整体上可以重现CFD数值计算结果,而激波/膨胀波、修正牛顿理论模型及牛顿-切楔组合模型由于应用范围的限制无法在翼型前缘或后

段使用,且修正牛顿理论模型在翼型前缘附近预测了较大的压力系数下降速度。虽然牛顿-激波/膨胀波组合模型在翼型的大部分区域预测了略高的压力系数分布,但在可接受的误差范围内非常接近 CFD 计算值(均方误差为4.74%)。随着马赫数的升高,修正牛顿理论模型和牛顿-切楔组合模型相互接近,而牛顿-激波/膨胀波组合模型与 CFD 计算结果的差值逐渐加大。在翼型绝大部分壁面区域,牛顿-激波/膨胀波组合模型预测了稍高的压力系数分布,从机制上来看,这是由于激波理论假设压缩面引起的激波可以一直延伸到无穷远处,而实际上激波在下游很快会衰减,从而导致包含激波理论的模型计算获得的压力系数相较于 CFD 计算值在翼型下游稍高。另外的误差来源是翼型前缘的网格离散化,使得基于格点位置得到的壁面倾角存在不连续现象,引入的构型误差导致模型与 CFD 计算结果的差别。

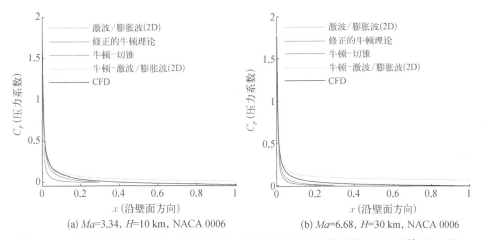

(a) Ma=3.34, H=10 km, NACA 0006　　　(b) Ma=6.68, H=30 km, NACA 0006

图 2.31　壁面压力组合模型与 CFD 数值方法对 NACA 0006 翼型壁面压力计算结果对比

图 2.32 为前述组合模型与 CFD 数值方法对 45°后掠角的对称机翼在零攻角、30 km 和 $Ma=8$ 状态下机翼展向中部和近翼梢处的压力系数计算结果。由图 2.32(a)可见,机翼展向中部流动接近二维翼型流动特征,修正牛顿理论模型、牛顿-切楔组合模型、激波/膨胀波模型、牛顿-激波/膨胀波组合模型和 CFD 计算结果均比较吻合。其中,修正牛顿理论模型预测的压力系数最低;牛顿-切楔组合模型预测的压力变化趋势和 CFD 计算结果一致,但其值稍低于 CFD 计算值,这两种模型都不能计算壁背风面的压力分布。激波/膨胀波理论受最小脱体激波角的限制,不能计算前缘滞止点附近的压力,致使其开始计算时的压力系数偏高,但在这之后,由于和牛顿-激波/膨胀波组合模型使用相同的算法,所以其

变化相同;牛顿-激波/膨胀波组合模型在机翼截面滞止点附近预测所得的压力系数非常接近 CFD 计算值,在沿着壁面向后的大部分区域内,牛顿-激波/膨胀波组合模型预测得到稍高的压力系数,但是和 CFD 计算值均方误差仅为4.49%。

在对机翼近翼尖处的壁面压力分布计算中,二维模型和三维理论模型预测值都低于 CFD 计算值,如图 2.32(b)所示。修正牛顿理论模型、三维激波/膨胀波模型和三维牛顿-激波/膨胀波组合模型计算的压力系数最低,而切楔/切锥理论计算结果和二维激波/膨胀波模型及二维牛顿-激波/膨胀波组合模型结果相近。相比之下,二维牛顿-激波/膨胀波组合模型计算结果更接近 CFD 计算值,且能准确预测压力沿壁面弦向变化的趋势,这主要是由于计算对象是零攻角薄机翼,近翼尖位置的翼型厚度较小,三维效应不明显。

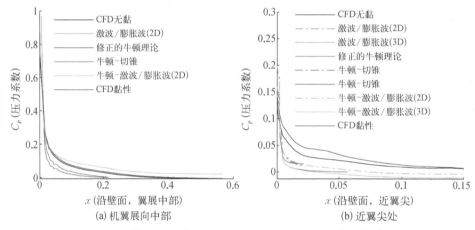

(a) 机翼展向中部   (b) 近翼尖处

图 2.32 压力组合模型与 CFD 数值方法对机翼压力计算对比

根据分析,机翼壁面压力预测与 CFD 误差的主要来源如下。

(1)机翼前缘在计算时并不是光滑钝头体,这是因为网格的离散变成大倾角尖前缘,这一特征在接近翼梢的薄机翼区域影响比较明显。

(2)横向流影响。算例对象为后掠型机翼,因此沿机翼展向的横向流不可忽视,在机翼后半段湍流和膨胀波的附加作用使得流动比较复杂,致使与预测模型使用的流动条件有所出入。

(3)流线影响。由于横向流的影响,所以机翼壁面的流线并不是沿弦向的,而模型计算时是按照弦向流线假设的,从而造成模型计算时的壁面倾角和实际流动时当地壁面倾角有所差别,这导致模型估算所得的压力系数与 CFD 数值结果存在不同。

（4）组合模型本身的误差。组合模型建模过程中的假设和简化带来的误差导致与 CFD 对比存在差异。

虽然由于误差的影响,组合模型预测值与 CFD 结果有所差异,但由图 2.32 可以总结出牛顿-激波/膨胀波组合模型预测的结果在数值和趋势上都非常接近 CFD 计算值,且计算速度远远大于 CFD 数值计算速度。

最后,选取典型升力体飞行器 HL－20 来进一步验证压力组合模型的适用性。HL－20 是 NASA 兰利研究中心提出的单人运输系统[30],具有升力体的气动布局,如图 2.33(a)所示。由于公开试验数据和资料较多,HL－20 是被研究得最广泛的一种高超声速升力体参考构型[25,26,31-35]。图 2.33(b)为计算域的非结构网格截面示意图,使用商业软件 CFD++以 $k-\varepsilon$ 湍流模型和黏性壁面方程对近

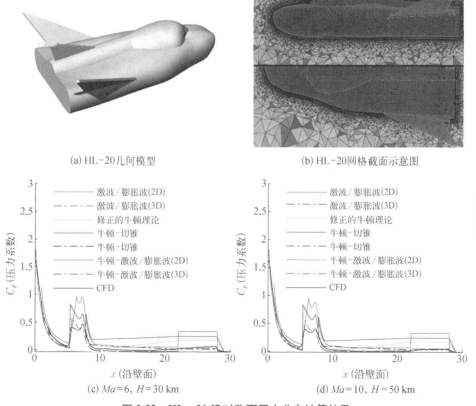

(a) HL－20几何模型　　　　　　　(b) HL－20网格截面示意图

(c) $Ma=6$, $H=30$ km　　　　　(d) $Ma=10$, $H=50$ km

图 2.33　HL－20 沿对称面压力分布计算结果

壁面边界层进行处理,分别计算在高度 $H = 30\,\mathrm{km}$、$Ma = 6$ 和高度 $H = 50\,\mathrm{km}$、$Ma = 10$ 飞行条件下的壁面压力分布,如图 2.33(c)和图 2.33(d)所示(图中所示压力分布曲线为沿对称面上部壁面的压力系数)。

在 $H = 30\,\mathrm{km}$、$Ma = 6$ 飞行条件下,修正牛顿理论模型在壁面倾角较大的区域与 CFD 数值计算结果保持良好的吻合度,然而在壁面倾角较小甚至是负倾角时,修正牛顿理论模型并不能给出比较满意的压力系数。同样,受限于维度,二维激波/膨胀波模型、二维牛顿-激波/膨胀波组合模型及牛顿-切楔组合模型由于不能考虑三维的释压效应,所以预测到较高的压力系数分布,如图 2.33(c)所示。其中,牛顿-切楔组合模型与 CFD 数值计算结果差值最大。在三维组合模型中,三维牛顿-激波/膨胀波组合模型预测的结果和 CFD 结果最为相近,牛顿-切锥组合模型预测的结果和二维激波膨胀波模型相当。

在高度 $H = 50\,\mathrm{km}$、$Ma = 10$ 飞行条件下,各模型的预测精度和 $Ma = 6$ 条件下基本一致:二维模型预测精度低于三维模型,而三维模型中三维牛顿-激波/膨胀波组合模型预测的结果和 CFD 结果最为相近。另外,由于不包含牛顿理论的组合模型不能预测大倾角时的壁面压力分布、不包含膨胀波理论的组合模型不能预测负倾角时的壁面压力分布,所以作为这些模型中覆盖范围最广的模型,牛顿-激波/膨胀波组合模型不但获得了较好的压力系数重现能力,且在壁面大倾角和负倾角区域都有很好的适用性。

需要注意的是,计算中使用文献[3]给出的 Dahlem-Buck 方法中牛顿理论与切锥理论转换角度 22.5° 的值与 CFD 计算结果相比略小,如图 2.33(c)和图 2.33(d)所示。激波理论在最大附体激波角和 22.5° 之间预测的压力系数分布比牛顿理论预测的更加接近 CFD 数值计算结果,这一特点在座舱部位压力的预测中体现得更明显(以激波/膨胀波结果和牛顿-激波/膨胀波组合模型结果为例,$x = 5.3 \sim 7$),因而对将牛顿理论与激波/膨胀波或切楔/切锥理论的转换使用模型匹配策略 1 和 2,能进一步提升壁面压力组合模型对 CFD 结果的预测精度。

表 2.3 为外流场壁面压力组合模型与 CFD 结果均方误差统计,结合图 2.33 可知:

(1)修正牛顿理论模型对钝头体头部压力系数重现能力较好,但在下游误差较大;

(2)激波/膨胀波组合模型和牛顿-切楔/切锥组合模型虽然拥有较好的压力系数重现能力,但是其适用范围有所限制;

（3）牛顿-激波/膨胀波组合模型在大倾角的机体头部、机翼前缘等迎风面和小倾角的背风面都能适用，即使 $Ma = 10$ 时对 HL‒20 的压力估算误差略高于激波/膨胀波组合模型，但是激波/膨胀波组合模型不能用于大倾角的壁面压力估算；

（4）前面建立的外流场壁面压力组合模型整体上与 CFD 结果误差在可控范围内，适合在初步设计阶段作为高超声速飞行器外流场压力估算的模型。

表 2.3　外流场壁面压力组合模型与 CFD 结果均方误差统计（HL‒20 对称面）

工　　况	激波/膨胀波 组合模型	修正牛顿 理论模型	牛顿-切楔/ 切锥组合模型	牛顿-激波/ 膨胀波组合模型
$H = 30$ km, $Ma = 6$	4.45%	6.63%	5.64%	4.43%
$H = 50$ km, $Ma = 10$	3.51%	7.18%	6.07%	4.71%

2. 摩擦力组合模型验证

图 2.34 为壁面摩擦力组合模型与 CFD 数值计算对 NACA 0006 翼型计算结果对比。如图 2.34 所示，各壁面摩擦力组合模型计算的摩擦力系数沿壁面分布趋势与 CFD 数值计算结果一致，且能在很大程度上逼近 CFD 计算值。在 $Ma = 3.34$ 时，翼型头部下游的摩擦力系数快速下降，通过详细的数据比对发现这一区域的静温上升较快，导致壁面附近的湍流黏度与层流黏度之比快速下降，因而出现摩擦力系数曲线的下降，整体均方误差不大于 13%。对于 $Ma = 6.68$ 的

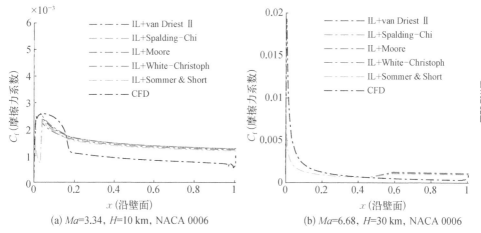

(a) Ma=3.34, H=10 km, NACA 0006　　(b) Ma=6.68, H=30 km, NACA 0006

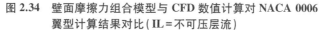

**图 2.34　壁面摩擦力组合模型与 CFD 数值计算对 NACA 0006
翼型计算结果对比（IL＝不可压层流）**

状态,组合模型计算的转捩位置位于翼型最大厚度之后,如图 2.34(b)所示,但是相比于 CFD 数值计算结果,不论是转捩前还是转捩后其和 CFD 计算值的差别都在可接受范围内。通过对翼型的计算对比和分析可以总结得出:前面提出的壁面摩擦力组合模型在较宽的马赫数范围内对翼型壁面摩阻系数的计算结果变化趋势合理、精度可接受。

图 2.35 为对 45°后掠对称机翼在零迎角、30 km 和 $Ma = 8$ 状态下机翼展向中部和近翼梢处分别采用摩擦力组合模型和高精度 CFD 数值计算结果对比。在机翼展向中部纵截面的摩擦力系数分布中,摩擦力组合模型计算所得的摩擦力系数在机翼前缘附近下降较快,其后变化较为平缓;而 CFD 数值计算结果在沿壁面长度 0.18 左右有较弱的缓冲,在这之后,CFD 数值计算值稍低于摩擦力组合模型计算值,如图 2.35(a)所示,各组合模型的均方误差不大于 10%。98%展向截面处的壁面摩擦力分布的计算结果如图 2.35(b)所示,摩擦力组合模型计算获得了较高的摩擦力系数,但在前缘下游迅速下降至和 CFD 计算结果相当。前缘数值计算网格不能完全重现翼型的弧度而导致 CFD 计算中出现激波/膨胀波与边界层相互作用,在沿壁面长度 0.04 之后 CFD 计算值快速下降并保持和摩擦力组合模型计算值非常接近,各模型的均方误差保持在 10%左右。根据对机翼不同位置摩阻计算结果的对比分析可知,摩擦力组合建模方法的计算结果精度在机翼展向中部和近翼梢部对 CFD 数值结果都有较好的重现能力,适用于一定精度要求下机翼表面的黏性摩擦力计算。

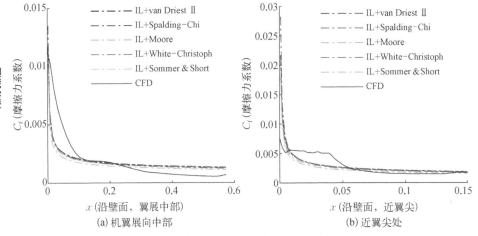

图 2.35 摩擦力组合模型和高精度 CFD 数值计算对机翼摩擦力计算结果对比

　　最后,对于外流场壁面摩擦力组合模型,使用升力体飞行器 HL‐20 进一步验证其在高超声速飞行器壁面摩阻计算时的适用能力。图 2.36(a) 和图 2.36(b) 分别为对应高度 $H = 30\ \text{km}$、$Ma = 6$ 和高度 $H = 50\ \text{km}$、$Ma = 10$ 的 HL‐20 对称面壁面摩擦力系数分布曲线。对于 $Ma = 6$ 的状态,组合模型计算结果在大部分壁面范围内和 CFD 数值计算结果保持一致。有所不同的是,限于组合模型对三维流动建模的能力,CFD 数值计算中的摩擦力变化在组合模型计算结果中相对较弱,例如,座舱前部壁面($x = 5.3 \sim 7$)的摩擦力变化趋势在组合模型曲线中没有得到重现[图 2.36(a)],这主要是由于机体头部曲面激波、座舱二次曲面激波及边界层的相互作用不能被组合模型表述。在垂尾位置($x = 22 \sim 28$),受较厚的机体壁面边界层影响,垂尾前缘摩擦力系数呈逐渐上升的趋势,而组合模型中没有对边界层厚度进行相应的建模,因而得出常值摩擦力系数。

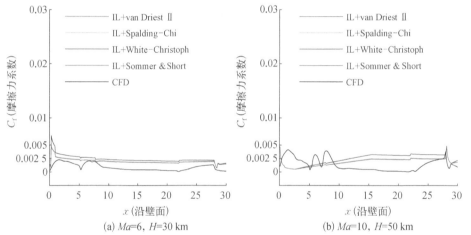

图 2.36　HL‐20 沿对称面壁面摩擦力分布计算结果

　　在 $Ma = 10$ 条件下,由于较高的飞行速度,机体头部激波在座舱位置出现激波反射,再加上座舱位置激波的影响,在 $x = 5 \sim 10$ 出现了两次摩擦力系数峰值,如图 2.36(b) 所示,而组合模型由于对三维激波相互作用建模的欠缺,没有预测到这样的变化趋势。虽然组合模型存在边界层及三维激波相互作用建模的缺陷,但在图 2.36(a) 和图 2.36(b) 中依然可以发现组合模型计算所得的摩擦力系数和 CFD 数值计算结果非常相近,而 CFD 数值计算由于非常耗时而不适用于概念设计和初步设计阶段性能分析。相比之下,具有快速计算能力且误差在可容许范围之内的组合模型方法则具有一定的应用价值。另外,虽然组合模型整体上预测到稍高的摩擦力系数分布,但 CFD 数值计算使用的是光滑壁面,而实际的飞行器壁面必然存在一定的粗糙度及开缝开孔的影响,这会使得摩擦力系数高于 CFD 计算值,更加接近组合模型预测的结果。

表 2.4 为外流场壁面摩擦力组合模型均方误差分析结果,结合前面的分析,可以得出如下结论:

(1) 在两种工况下,摩擦力组合模型与高精度 CFD 相比,均方误差最大不超过 15%,重现能力最好的模型分别为"IL+White-Christoph"和"IL+Spalding-Chi",对应均方误差分别为 7.5%、11.54%,说明各组合模型准确性相差不大;

(2) 摩擦力组合模型与 CFD 结果在 $Ma = 6$ 状态的误差低于 $Ma = 10$ 状态的误差,这主要是由于马赫数增加时,头部弓形激波更加贴近壁面,且与座舱激波一起与边界层相互作用,这导致高马赫数座舱区域的摩擦力系数差别较大;

(3) CFD 网格离散化导致机体头部出现不连续激波串,进而影响当地壁面的流动参数分布和摩擦力系数分布,且此效应随着马赫数的增加越明显;

(4) 组合模型不能很好地重现三维激波/激波、激波/边界层相互作用的现象,因而造成计算所得的边界层边界处流动参数与 CFD 计算值有差异,进而导致壁面摩擦力系数的差异(后续气动力快速估算平台设计时,边界层边界处流动参数由更精确的流线气动参数替代以提高精度),但整体上组合模型计算结果和 CFD 数值计算结果在变化趋势上具有较高的吻合度,精度上在可接受范围内。

表 2.4　外流场壁面摩擦力组合模型均方误差分析结果(HL‒20 对称面)

工　况	IL+ van Driest Ⅱ	IL+ Spalding-Chi	IL+ White-Christoph	IL+ Sommer & Short
$H = 30\,\mathrm{km}$, $Ma = 6$	8.27%	7.88%	7.50%	8.24%
$H = 50\,\mathrm{km}$, $Ma = 10$	11.81%	11.54%	14.67%	11.81%

2.6　宽域气动建模软件

2.6.1　AFPE 平台设计

根据对壁面压力和摩擦力组合模型的研究,结合流线追踪技术,搭建宽速域外流场气动力快速估算平台 AFPE(aerodynamic forces preliminary evaluation),其架构如图 2.37 所示,界面如图 2.38 所示。架构总体上由平台部分、基础和核心计算部分以及可自定义的算法模型数据库部分构成。数据计算流程示意如图 2.39 所示,首先为快速估算平台准备好模型算法数据库、非结构三角形面元网格文件和计算条件及设置文件。程序在读入这些文件后判断文件的完整性,

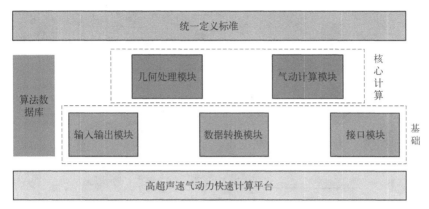

图 2.37　宽速域气动力快速估算平台 AFPE 架构

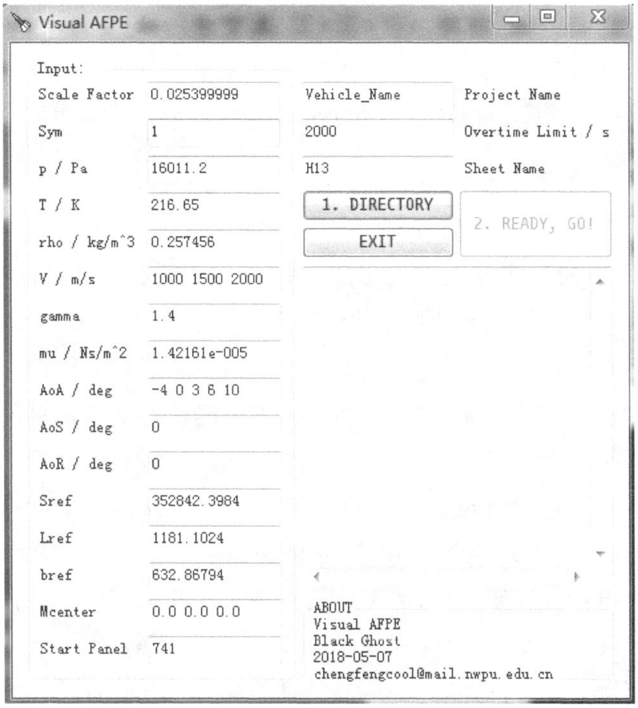

图 2.38　软件系统操作界面

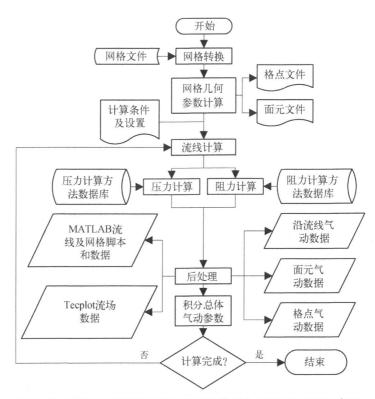

图 2.39   高超声速飞行器气动力快速计算平台 AFPE 数据流示意图

然后进行网格转化,将原始网格文件转换为可读性更强的格点文件和面元文件。在这之后,程序开始计算面元的几何参数,如面心、外法向矢量、面积、面元上的速度矢量等,将计算结果存入面元文件。根据计算所得的面元几何参数和给定的计算与设置条件计算飞行器外表面流线。计算流线的要求是:外表面每个面元上必须至少有一条流线经过,将计算所得的流线数据存入流线文件。由计算所得的流线和流线上的流动参数,利用算法库中提供的模型计算沿流线的气动参数以及压力和摩擦力,将计算结果存入流线文件。最后将计算所得流线气动数据重新分布到格点和面元上,并以此为基础自动生成 MATLAB 网格和流线数据显示脚本、Tecplot 数据文件,判断计算是否完成。程序中所有的输入输出文件具有很好的可读性和修改性,便于后续程序功能升级、与弹道仿真平台/控制系统仿真平台的数据交互。具体计算流程如下 5 个步骤:

(1)飞行器面元文件处理:通过读入 Tecplot 格式的网格数据文件,生成可读性更好的格点和面元文件,并将求得的面元几何参数(面积、面心、法向矢量等）存入生成的文件中；

（2）飞行器壁面流线计算/展示：依据网格文件和初始参数，求得经过每个面元的流线，存入流线文件，并生成 MATLAB 流线显示脚本；

（3）飞行器气动性能计算：根据网格数据、初始参数设置、生成的流线等输入，基于建立的模型算法库，选用合适的算法，计算沿流线的壁面气动压力和摩擦力分布，并积分获得整机的气动力和力矩；

（4）计算结果可视化输出：将计算所得的面元压力和摩擦力分布以 Tecplot 数据格式输出，可在 Tecplot 中显示三维云图等；

（5）协同应用：AFPE 所有输入输出文件均以可读性较强的 ANSI 编码，方便与其他性能评估平台（如弹道、控制等）的协同应用。

2.6.2　AFPE 平台验证

以面对称 HL－20 升力体跨大气层飞行器为参考，取飞行器半模作为网格化对象构型。机体头部和座舱前部气动参数变化梯度较大，需要将网格局部加密以帮助快速估算平台更准确地计算飞行器所受的气动力。在较为平坦的区域，如机体腹部和背部靠后位置，由于气动力沿纵向变化梯度较小，而沿横向变化梯度相对较大，故为了节约计算量，这些区域的网格横向密度大于纵向密度。计算条件和试验[26,31-33,35]保持一致，如表 2.5 所示，非结构面元网格如图 2.33 所示。

表 2.5　HL－20 计算条件

Ma	Re_{L}	$\alpha/(°)$	$L_{\mathrm{ref}}/\mathrm{m}$	质心位置/m
4.5	$3.4×10^{6}$	$-2.5\sim29.5$	0.524	0.283
5.83	$0.32×10^{6}$	$-5\sim50$	0.146 558	0.079 175
10.07	$1.01×10^{6}$	$1\sim41.5$	0.146 558	0.079 175

图 2.40 为使用 AFPE 计算所得的 HL－20 在 $Ma=4.5$、5.83、10.07 时三种攻角状态下的沿壁面流线图。由图 2.40 中可以看出，流线在小攻角时集中于机体头部顶点和翼前缘，而在较大攻角时，流线明显地发源于头部下表面。在 V 形翼下表面，大攻角时流线相对更加集中［特别是 $Ma=5.83$、$\alpha=50°$，如图 2.40（d）所示］，反映出此时 V 形翼翼面下部压力较大，为飞行器提供足够的低头力矩，这和对 HL－20 的气动特性分析结果一致，说明快速计算平台所采用的流线计算方法能够真实地反映气流流经飞行器壁面的物理现象本质。

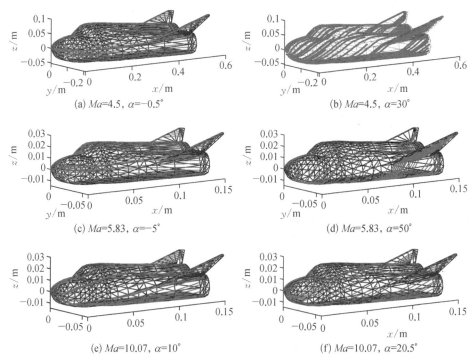

(a) Ma=4.5, α=−0.5°   (b) Ma=4.5, α=30°

(c) Ma=5.83, α=−5°   (d) Ma=5.83, α=50°

(e) Ma=10.07, α=10°   (f) Ma=10.07, α=20.5°

图 2.40   网格与流线计算结果

另外值得注意的是,对于 HL‐20 飞行器的壁面面元网格的划分相比于传统的 CFD 计算过程中网格划分较为稀疏,实际上根据研究对比,对于面元网格数量和精度权衡有以下结论:

(1)面元网格数量达到一定值之后对于计算精度的提升贡献较小,即计算精度并不随着面元网格数量线性变化;

(2)较大的面元网格数量带来较大的计算负担,计算耗时与精度提升呈明显不对称趋势;

(3)初步设计阶段大量的构型遴选和优化需要较高的计算效率和合理的计算精度;

(4)AFPE 设计初衷为在精度满足要求的情况下,充分提高计算速度,取得计算耗时与精度之间的权衡。

根据 HL‐20 的风洞试验数据,分别计算 $Ma = 4.5$、5.83 和 10.07 三种马赫数下的气动受力情况,计算过程中保持机体雷诺数与试验中的值相同(表 2.5,即保证来流密度、压力和速度与试验条件相同),单点计算平均耗时不超过 100 s。图 2.41~图 2.43 为高超声速飞行器气动力快速估算平台 AFPE 对 HL‑20 在与试验条件对应的三种马赫数条件下计算的气动力系数变化曲线。

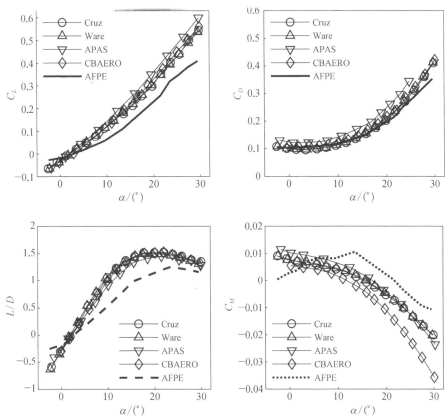

图 2.41 *Ma* =4.5 AFPE 气动力系数估算结果(Cruz 等[32],Ware[26],APAS[32],CBAERO[35])

对于 *Ma* =4.5(图 2.41),AFPE 估算所得的升力系数稍低于试验值,这主要是因为 HL‑20 构型的下部较为平坦,而计算中在下壁面大部分区域使用了三维方法,三维释压效应使得 HL‑20 下部压力平均水平低于风洞测量值,造成升力系数偏低。阻力系数在很大范围内和风洞试验测量值很吻合,甚至优于 APAS 估算的结果。由于预测了较低的升力系数和很吻合的阻力系数,所以 AFPE 得到的升阻比低于试验测量值。在俯仰力矩方面,相比于试验测量值,APAS 预测较吻合,CBAERO 预测较小,而 AFPE 估算得到了较大的力矩系数。另外,需要注意的是,AFPE 预测的俯仰力矩系数在零攻角附近呈略增大的趋势,造成这一现象的原因主要归结于 HL‑20 网格建模误差和三维激波作用等的影响。

$Ma = 5.83$ 时的各气动系数变化与 $Ma = 4.5$ 时类似(图 2.42),不同的是,虽然在负攻角范围有一个意外的力矩减小,但 $Ma = 5.83$ 时 AFPE 计算所得的俯仰力矩系数在正攻角范围内非常接近试验测量值。升力系数和升阻比的误差成正相关性,阻力系数在整个攻角范围内都较接近试验测量值。

$Ma = 10.07$ 的气动系数曲线有相同的变化趋势,如图 2.43 所示。机体几何建模误差和空间激波交互作用的影响,致使升力系数和升阻比略小,俯仰力矩与试验测量值略有差别,但阻力系数与试验测量值很接近,说明压力模型和摩擦力模型至少能够满足 $Ma = 4 \sim 10$ 宽速域内的气动力估算,而根据若干合作项目对比验证,AFPE 在 $Ma = 2 \sim 24$ 的宽速域范围内都具有较高的试验数据重现能力。

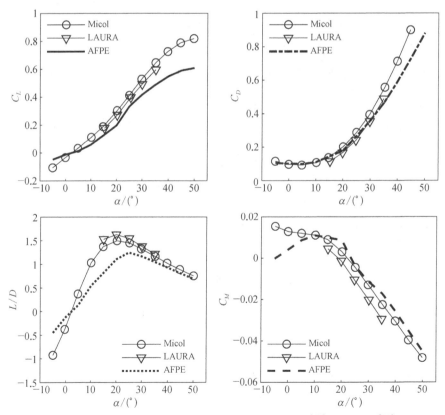

图 2.42　$Ma = 5.83$ AFPE 气动力系数估算结果(Micol[33],LAURA[33])

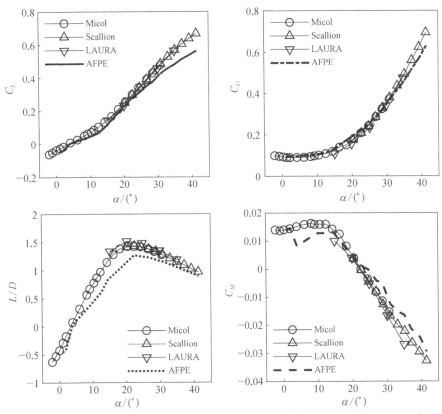

图 2.43 $Ma=10.07$ AFPE 气动力系数估算结果(Micol[33] , Scallion[31] , LAURA[33])

　　通过对比图 2.41～图 2.43 的变化趋势可以看出,随着马赫数的增加,升力系数与试验测量值的误差逐渐减小,这是因为随着马赫数的增加,气动系数逐渐趋向于与马赫数无关,即高超声速马赫数无关定理。另外,俯仰力矩系数作为其中最难准确估算的气动系数,在 AFPE 和试验测量值及其他快速计算工具、CFD 工具对比中可以发现,AFPE 计算所得的俯仰力矩系数精度是满足初步设计时气动力估算需求的。一方面,虽然 AFPE 预测所得的升力系数等存在一定的误差(均方误差不超过 3%,表 2.6),但是预测所得的阻力系数变化趋势和试验测量等结果很吻合(均方误差不超过 1%,表 2.6);另一方面,对于所研究的 HL‐20 的各状态点,所花费平均时长不超过 100 s,说明快速计算平台的设计思路是正确的,所采用的模型具有较高的精度和较快的计算速度。

表 2.6 **AFPE 与试验结果 RMS 误差对比**

马 赫 数	RMS/%		
	C_L	C_D	C_M
$Ma = 4.5$	1.339 7	0.033 6	0.258 4
$Ma = 5.83$	1.778 4	0.291 0	0.487 8
$Ma = 10.07$	0.321 0	0.184 9	0.054 4

图 2.44 为快速估算平台计算的 HL‐20 在 $Ma = 5.83$ 时的压力系数云图。可以发现,在不同攻角时,压力系数的分布存在很大的差异。相比于负攻角,大的正攻角能显著增大机体腹部和翼面下部的压力系数分布,与从图 2.40(c)和图 2.40(d)中的流线分布得出的结论类似。另外,压力系数的分布变化最明显的区域为座舱头部区域,相比于小攻角状态,大攻角时座舱头部压力系数明显减小,因为此时座舱头部已处于机体头部的遮挡之下,壁面气流压力逐渐减弱。从气动系数云图和曲线来看,AFPE 能够很好地从物理机制上快速反映高超声速飞行器在较宽马赫数范围内的气动受力情况,满足初步设计阶段气动性能快速评估的要求。

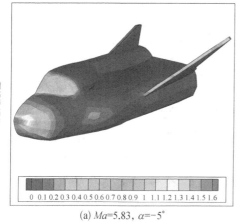

(a) Ma=5.83, α=−5°   (b) Ma=5.83, α=50°

图 2.44 Ma = 5.83 压力系数云图

参考文献

[1] Taylor G I, Maccoll J W. The air pressure on a cone moving at high speeds I [C]. Proceedings of the Royal Society of London, London, 1933.

[2] Taylor G I, Maccoll J W. The air pressure on a cone moving at high speeds II [C].

Proceedings of the Royal Society of London, London, 1933.

[3] Bonner E, Clever W, Dunn K. Aerodynamic preliminary analysis system II, part I: Theory [R]. Hampton, VA: NASA/LaRC, 1981.

[4] Staff A R. Equations, tables and charts for compressible flow [R]. Moffett Field, Calif.: A. A. Laboratory, 1953.

[5] Hammitt A G, Murthy K R A. Approximate solutions for supersonic flow over wedges and cones [J]. Journal of Aero/Space Sciences, 1960, 27(1): 71 - 73.

[6] Lighthill M J. Oscillating airfoils at high mach numbers [J]. Journal of the Aeronautical Sciences, 1953, 20(6): 402 - 406.

[7] Ashley H, Zartarian G. Piston theory — a new aerodynamic tool for the aeroelastician [C]. 24th Annual Aeroelasticity Meeting, New York, 1956.

[8] Mcnamara J J, Crowell A R, Friedmann P P, et al. Approximate modeling of unsteady aerodynamics for hypersonic aeroelasticity [J]. Journal of Aircraft. 2010, 47 (6): 1932 - 1945.

[9] van Driest E R. Turbulent boundary layer in compressible fluids [J]. Journal of the Aeronautical Sciences, 1951, 18(3): 145 - 160, 216.

[10] Hazelton D M, Bowersox R D W. Skin friction correlations for high enthalpy flows [C]. 8th AIAA International Space Planes and hypersonic Systems and Technologies Conference, Norfolk, 1998.

[11] van Driest E R. The problem of aerodynamic heating [J]. Aeronautical Engineering Review, 1956, 15(10): 26 - 41.

[12] White F M, Christoph G H. A simple new analysis of compressible turbulent two-dimensional skin friction under arbitrary conditions [R]. Wright-Patterson AFB, Ohio: A. F. F. D. Laboratory and A. F. S. Command, 1971.

[13] Hopkins E J, Inouye M. An evaluation of theories for predicting turbulent skin friction and heat transfer on flat plates at supersonic and hypersonic mach numbers [J]. AIAA Journal, 1971, 9(6): 993 - 1003.

[14] Cary A M, Bertram M H. Engineering prediction of turbulent skin friction and heat transfer in high-speed flow [R]. Washington D C: NASA, 1974.

[15] Eckert E R G. Survey on heat transfer at high speeds [R]. Wright-Patterson Air Force Base, Ohio: W. A. D. Center, A. R. A. D. Command, et al., 1954.

[16] Sommer S C, Short B J. Free flight measurements of turbulent boundary layer skin friction in the pressure of severe aerodynamic heating at Mach numbers from 2.8 to 7.0 [R]. Washington D C: NACA, 1955.

[17] Coles D E. The turbulent boundary layer in a compressible fluid [R]. Santa Monica, California: T. R. Corporation, 1962.

[18] Baronti P O, Libby P A. Velocity profiles in turbulent compressible boundary layers [J]. AIAA Journal, 1966, 4(2): 193 - 202.

[19] Meador W E, Smart M K. Reference enthalpy method developed from solutions of the boundary-layer equations [J]. AIAA Journal, 2005, 43(1): 135 - 139.

[20] Wang L, Zhao Y, Fu S. Computational study of drag increase due to wall roughness for hypersonic flight [J]. The Aeronautical Journal, 2017, 121(1237): 395 - 415.

[21] Fivel H J. Numerical flow field program for aerodynamic heating analysis, vol. I: equations and results [R]. Wright-Patterson Air Force Base, Ohio: A. F. F. D. Laboratory, A. F. W. A. Laboratory, et al., 1979.

[22] Guidi A, Chu Q P, Mulder J A, et al. Implementation of an aerodynamic toolbox in a reentry flight simulator [J]. Journal of Spacecraft and Rockets, 2003, 40(1): 138 - 141.

[23] Lobbia M A. Optimization of waverider-derived crew reentry vehicles using a rapid aerodynamics analysis approach [C]. 53rd AIAA Aerospace Sciences Meeting, Kissimmee, 2015.

[24] Lobbia M A. Rapid supersonic/hypersonic aerodynamics analysis model for arbitrary geometries [J]. Journal of Spacecraft and Rockets, 2017, 54(1): 315 - 322.

[25] Ware G M. Transonic aerodynamic characteristics of a proposed assured crew return capability (ACRC) lifting-body configuration [R]. Washington D C: NASA, 1989.

[26] Ware G M. Supersonic aerodynamic characteristics of a proposed assured crew return capability (ACRC) lifting-body configuration [R]. Washington D C: NASA, 1989.

[27] Bonner E, Clever W, Dunn K. Aerodynamic preliminary analysis system part I — theory [R]. NASA - CR - 182076, 1991.

[28] Bowcutt K G, Anderson J D, Capriotti D. Viscous optimized hypersonic waveriders [C]. AIAA 25th Aerospace Sciences Meeting, Reno, 1987.

[29] Harris J E, Blanchard D K. Computer program for solving laminar, transitional, or turbulent compressible boundary-layer equations for two-dimensional and axisymmetric flow [R]. Washington, D C: NASA, 1982.

[30] Ehrlich C F. HL - 20 concept: design rationale and approach [J]. Journal of Spacecraft and Rockets, 1993, 30(5): 573 - 581.

[31] Scallion W I. Aerodynamic characteristics and control effectiveness of the HL - 20 lifting body configuration at Mach 10 in air [R]. Washington D C: NASA, 1999.

[32] Cruz C, Ware G. Predicted aerodynamic characteristics for HL - 20 lifting-body using aerodynamic preliminary analysis system (APAS) [C]. AIAA 17th Aerospace Ground Testing Conference, Nashville, 1992.

[33] Micol J R. Experimental and predicted aerodynamic characteristics of a proposed assured crew return vehicle (ACRV) lifting-body configuration at Mach 6 and 10 [C]. AIAA 16th Aerodynamic Ground Testing Conference, Seattle, 1990.

[34] Greene F, Weilmuenster K, Micol J. Predicted aerodynamics for a proposed personnel launch vehicle [C]. AIAA 21st Fluid Dynamics, Plasma Dynamics and Lasers Conference, Seattle, 1990.

[35] Kinney D J. Aero-thermodynamics for conceptual design [C]. 42nd AIAA Aerospace Sciences Meeting and Exhibit, Reno, 2004.

第3章
组合动力飞行器推进建模理论与方法

组合动力飞行器一般以多模态组合循环发动机为主要推进系统,以保证飞行器宽速域适应能力。如图3.1所示,所有的吸气式发动机都有不完全重叠的最佳使用范围,因而需要将不同的发动机工作状态以相应的策略进行组合,构建组合推进系统。将不同的发动机组合在一起形成高超声速推进系统,但是每个发动机依然使用各自独自的控制系统和流道,这样的推进系统称为组合发动机系统。将不同的发动机通过一定的一体化策略组合成一个单独的推进系统,共享共同的流道和控制系统,这样的推进系统称为组合循环发动机。从高超声速飞行器设计的要求来看,尽可能地对飞行器部件进行一体化设计更符合高超声速飞行的苛刻条件,因此组合循环发动机是首选方案。组合循环发动机主要有TBCC[1-4]和RBCC[5-9]两种。两种推进循环系统都可以实

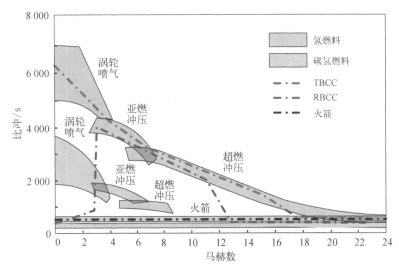

图3.1 典型发动机比冲

现飞行器的水平起降,推进效率高于纯火箭模式(图 3.1 黑色虚线所示);
TBCC 包括涡轮循环、双模态超燃冲压循环及火箭循环型系统(图 3.1 蓝色
虚线所示);RBCC 包含火箭循环和双模态超燃冲压循环两部分,其中,火箭
循环系统的火箭能够在低速时处于引射模态、在高马赫数时工作在纯火箭
模态(图 3.1 红色虚线所示)。相比之下,虽然涡轮循环系统在低速段拥有
较高的比冲和推进效率,但是 TBCC 的系统比 RBCC 的系统更复杂,可动部
件更多。从减小系统复杂度方面来看,较为简单的 RBCC 更适合作为高超
声速飞行器的动力系统。

3.1 理论基础

3.1.1 基于 Brayton 循环理论模型

吸气式高超声速推进系统的性能可用 Brayton 热力学循环来分析[10]。
图 3.2 表示的是在 Brayton 循环的四个过程中温度随熵变化的曲线。点 0 到点 3
是绝热压缩过程,它包括前体的外压缩和进气道/隔离段的内压缩。点 3 到点 4
是等压吸热过程,它将燃烧室进口静温 T_3 加热到出口静温 T_4。点 4 到点 10 是
绝热膨胀过程,它包括内喷管膨胀和外喷管膨胀。点 10 到点 0 是假想的等压放
热过程,工质在这个过程回到原始状态。

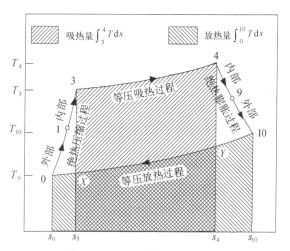

图 3.2　Brayton 循环的温-熵图

如图 3.2 所示,定义循环过程的热效率 η_{tc} 为

$$\eta_{tc} = \frac{V_{10}^2/2 - V_0^2/2}{\int_3^4 T\mathrm{d}s} = \frac{V_{10}^2/2 - V_0^2/2}{\eta_b f h_{pr}} = 1 - \frac{\int_0^{10} T\mathrm{d}s}{\int_3^4 T\mathrm{d}s} = 1 - \frac{h_{10} - h_0}{h_4 - h_3} \quad (3.1)$$

式中,T 为温度;s 为熵;h 为焓;η_b 为燃烧效率;$f = \dot{m}_f / \dot{m}_a$ 为油气比;h_{pr} 为燃料的低位热值。

定义绝热压缩过程的压缩效率 η_c 和绝热膨胀过程的膨胀效率 η_e 分别为

$$\eta_c = (h_3 - h_X)/(h_3 - h_0), \quad \eta_e = (h_4 - h_{10})/(h_4 - h_Y) \quad (3.2)$$

吸气式发动机的性能通常可用发动机的总效率 η_t 来度量,它可用燃烧效率 η_b 和循环过程的热效率 η_{tc} 表示为

$$\eta_t = \frac{2\eta_b \eta_{tc}}{1 + \sqrt{1 + \eta_b \eta_{tc} \dfrac{f h_{pr}}{V_0^2/2}}} \quad (3.3)$$

发动机的比冲 I_{sp}、比推力 $F/\dot{m}_a$、比燃料消耗 S 等性能参数可以根据发动机的总效率 η_t 从下列式子求出:

$$I_{sp} = h_{pr}\eta_t/(g_{sl}V_0), \quad F/\dot{m}_a = f h_{pr}\eta_t/V_0, \quad S = V_0/(h_{pr}\eta_t) \quad (3.4)$$

式中,g_{sl} 为海平面重力加速度值。

除了压缩效率 η_c 之外,衡量绝热压缩过程的性能还有静温比 ψ、总压恢复系数 π_c、动能效率 η_{ke}、无量纲熵增 $(s_3 - s_0)/C_p$ 等。绝热压缩过程总温不变,因此静温比为

$$\psi = \frac{T_3}{T_0} = \frac{T_3/T_{t3}}{T_0/T_{t0}} = \left(1 + \frac{\gamma - 1}{2} Ma_0^2\right) \Big/ \left(1 + \frac{\gamma - 1}{2} Ma_3^2\right) \quad (3.5)$$

总压恢复系数 π_c、动能效率 η_{ke}、无量纲熵增 $(s_3 - s_0)/C_p$ 都用静温比 ψ 和绝热压缩效率 η_c 来表示。

$$\pi_c = p_{t3}/p_{t0} = \left[\psi(1 - \eta_c) + \eta_c\right]^{-\gamma/(\gamma-1)} \quad (3.6)$$

$$\eta_{ke} = \frac{V_X^2}{V_0^2} = 1 - \frac{2(\psi - 1)}{(\gamma - 1)Ma_0^2}(1 - \eta_c) \quad (3.7)$$

$$(s_3 - s_0)/C_p = -(\gamma - 1)\ln(\pi_c)/\gamma = \ln[\psi(1 - \eta_c) + \eta_c] \qquad (3.8)$$

除了膨胀效率 η_e 之外，衡量绝热膨胀过程的性能还有总压恢复系数 π_e、速度系数 C_{ev}、无量纲熵增 $(s_{10} - s_4)/C_p$ 等。它们与膨胀效率之间的关系为

$$\pi_e = p_{t10}/p_{t4} = [(1 - \eta_e)(p_4/p_{10})^{(\gamma-1)/\gamma} + \eta_e]^{-\gamma/(\gamma-1)} \qquad (3.9)$$

$$C_{ev} = V_{10}/V_Y = \sqrt{\eta_e + (1 - \eta_e)(V_4/V_Y)^2} \qquad (3.10)$$

$$(s_{10} - s_4)/C_p = -(\gamma - 1)\ln(\pi_e)/\gamma = \ln[(1 - \eta_e)(p_4/p_{10})^{(\gamma-1)/\gamma} + \eta_e] \qquad (3.11)$$

3.1.2 基于影响系数法的理论模型

Shapiro[11]建立了包含截面积变化 dA、壁面摩擦 δF_f、传热 δQ、机械功 δW、燃料注入 $d\dot{m}$、体积力与流体阻力 δD 和化学反应等多个因素影响的流动控制微分方程，并将各因素的影响用系数的形式表示出来。这种方法称为影响系数法，它特别适合编写计算机程序和便于预估推进系统性能。

要使图 3.3 所示的准一维流物理模型得到理想的近似效果，应该满足下列条件[11-12]：① 沿流动方向的截面积相对变化较小，即有 $dA/A \ll 1$；② 流动管道的曲率半径远大于管道的直径；③ 流动的速度剖面和温度剖面沿管道轴向几乎不变。

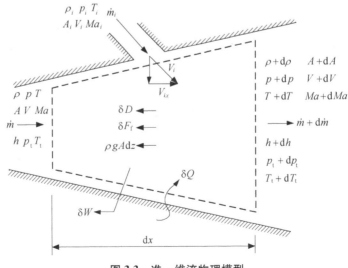

图 3.3 准一维流物理模型

下面推导图 3.3 中的准一维流物理模型的流动控制微分方程。

连续方程：

$$\dot{m} = \rho V A \tag{3.12}$$

对式(3.12)两端先取对数然后进行微分运算，叫得

$$\frac{\mathrm{d}\dot{m}}{\dot{m}} = \frac{\mathrm{d}\rho}{\rho} + \frac{\mathrm{d}A}{A} + \frac{\mathrm{d}V}{V} \tag{3.13}$$

动量方程：

$$pA - (p + \mathrm{d}p)(A + \mathrm{d}A) + (p + \mathrm{d}p/2)\mathrm{d}A - \delta F_{\mathrm{f}}$$
$$- \rho g A \mathrm{d}z - \delta D = (\dot{m} + \mathrm{d}\dot{m})(V + \mathrm{d}V) - \dot{m}V - \dot{m}_i V_{ix} \tag{3.14}$$

式中，δF_{f} 为壁面对气流的摩擦阻力；δD 为物体受到的阻力，包括控制体内相对于管道不动的物体给气流的阻力及液滴或杂物对气流的阻力；控制体内气体受到的重力在 x 方向的分力为 $\rho g A \mathrm{d}z$（z 为重力方向的坐标）。展开式(3.14)并忽略二阶以上的小量，得到

$$A\mathrm{d}p + \delta F_{\mathrm{f}} + \rho g A \mathrm{d}z + \delta D + \mathrm{d}\dot{m}(V - V_{ix}) + \dot{m}\mathrm{d}V = 0 \tag{3.15}$$

式中，利用了关系式 $\mathrm{d}\dot{m} = \dot{m}_i$。将连续方程式(3.12)代入式(3.15)，并在两端同除以 A，得到

$$\mathrm{d}p + \frac{\delta F_{\mathrm{f}}}{A} + \rho g \mathrm{d}z + \frac{\delta D}{A} + \rho V^2 (1 - y) \frac{\mathrm{d}\dot{m}}{\dot{m}} + \rho V \mathrm{d}V = 0 \tag{3.16}$$

式中，$y = V_{ix}/V$ 为喷入流体的流向速度分量与主流速度的比值。壁面对气流的摩擦阻力为

$$\delta F_{\mathrm{f}} = \tau_{\mathrm{w}} \mathrm{d}s_{\mathrm{w}} = (1/2)\rho V^2 C_{\mathrm{f}} (\pi D_{\mathrm{H}} \mathrm{d}x) \tag{3.17}$$

式中，τ_{w} 为壁面的剪应力；s_{w} 为壁面面积；C_{f} 为壁面摩擦系数；D_{H} 为管道的水力直径（等效圆截面管道的直径）。管道的横截面积为

$$A = \pi(D_{\mathrm{H}}/2)^2 = \pi D_{\mathrm{H}}^2/4 \tag{3.18}$$

将式(3.18)和式(3.17)代入式(3.16)，可得

$$\mathrm{d}p + \frac{\rho V^2}{2}\left(\frac{4C_{\mathrm{f}}\mathrm{d}x}{D_{\mathrm{H}}}\right) + \rho g \mathrm{d}z + \frac{\delta D}{A} + \rho V^2 (1 - y)\frac{\mathrm{d}\dot{m}}{\dot{m}} + \rho V^2 \frac{\mathrm{d}V}{V} = 0 \tag{3.19}$$

速度方程：

$$V^2 = Ma^2 a^2 = Ma^2 \gamma RT \tag{3.20}$$

对式(3.20)先取对数然后微分,得到

$$\frac{\mathrm{d}V}{V} = \frac{\mathrm{d}Ma}{Ma} + \frac{1}{2}\frac{\mathrm{d}T}{T} \tag{3.21}$$

将式(3.21)和 $\rho V^2 = \gamma p Ma^2$ 代入式(3.19),忽略体积力作用项,并除以压强 p 得到

$$\frac{\mathrm{d}p}{p} + \frac{\gamma Ma^2}{2}\left(\frac{4C_\mathrm{f}\mathrm{d}x}{D_\mathrm{H}}\right) + \gamma Ma^2(1-y)\frac{\mathrm{d}\dot{m}}{\dot{m}} + \gamma Ma^2\left(\frac{\mathrm{d}Ma}{Ma} + \frac{1}{2}\frac{\mathrm{d}T}{T}\right) = 0 \tag{3.22}$$

能量方程：

$$(\dot{m} + \mathrm{d}\dot{m})\left[h + \mathrm{d}h + \frac{V^2}{2} + \mathrm{d}\left(\frac{V^2}{2}\right) + gz + g\mathrm{d}z\right]$$

$$- \dot{m}\left(h + \frac{V^2}{2} + gz\right) - \dot{m}_i\left(h_i + \frac{V_i^2}{2} + gz_i\right) + \delta\dot{W} - \delta\dot{Q} = 0 \tag{3.23}$$

将关系式 $\mathrm{d}\dot{m} = \dot{m}_i$ 代入式(3.23)后除以 $\dot{m}$,然后展开并忽略二阶以上的小量,可得

$$\frac{\mathrm{d}Q - \mathrm{d}W - \mathrm{d}H_\mathrm{f}}{C_p T} = \frac{T_\mathrm{t}}{T}\frac{\mathrm{d}T_\mathrm{t}}{T_\mathrm{t}} = \left(1 + \frac{\gamma-1}{2}Ma^2\right)\frac{\mathrm{d}T_\mathrm{t}}{T_\mathrm{t}} \tag{3.24}$$

式中,

$$H = h + \frac{V^2}{2} + gz, \ \mathrm{d}H_\mathrm{f} = \frac{\mathrm{d}\dot{m}}{\dot{m}}(H - H_i), \ \mathrm{d}W = \frac{\delta\dot{W}}{\dot{m}}, \ \mathrm{d}Q = \frac{\delta\dot{Q}}{\dot{m}} \tag{3.25}$$

理想气体状态方程为

$$p = \rho RT \tag{3.26}$$

对式(3.26)取对数微分得到

$$\frac{\mathrm{d}p}{p} = \frac{\mathrm{d}\rho}{\rho} + \frac{\mathrm{d}T}{T} \tag{3.27}$$

总静温比为

$$\frac{T_{t}}{T} = 1 + \frac{\gamma - 1}{2}Ma^{2} \tag{3.28}$$

对式(3.28)取对数微分得到

$$\frac{\mathrm{d}T_{t}}{T_{t}} - \frac{\mathrm{d}T}{T} = \frac{(\gamma - 1)Ma^{2}}{1 + \dfrac{\gamma - 1}{2}Ma^{2}}\frac{\mathrm{d}Ma}{Ma} \tag{3.29}$$

总静压比为

$$\frac{p_{t}}{p} = \left(1 + \frac{\gamma - 1}{2}Ma^{2}\right)^{\frac{\gamma}{\gamma - 1}} \tag{3.30}$$

对式(3.30)取对数微分得到

$$\frac{\mathrm{d}p_{t}}{p_{t}} - \frac{\mathrm{d}p}{p} = \frac{\gamma Ma^{2}}{1 + \dfrac{\gamma - 1}{2}Ma^{2}}\frac{\mathrm{d}Ma}{Ma} \tag{3.31}$$

冲量函数为

$$F = pA + \dot{m}V = pA + \rho V^{2}A = pA(1 + \gamma Ma^{2}) \tag{3.32}$$

对式(3.32)取对数微分得到

$$\frac{\mathrm{d}F}{F} = \frac{\mathrm{d}p}{p} + \frac{\mathrm{d}A}{A} + \frac{2\gamma Ma^{2}}{1 + \gamma Ma^{2}}\frac{\mathrm{d}Ma}{Ma} \tag{3.33}$$

根据可逆过程的热力学第一定律 $T\mathrm{d}s = \mathrm{d}e + p\mathrm{d}v$ 和焓的定义 $h = e + pv$,可得

$$T\mathrm{d}s = \mathrm{d}h - v\mathrm{d}p = \mathrm{d}h - \frac{\mathrm{d}p}{\rho} = C_{p}\mathrm{d}T - RT\frac{\mathrm{d}p}{p} \tag{3.34}$$

式(3.34)两端同除以 $C_{p}T$,可得

$$\frac{\mathrm{d}s}{C_{p}} = \frac{\mathrm{d}T}{T} - \frac{R}{C_{p}}\frac{\mathrm{d}p}{p} = \frac{\mathrm{d}T}{T} - \frac{\gamma - 1}{\gamma}\frac{\mathrm{d}p}{p} \tag{3.35}$$

在上述流动控制微分方程组中可以找到独立的一组方程。将式(3.27)和式(3.21)代入连续方程式(3.13),可得

$$\frac{\mathrm{d}p}{p} + \frac{\mathrm{d}Ma}{Ma} - \frac{1}{2}\frac{\mathrm{d}T}{T} = \frac{\mathrm{d}\dot{m}}{\dot{m}} - \frac{\mathrm{d}A}{A} \tag{3.36}$$

式(3.36)、式(3.22)和式(3.29)写成矩阵形式为

$$
\begin{bmatrix}
1 & 1 & -1/2 \\
1 & \gamma Ma^2 & \gamma Ma^2/2 \\
0 & (\gamma-1)Ma^2/[1+Ma^2(\gamma-1)/2] & 1
\end{bmatrix}
\begin{bmatrix} x \\ y \\ z \end{bmatrix}
=
\begin{bmatrix} a \\ b \\ c \end{bmatrix}
\tag{3.37}
$$

式中,

$$
x=\frac{\mathrm{d}p}{p},\ y=\frac{\mathrm{d}Ma}{Ma},\ z=\frac{\mathrm{d}T}{T},\ a=\frac{\mathrm{d}\dot{m}}{\dot{m}}-\frac{\mathrm{d}A}{A},
$$

$$
b=-\frac{\gamma Ma^2}{2}\left(\frac{4C_f\mathrm{d}x}{D_H}\right)-\gamma Ma^2(1-y)\frac{\mathrm{d}\dot{m}}{\dot{m}},\ c=\frac{\mathrm{d}T_t}{T_t}
$$

矩阵方程式(3.37)的解为

$$
\begin{bmatrix} x \\ y \\ z \end{bmatrix}
=
\begin{bmatrix}
\dfrac{\gamma Ma^2}{Ma^2-1} & -\dfrac{1+(\gamma-1)Ma^2}{Ma^2-1} & \dfrac{\gamma Ma^2\left(1+\dfrac{\gamma-1}{2}Ma^2\right)}{Ma^2-1} \\[3ex]
-\dfrac{1+\dfrac{\gamma-1}{2}Ma^2}{Ma^2-1} & \dfrac{1+\dfrac{\gamma-1}{2}Ma^2}{Ma^2-1} & -\dfrac{(1+\gamma Ma^2)\left(1+\dfrac{\gamma-1}{2}Ma^2\right)}{2(Ma^2-1)} \\[3ex]
\dfrac{(\gamma-1)Ma^2}{Ma^2-1} & -\dfrac{(\gamma-1)Ma^2}{Ma^2-1} & \dfrac{(\gamma Ma^2-1)\left(1+\dfrac{\gamma-1}{2}Ma^2\right)}{Ma^2-1}
\end{bmatrix}
\begin{bmatrix} a \\ b \\ c \end{bmatrix}
\tag{3.38}
$$

根据上述结果,将微分关系式中的系数在表 3.1 中列出。

表 3.1 准一维流的影响系数

	$\dfrac{\mathrm{d}A}{A}$	$\dfrac{\mathrm{d}Q-\mathrm{d}W-\mathrm{d}H_f}{C_pT}$	$\dfrac{4C_f\mathrm{d}x}{D_H}-2y\dfrac{\mathrm{d}\dot{m}}{\dot{m}}$	$\dfrac{\mathrm{d}\dot{m}}{\dot{m}}$
$\dfrac{\mathrm{d}Ma}{Ma}$	$\dfrac{1+\dfrac{\gamma-1}{2}Ma^2}{Ma^2-1}$	$-\dfrac{1+\gamma Ma^2}{2(Ma^2-1)}$	$-\dfrac{\dfrac{\gamma Ma^2}{2}\left(1+\dfrac{\gamma-1}{2}Ma^2\right)}{Ma^2-1}$	$-\dfrac{(1+\gamma Ma^2)\left(1+\dfrac{\gamma-1}{2}Ma^2\right)}{Ma^2-1}$
$\dfrac{\mathrm{d}p}{p}$	$-\dfrac{\gamma Ma^2}{Ma^2-1}$	$\dfrac{\gamma Ma^2}{Ma^2-1}$	$\dfrac{\gamma Ma^2[1+(\gamma-1)Ma^2]}{2(Ma^2-1)}$	$\dfrac{2\gamma Ma^2\left(1+\dfrac{\gamma-1}{2}Ma^2\right)}{Ma^2-1}$

（续表）

	$\dfrac{\mathrm{d}A}{A}$	$\dfrac{\mathrm{d}Q - \mathrm{d}W - \mathrm{d}H_f}{C_p T}$	$\dfrac{4C_f \mathrm{d}x}{D_H} - 2\gamma\dfrac{\mathrm{d}\dot m}{\dot m}$	$\dfrac{\mathrm{d}\dot m}{\dot m}$
$\dfrac{\mathrm{d}T}{T}$	$-\dfrac{(\gamma-1)Ma^2}{Ma^2-1}$	$\dfrac{\gamma Ma^2-1}{Ma^2-1}$	$\dfrac{\gamma(\gamma-1)Ma^4}{2(Ma^2-1)}$	$\dfrac{(\gamma-1)Ma^2(1+\gamma Ma^2)}{Ma^2-1}$
$\dfrac{\mathrm{d}V}{V}$	$\dfrac{1}{Ma^2-1}$	$-\dfrac{1}{Ma^2-1}$	$-\dfrac{\gamma Ma^2}{2(Ma^2-1)}$	$-\dfrac{1+\gamma Ma^2}{Ma^2-1}$
$\dfrac{\mathrm{d}a}{a}$	$-\dfrac{(\gamma-1)Ma^2}{2(Ma^2-1)}$	$\dfrac{\gamma Ma^2-1}{2(Ma^2-1)}$	$\dfrac{\gamma(\gamma-1)Ma^4}{4(Ma^2-1)}$	$\dfrac{(\gamma-1)Ma^2(1+\gamma Ma^2)}{2(Ma^2-1)}$
$\dfrac{\mathrm{d}\rho}{\rho}$	$-\dfrac{Ma^2}{Ma^2-1}$	$\dfrac{1}{Ma^2-1}$	$\dfrac{\gamma Ma^2}{2(Ma^2-1)}$	$\dfrac{(\gamma+1)Ma^2}{Ma^2-1}$
$\dfrac{\mathrm{d}F}{F}$	$\dfrac{1}{1+\gamma Ma^2}$	0	$-\dfrac{\gamma Ma^2}{2(1+\gamma Ma^2)}$	0
$\dfrac{\mathrm{d}s}{C_p}$	0	1	$\dfrac{\gamma-1}{2}Ma^2$	$(\gamma-1)Ma^2$
$\dfrac{\mathrm{d}T_t}{T_t}$	0	$\dfrac{1}{1+\dfrac{\gamma-1}{2}Ma^2}$	0	0
$\dfrac{\mathrm{d}p_t}{p_t}$	0	$-\dfrac{\gamma Ma^2/2}{1+\dfrac{\gamma-1}{2}Ma^2}$	$-\dfrac{1}{2}\gamma Ma^2$	$-\gamma Ma^2$

3.1.3　基于解析法的模型

如果仅保留超燃冲压发动机各部件中驱使气流参数变化的一个主要因素而忽略其他次要因素，那么容易得到解析结果。图 3.4 为文献［13］中使用的超燃冲压发动机模型的纵向剖面图。假设扩压段和内喷管（无摩擦、变截面）中都为等熵流；燃烧室（等截面、无摩擦、加热）中为瑞利流。

根据影响系数法，仅考虑截面

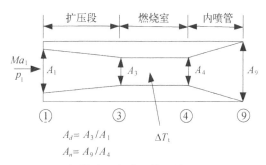

图 3.4　超燃冲压发动机模型的纵向剖面图

积影响的等熵流的控制微分方程为

$$\frac{\mathrm{d}Ma^2}{Ma^2} = -\frac{2\left(1 + \dfrac{\gamma - 1}{2}Ma^2\right)}{1 - Ma^2}\frac{\mathrm{d}A}{A} \tag{3.39}$$

$$\frac{\mathrm{d}T}{T} = \frac{(\gamma - 1)Ma^2}{1 - Ma^2}\frac{\mathrm{d}A}{A} \tag{3.40}$$

$$\frac{\mathrm{d}p}{p} = \frac{\gamma Ma^2}{1 - Ma^2}\frac{\mathrm{d}A}{A} \tag{3.41}$$

对式(3.39)、式(3.40)和式(3.41)积分并代入进出口条件进行化简,可得

$$\frac{\left(1 + \dfrac{\gamma - 1}{2}Ma_3^2\right)^{\frac{\gamma+1}{\gamma-1}}}{Ma_3^2} = \frac{A_3^2}{A_1^2}\frac{\left(1 + \dfrac{\gamma - 1}{2}Ma_1^2\right)^{\frac{\gamma+1}{\gamma-1}}}{Ma_1^2} \tag{3.42}$$

$$T_3 = T_1\frac{1 + \dfrac{\gamma - 1}{2}Ma_1^2}{1 + \dfrac{\gamma - 1}{2}Ma_3^2} \tag{3.43}$$

$$p_3 = p_1\left(\frac{T_3}{T_1}\right)^{\frac{\gamma}{\gamma-1}} = p_1\left(\frac{1 + \dfrac{\gamma - 1}{2}Ma_1^2}{1 + \dfrac{\gamma - 1}{2}Ma_3^2}\right)^{\frac{\gamma}{\gamma-1}} \tag{3.44}$$

类似地,容易得到内喷管(站位 4 到站位 9)的计算方法。

根据影响系数法,仅考虑燃烧释热影响的瑞利流的控制微分方程为

$$\frac{\mathrm{d}Ma^2}{Ma^2} = \frac{(1 + \gamma Ma^2)}{1 - Ma^2}\frac{\mathrm{d}T_t}{T} = \frac{(1 + \gamma Ma^2)}{1 - Ma^2}\left(1 + \frac{\gamma - 1}{2}Ma^2\right)\frac{\mathrm{d}T_t}{T_t} \tag{3.45}$$

$$\frac{\mathrm{d}T}{T} = \frac{1 - \gamma Ma^2}{1 - Ma^2}\frac{\mathrm{d}T_t}{T} \tag{3.46}$$

$$\frac{\mathrm{d}p}{p} = -\frac{\gamma Ma^2}{1 - Ma^2}\frac{\mathrm{d}T_t}{T} \tag{3.47}$$

对式(3.45)、式(3.46)和式(3.47)积分并代入进出口条件进行化简,可得

$$\frac{Ma_4^2\left(1 + \dfrac{\gamma - 1}{2}Ma_4^2\right)}{(1 + \gamma Ma_4^2)^2} = \frac{Ma_3^2\left(1 + \dfrac{\gamma - 1}{2}Ma_3^2\right)}{(1 + \gamma Ma_3^2)^2} + \frac{Ma_3^2}{(1 + \gamma Ma_3^2)^2}\frac{\Delta T_t}{T_3} \quad (3.48)$$

$$T_4 = T_3\left(\frac{Ma_4}{Ma_3}\right)^2\left(\frac{1 + \gamma Ma_3^2}{1 + \gamma Ma_4^2}\right)^2 \quad (3.49)$$

$$p_4 = p_3\left(\frac{1 + \gamma Ma_3^2}{1 + \gamma Ma_4^2}\right) \quad (3.50)$$

对于后体/外喷管部分,文献[13]采用下面的压强分布经验公式(图3.5):

$$p(s_2) \approx \frac{p_9}{1 + (s_2/l_2)(p_9/p_\infty - 1)} \quad (3.51)$$

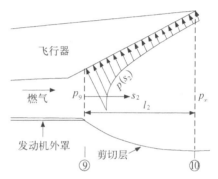

图 3.5　后体/外喷管表面压强分布

3.1.4　积分型推进系统理论模型

1. 流体动力学基本方程

流体的运动特点、运动规律及流体与物体的相互作用等都是以系统的质量、动量和能量三大守恒定律为基础的,在流体动力学研究中常常采用控制体的方法,因此需要将描述系统的三大守恒定律转化成对控制体的方程,这就是雷诺输运定理。

$$\frac{\mathrm{d}\varPhi_s}{\mathrm{d}t} = \int_{cv}\frac{\partial(\rho\beta)}{\partial t}\mathrm{d}V + \oint_{cs}\rho\beta(\boldsymbol{V}\cdot\boldsymbol{n})\mathrm{d}A \quad (3.52)$$

式中,$\varPhi_s$ 为系统与流体质量有关的随流物理量(质量、动量和能量等);β 为单位质量流体所具有的随流物理量;ρ 为流体密度;$\boldsymbol{V}$ 为流体速度;$\boldsymbol{n}$ 为控制体表面外法线方向向量;下标 cv 和 cs 分别为控制体体积和控制体表面。

对于空间直角坐标系中的微元控制体,分别将质量、动量和能量代入雷诺输运定理方程可得微分形式的连续方程、动量方程和能量方程为

$$\frac{\partial \rho}{\partial t} + \frac{\partial (\rho V_x)}{\partial x} + \frac{\partial (\rho V_y)}{\partial y} + \frac{\partial (\rho V_z)}{\partial z} = \rho m_s \qquad (3.53)$$

$$\frac{\partial \rho \boldsymbol{V}}{\partial t} + \frac{\partial (\rho V_x \boldsymbol{V})}{\partial x} + \frac{\partial (\rho V_y \boldsymbol{V})}{\partial y} + \frac{\partial (\rho V_z \boldsymbol{V})}{\partial z} = \rho \boldsymbol{R} - \nabla p + \nabla \cdot \boldsymbol{\tau}_{ij} + \rho \boldsymbol{F}_s$$

$$(3.54)$$

$$\frac{\partial (\rho e)}{\partial t} + \frac{\partial (\rho V_x \xi)}{\partial x} + \frac{\partial (\rho V_y \xi)}{\partial y} + \frac{\partial (\rho V_z \xi)}{\partial z} = - \nabla \cdot \boldsymbol{q} - \nabla \cdot (\boldsymbol{\tau}_{ij} \cdot \boldsymbol{V}) + \rho \boldsymbol{Q}_s - \rho \boldsymbol{W}_s$$

$$(3.55)$$

式中,

$$\begin{cases} \boldsymbol{V} = \begin{bmatrix} V_x & V_y & V_z \end{bmatrix}^T & \boldsymbol{R} = \begin{bmatrix} X & Y & Z \end{bmatrix}^T \\[2mm] \nabla = \boldsymbol{i} \dfrac{\partial}{\partial x} + \boldsymbol{j} \dfrac{\partial}{\partial y} + \boldsymbol{k} \dfrac{\partial}{\partial z} & \boldsymbol{F}_s = \begin{bmatrix} F_x & F_y & F_z \end{bmatrix}^T \\[2mm] \boldsymbol{\tau}_{ij} = \begin{bmatrix} \tau_{xx} & \tau_{yx} & \tau_{zx} \\ \tau_{xy} & \tau_{yy} & \tau_{zy} \\ \tau_{xz} & \tau_{yz} & \tau_{zz} \end{bmatrix} & \boldsymbol{q} = \begin{bmatrix} q_x & q_y & q_z \end{bmatrix}^T \\[2mm] \boldsymbol{Q}_s = \begin{bmatrix} Q_x & Q_y & Q_z \end{bmatrix}^T & \boldsymbol{W}_s = \begin{bmatrix} W_x & W_y & W_z \end{bmatrix}^T \end{cases} \qquad (3.56)$$

且有

$$\begin{cases} e = u + \dfrac{V^2}{2} + gz \quad \xi = e + \dfrac{p}{\rho} \quad q_x = - k_T \dfrac{\partial T}{\partial x} \quad q_y = - k_T \dfrac{\partial T}{\partial y} \quad q_z = - k_T \dfrac{\partial T}{\partial z} \\[3mm] \tau_{xx} = 2\mu \dfrac{\partial V_x}{\partial x} - \dfrac{2}{3}\mu (\nabla \cdot \boldsymbol{V}) \quad \tau_{yy} = 2\mu \dfrac{\partial V_y}{\partial y} - \dfrac{2}{3}\mu (\nabla \cdot \boldsymbol{V}) \\[3mm] \tau_{zz} = 2\mu \dfrac{\partial V_z}{\partial z} - \dfrac{2}{3}\mu (\nabla \cdot \boldsymbol{V}) \quad \tau_{xy} = \mu \left(\dfrac{\partial V_y}{\partial x} + \dfrac{\partial V_x}{\partial y} \right) \\[3mm] \tau_{yz} = \mu \left(\dfrac{\partial V_z}{\partial y} + \dfrac{\partial V_y}{\partial z} \right) \quad\quad \tau_{zx} = \mu \left(\dfrac{\partial V_x}{\partial z} + \dfrac{\partial V_z}{\partial x} \right) \end{cases}$$

$$(3.57)$$

式中, $\boldsymbol{V}$ 为微元控制体流速, V_x、V_y、V_z 分别为速度在空间直角坐标系坐标轴上的分量; m_s 为对控制体添加的质量流量; $\boldsymbol{R}$ 为单位质量流体上的质量力, X、Y、Z 分别为其在空间直角坐标系坐标轴上的三个分量; p 为微元控制体中心点的压强；τ_{ij} 为微元控制体在与 $i(x, y, z)$ 方向垂直的面上 $j(x, y, z)$ 方向的黏性应力；$\boldsymbol{F}_s$ 为微元控制体所受的单位质量流体的其他外力，如气液两相的相互作用力等，F_x、F_y、F_z 分别为其在空间直角坐标系坐标轴上的投影；q 为微元控制体热传导产生的热量，q_x、q_y、q_z 分别为热传导产生的热量在空间直角坐标系上的投影；Q_s 为微元控制体单位时间内单位质量的流体传热量，包括热辐射和化学反应等形式的热量等，Q_x、Q_y、Q_z 分别为热量在空间直角坐标系中的投影；W_s 为轴功，在微元控制体中一般为零，W_x、W_y、W_z 为其在空间直角坐标系中的投影；μ 为气体黏性系数，$\mu = \mu_l + \mu_t$，μ_l 为层流黏性系数，μ_t 为湍流黏性系数，由湍流计算模型给出；热传导系数 $k_{\mathrm{T}} = c_p(\mu_l/Pr_l + \mu_t/Pr_t)$，$Pr_l = 0.72$，$Pr_t = 0.9$，$c_p$ 为比定压热容。

为方便起见，流体动力学三大守恒方程常常表述成积分形式，对微分方程在控制体内积分，结合高斯公式可得

$$\frac{\partial}{\partial t}\int_{\mathrm{cv}} \boldsymbol{U}\mathrm{d}V + \oint_{\mathrm{cs}} \boldsymbol{n} \cdot (\boldsymbol{F}_{\mathrm{c}} - \boldsymbol{F}_{\mathrm{v}})\mathrm{d}A = \boldsymbol{S} \tag{3.58}$$

式中，

$$\left\{ \begin{array}{l} \boldsymbol{U} = \begin{bmatrix} \rho \\ \rho V_x \\ \rho V_y \\ \rho V_z \\ \rho e \end{bmatrix}, \ \boldsymbol{F}_{\mathrm{c}} = \begin{bmatrix} \rho V_x & \rho V_y & \rho V_z \\ \rho V_x^2 + p & \rho V_y V_x & \rho V_z V_x \\ \rho V_x V_y & \rho V_y^2 + p & \rho V_z V_y \\ \rho V_x V_z & \rho V_y V_z & \rho V_z^2 + p \\ \rho V_x \xi & \rho V_y \xi & \rho V_z \xi \end{bmatrix} \\[3em] \boldsymbol{S} = \begin{bmatrix} m_s \\ F_{xs} \\ F_{ys} \\ F_{zs} \\ Q_s \end{bmatrix}, \ \boldsymbol{F}_{\mathrm{v}} = \begin{bmatrix} 0 & 0 & 0 \\ \tau_{xx} & \tau_{yx} & \tau_{zx} \\ \tau_{xy} & \tau_{yy} & \tau_{zy} \\ \tau_{xz} & \tau_{yz} & \tau_{zz} \\ \boldsymbol{\tau}_{1j} \cdot \boldsymbol{V} + q_x & \boldsymbol{\tau}_{2j} \cdot \boldsymbol{V} + q_y & \boldsymbol{\tau}_{3j} \cdot \boldsymbol{V} + q_z \end{bmatrix} \end{array} \right. \tag{3.59}$$

式中，$\boldsymbol{S}$ 为积分后控制体内的质量、动量和能量方程的源项；$\boldsymbol{F}_{\mathrm{c}}$ 为无黏通量；$\boldsymbol{F}_{\mathrm{v}}$ 为黏性通量；$\boldsymbol{U}$ 为守恒变量。

通过上述推导，得到了描述牛顿流体运动方程的微分形式和积分形式，该运动方程组共有 5 个方程，但是却有 ρ、V_x、V_y、V_z、$e(T)$、p 六个未知量，所以，为

使方程组封闭还需补充一个热力学关系式,即完全气体状态方程:

$$p = \rho RT \tag{3.60}$$

式中,R 为气体常数;T 为热力学温度。

一般情况下常常将流体动力学基本方程用无量纲化表示为规范化形式,此处不再赘述。对于一些特定条件下的方程可由式(3.58)改进得到,例如,当方程中的黏性应力 τ_{ij} 为零时,便可得到无黏理想流体动力学欧拉方程;对于湍流流动要用基于时均概念的雷诺时均 N-S 方程,且要在方程中附加湍流雷诺应力项,此外还要增加求解湍流应力的零(或一或二)方程。

流体动力学基本方程是偏微分方程,在给定初始条件和边界条件下有确定解,由于流动的复杂性,一般情况下不能得到解析解,计算流体动力学正是为弥补此不足,从 20 世纪 60 年代开始,逐步形成了各种数值解法,如有限差分法、有限元法和有限体积法等。流体动力学运动微分方程类型主要分为椭圆型、抛物型、双曲型和混合型,针对不同类型的偏微分方程采用不同的数值解法,在时间和空间上定量描述流场的数值解,从而达到研究物理机制的目的。目前,已经形成了一系列比较成熟的计算程序或应用软件,如 FLUENT、CFX、FASTRAN、AHL3D 和 STAR-CD 等,这在一定程度上促进了对高超声速技术的研究进度和深度。这些 CFD 软件均包括前处理、求解和后处理三个程序模块,主要有建立控制方程、确定边界条件与初始条件、划分计算网格、建立离散方程、确定离散初始条件与边界条件、给定求解控制参数、求解离散方程、判断解的收敛性、显示和输出计算结果等步骤,只要保证各步骤的相关处理和设置得当就能得到计算精度较高的结果。

2. 经典推进系统理论模型

在实际工程中,总压、总温等滞止参数便于测量,并且由气动函数等关系式可知,只要确定了总温、总压和速度因数(或马赫数)就能得到其他的所有流体参数。此外,由关于气流静参数的微分方程可知,当考虑变比热容比等热力学参数变化时,需要多次迭代才能较高精度地求解气动参数,但是基于总参数的准一维流理论可以有效解决该问题。所以,推导基于滞止参数的准一维流估算方法更方便在工程实际应用,具有重要意义。基于雷诺输运定理的质量、动量和能量三大守恒定律可以确定总温、总压和速度因数。

本小节采用与传统定常微分形式准一维流模型相同的假设[14]:

(1) 气流近似为定常流动;

（2）流道轴线方向横截面上的气流参数均匀一致；

（3）流道的曲率半径远远大于管道的直径；

（4）只考虑沿轴向的黏性力作用，忽略其他方向上的黏性力；

（5）管内气流与外界没有热量交换，即忽略热传导和热辐射。

根据上述条件，沿轴线方向取一控制体，由牛顿流体积分形式运动方程式（3.58）可得

$$
\begin{cases}
\oint_{cs} \rho V_x \mathrm{d}A = 0 \\[2mm]
\oint_{cs} (\rho V_x^2 + p - \tau_{xx}) \mathrm{d}A = 0 \\[2mm]
\oint_{cs} (\rho V_x \xi - \tau_{xx} V_x) \mathrm{d}A = Q_s
\end{cases}
\tag{3.61}
$$

由式（3.61）整理可得

$$
\rho_2 V_{x2} A_2 - \rho_1 V_{x1} A_1 - \rho_f V_{xf} A_f = 0
\tag{3.62}
$$

$$
\begin{aligned}
& \rho_2 V_{x2}^2 A_2 + p_2 A_2 - \tau_{xx2} A_2 - \int_1^2 p \mathrm{d}A \\
& - (\rho_1 V_{x1}^2 A_1 + p_1 A_1 - \tau_{xx1} A_1) - (\rho_f V_{xf}^2 A_f + p_f A_f - \tau_{xxf} A_f) = \rho X
\end{aligned}
\tag{3.63}
$$

$$
\begin{aligned}
& \rho_2 V_{x2}\left(e_2 + \frac{p_2}{\rho_2}\right) A_2 - \tau_{xx2} V_{x2} A_2 - \left[\rho_1 V_{x1}\left(e_1 + \frac{p_1}{\rho_1}\right) A_1 - \tau_{xx2} V_{x2} A_1\right] \\
& - \left[\rho_f V_{xf}\left(e_f + \frac{p_f}{\rho_f}\right) A_f - \tau_{xxf} V_{xf} A_f\right] = Q_s
\end{aligned}
\tag{3.64}
$$

式中，下标 2、1 和 f 分别表示控制体出口截面、入口截面和燃料截面；Q_s 为控制体内燃料释放的热量。

对于微元控制体，由式（3.64）能量方程整理可得

$$
\begin{aligned}
& (\dot{m} + \mathrm{d}\dot{m})(c_p T^* + c_p \mathrm{d}T^* + gz + g\mathrm{d}z) \\
& - \dot{m}(c_p T^* + gz) - \dot{m}_f(c_{pf} T_f^* + gz_f) = \delta Q - \delta W_v
\end{aligned}
\tag{3.65}
$$

由于气体的重度很小，通常忽略重力势能，代入 $\dot{m}_f = \mathrm{d}\dot{m}$ 可得

$$
(\dot{m} + \mathrm{d}\dot{m})(c_p T^* + c_p \mathrm{d}T^*) - \dot{m} c_p T^* - c_{pf} T_f^* \mathrm{d}\dot{m} = \delta Q_s - \delta W_v
\tag{3.66}
$$

整理得

$$\frac{\mathrm{d}T^*}{T^*} = \frac{1}{(\dot{m} + \mathrm{d}\dot{m})c_p}\left(\frac{\delta Q_{\mathrm{s}}}{T^*} - \frac{\delta W_{\mathrm{v}}}{T^*} + \frac{c_{pf}T_{\mathrm{f}}^*}{T^*}\mathrm{d}\dot{m} - c_p\mathrm{d}\dot{m}\right) \tag{3.67}$$

式中,T^* 为总温;δQ_{s} 为控制体内单位时间燃料释放的热量;δW_{v} 为控制体内单位时间摩擦力做的功。

对于微元控制体,由式(3.63)动量方程整理可得

$$(\dot{m} + \mathrm{d}\dot{m})(V + \mathrm{d}V) + (p + \mathrm{d}p)(A + \mathrm{d}A) - \dot{m}V - \dot{m}_{\mathrm{f}}V_{\mathrm{fx}} - pA \\ = (p + \mathrm{d}p/2)\mathrm{d}A - \delta F_{\mathrm{fr}} - \rho g A \mathrm{d}z \tag{3.68}$$

式中,δF_{fr} 为壁面摩擦阻力;$\rho g A \mathrm{d}z$ 为控制体内气体受到的体积力;$(p + \mathrm{d}p/2)\mathrm{d}A$ 为变截面管壁压力。展开式(3.68)并忽略二阶以上的小量和体积力,得

$$A\mathrm{d}p + \dot{m}\mathrm{d}V + V(1 - y)\mathrm{d}\dot{m} + \delta F_{\mathrm{fr}} = 0 \tag{3.69}$$

式中,y 为喷入流体的流向速度分量与主流速度的比值,即

$$y = \frac{V_{\mathrm{fx}}}{V} \tag{3.70}$$

根据达西公式,壁面摩擦阻力为

$$\delta F_{\mathrm{fr}} = \tau_{\mathrm{w}}\mathrm{d}s_{\mathrm{w}} = (1/2)\rho V^2 C_{\mathrm{fr}}(\pi d_{\mathrm{e}}\mathrm{d}x) \tag{3.71}$$

式中,τ_{w} 为壁面切应力;s_{w} 为壁面面积;C_{fr} 为壁面摩擦系数;A 为充满流体部分的截面面积;χ 为流体的湿周长;d_{e} 为当量直径,即

$$d_e = \frac{4A}{\chi} \tag{3.72}$$

用 $\rho V^2 A$ 去除忽略二阶以上小量及燃料掺混阻力和体积力的动量方程,可得

$$\frac{1}{\rho V^2}\mathrm{d}p + \frac{\mathrm{d}V}{V} + (1 - y)\frac{\mathrm{d}\dot{m}}{\dot{m}} + \frac{2C_{\mathrm{fr}}}{d_{\mathrm{e}}}\mathrm{d}x = 0 \tag{3.73}$$

由 $V = \lambda V_{\mathrm{cr}} = \lambda \sqrt{\dfrac{2kR}{k+1} T^*}$ 可得

$$\frac{\mathrm{d}V}{V} = \frac{\mathrm{d}\lambda}{\lambda} + \frac{1}{2} \frac{\mathrm{d}T^*}{T^*} \tag{3.74}$$

式中, λ 为速度因数; V_{cr} 为截面临界声速。

由静压、总压及速度因数的气体动力学函数易知:

$$p = p^* \left(1 - \frac{k-1}{k+1} \lambda^2 \right)^{\frac{k}{k-1}} \tag{3.75}$$

对式 (3.75) 取对数微分, 可得

$$\frac{\mathrm{d}p}{p} = \frac{\mathrm{d}p^*}{p^*} - \frac{2k\lambda^2}{k+1-(k-1)\lambda^2} \frac{\mathrm{d}\lambda}{\lambda} \tag{3.76}$$

整理有

$$\frac{1}{\rho V^2}\mathrm{d}p = \frac{RT}{V^2} \frac{\mathrm{d}p}{p} = \frac{k+1-(k-1)\lambda^2}{2k\lambda^2} \frac{\mathrm{d}p}{p} \tag{3.77}$$

所以, 关于总温、总压的动量方程为

$$\frac{k+1-(k-1)\lambda^2}{2k\lambda^2} \frac{\mathrm{d}p^*}{p^*} + \frac{1}{2} \frac{\mathrm{d}T^*}{T^*} + (1-y) \frac{\mathrm{d}\dot{m}}{\dot{m}} + \frac{2C_{\mathrm{fr}}}{d_{\mathrm{e}}}\mathrm{d}x = 0 \tag{3.78}$$

由式 (3.78) 可得

$$\frac{\mathrm{d}p^*}{p^*} = -\frac{k\lambda^2}{k+1-(k-1)\lambda^2} \left[\frac{\mathrm{d}T^*}{T^*} + 2(1-y) \frac{\mathrm{d}\dot{m}}{\dot{m}} + \frac{4C_{\mathrm{fr}}}{d_{\mathrm{e}}}\mathrm{d}x \right] \tag{3.79}$$

亦可写成马赫数的形式, 为

$$\frac{\mathrm{d}p^*}{p^*} = -\frac{kMa^2}{2} \left[\frac{\mathrm{d}T^*}{T^*} + 2(1-y) \frac{\mathrm{d}\dot{m}}{\dot{m}} + \frac{4C_{\mathrm{fr}}}{d_{\mathrm{e}}}\mathrm{d}x \right] \tag{3.80}$$

由一维定常流动的流量公式可得

$$\dot{m} = K \frac{p^*}{\sqrt{T^*}} A q(\lambda) \tag{3.81}$$

式中,

$$
\begin{cases}
K = \sqrt{\dfrac{k}{R}\left(\dfrac{2}{k+1}\right)^{\frac{k+1}{k-1}}} \\[4mm]
q(\lambda) = \left(\dfrac{k+1}{2}\right)^{\frac{1}{k-1}} \lambda \left(1 - \dfrac{k-1}{k+1}\lambda^2\right)^{\frac{1}{k-1}}
\end{cases}
\tag{3.82}
$$

对流量公式取对数微分,可得

$$
\frac{\mathrm{d}\dot{m}}{\dot{m}} = \frac{\mathrm{d}p^*}{p^*} - \frac{1}{2}\frac{\mathrm{d}T^*}{T^*} + \frac{\mathrm{d}A}{A} + \frac{(k+1)(1-\lambda^2)}{k+1-(k-1)\lambda^2}\frac{\mathrm{d}\lambda}{\lambda}
\tag{3.83}
$$

联立总参数形式的流量方程和动量守恒公式,可得

$$
\frac{\mathrm{d}\lambda}{\lambda} = \frac{k\lambda^2}{(k+1)(1-\lambda^2)}
\left[
\begin{array}{l}
\dfrac{(k+1)(1+\lambda^2)}{k\lambda^2}\dfrac{\mathrm{d}\dot{m}}{\dot{m}} + \dfrac{(k+1)(1+\lambda^2)}{2k\lambda^2}\dfrac{\mathrm{d}T^*}{T^*} \\[3mm]
- \dfrac{k+1-(k-1)\lambda^2}{k\lambda^2}\dfrac{\mathrm{d}A}{A} - 2y\dfrac{\mathrm{d}\dot{m}}{\dot{m}} + \dfrac{4C_{\mathrm{fr}}}{d_e}\mathrm{d}x
\end{array}
\right]
\tag{3.84}
$$

根据速度因数与马赫数的关系,可得

$$
\frac{\mathrm{d}Ma}{Ma} = \frac{1}{2}\frac{(1+kMa^2)\left(1+\dfrac{k-1}{2}Ma^2\right)}{(1-Ma^2)}
\left[
\begin{array}{l}
\dfrac{\mathrm{d}\dot{m}}{\dot{m}} + \dfrac{\mathrm{d}T^*}{T^*} - 2kMa^2\dfrac{\mathrm{d}A}{A} \\[3mm]
- 2ykMa^2\dfrac{\mathrm{d}\dot{m}}{\dot{m}} + \dfrac{4C_{\mathrm{fr}}}{d_e}kMa^2\mathrm{d}x
\end{array}
\right]
\tag{3.85}
$$

至此,由能量、动量和质量三大守恒定律得到了关于总温、总压和速度因数或马赫数的变化与质量添加、化学反应、截面积变化、壁面摩擦及喷入燃料的流向速度分量与主流速度比值的微分关系式。在给定初始值的条件下,利用四阶经典 Runge-Kutta 等求解微分方程的方法即可求得流道总温、总压和速度因数或马赫数,进而利用基本气体动力学公式即可求得其他相关气流参数,在此不再赘述。

3. 改进积分型推进系统理论模型

前面通过适当假设条件,由流体动力学基本方程推导得出了准一维定常流动的微分方程,对从基本理论、基本规律上研究超燃冲压发动机总体设计、性能

分析与综合及飞行动力学等起到了重要作用。但是准一维定常流动的微分方程
存在如下不足。

（1）由总温、总压和速度因数或马赫数的微分方程可以看出，当速度因数或
马赫数为单位 1 时，微分方程奇异，在 1 附近的计算误差较大、精度较低，且在微
分方程奇异点不容易判断气流参数的变化方向。

（2）经典准一维流理论没有给出推力系数的显示表达式，不利于飞行动力
学特性、制导与控制及总体设计的分析与综合。

（3）需要求解微分方程才能准确高效地求解出所有气动参数，求解相对烦
琐复杂。

（4）不便于研究超燃冲压发动机隔离段-燃烧室中气流分离和燃烧模态
转换。

（5）不能从机制上解释燃烧室气流分离时采用等静压或指数等假设的
依据。

针对上述不足，基于气体动力学函数和质量、动量及能量三大守恒定律，分
别推导得到贴壁区气动参数计算模型、分离区气动参数计算模型及积分型推进
系统工程模型。

1）贴壁区气动参数计算模型

贴壁区气动参数计算模型就是在已知流道几何构型的条件下由入口气流压
力、温度和速度求出相应的出口气流参数，即可以认为在给定进出口横截面积的
情况下根据质量、动量和能量三大守恒定律由进口气流总压、总温和速度因数求
出口气流总压、总温和速度因数。

将超燃冲压发动机流道沿气流轴线分割成 n 个控制体，定义每个控制体的
进口为 i，出口为 e，由式（3.62）~ 式（3.64）可得质量、动量和能量三大守恒方
程为

$$\begin{cases} \dot{m}_e = \dot{m}_i + \dot{m}_f \\ \dot{m}_e V_e + p_e A_e - \dot{m}_i V_i - \dot{m}_f V_{xf} - p_i A_i - p_f A_f = F_i - F_{fr} - F_x \\ \dot{m}_e c_p T_e^* - (\dot{m}_i c_p T_i^* + \dot{m}_f c_{pf} T_f^*) = Q - W_v \end{cases} \quad (3.86)$$

式中，$\dot{m}_f$ 为燃料添加质量流量；F_i 为壁面压力差产生的作用力；F_{fr} 为壁面产生的
黏性摩擦作用力；F_x 为控制体内流体质量力，对于气体，由于其重度很小一般可
以忽略不计；$\dot{m}_f$ 为燃料添加质量流量；Q 为燃料燃烧释放热量；W_v 为壁面黏性摩
擦力做功。

式(3.86)便于扩展燃料离散相对气流的质量、能量和冲量耦合作用,其中,两相流间的相互作用力可以通过气流入口冲量函数进行修正考虑,便于耦合燃料离散相控制方程求解质量、动量和能量方程。为方便研究,利用气动函数将式(3.86)整理如下:

$$K_e \frac{p_e^*}{\sqrt{T_e^*}} A_e q(\lambda_e) = K_i \frac{p_i^*}{\sqrt{T_i^*}} A_i q(\lambda_i) + \dot{m}_f \tag{3.87}$$

$$p_e^* \cdot A_e \cdot f(\lambda_e) = p_i^* \cdot A_i \cdot f(\lambda_i) + F_i - F_{fr} \tag{3.88}$$

$$\dot{m}_e c_p T_e^* = \dot{m}_i c_p T_i^* + \dot{m}_f c_{pf} T_f^* + Q - W_v \tag{3.89}$$

当控制体大小合适时,依据积分的梯形公式易知式(3.90)成立。

$$F_i = \frac{p_e^* \pi(\lambda_e) + p_i^* \pi(\lambda_i)}{2}(A_e - A_i) \tag{3.90}$$

$$\approx p_i^* \pi(\lambda_i) A_i (A_e/A_i - 1)$$

$$\begin{cases} F_{fr} = \frac{\pi/2(\rho_e V_e^2 C_{fre} d_e + \rho_i V_i^2 C_{fri} d_i)}{2}(x_e - x_i) \\ \quad \approx \frac{\pi \rho_i V_i^2 C_{fri} d_i}{2}(x_e - x_i) = \alpha p_i^* \pi(\lambda_i) A_i \\ \alpha = \frac{4k C_{fri}}{d_i} \frac{\lambda_i^2}{k + 1 - (k - 1)\lambda_i^2}(x_e - x_i) \end{cases} \tag{3.91}$$

$$W_v \approx -\sqrt{\frac{2k}{k+1} R T_i^*} F_{fr} \lambda_i \tag{3.92}$$

控制体内的燃料燃烧所释放的热量、黏性摩擦力及其做功还与速度密切相关,由于式(3.87)~式(3.89)共有三个方程,但是有总温、总压、速度因数和速度四个未知量,为使方程组封闭,必须补充速度相关的方程,即

$$\begin{cases} V_{cr} = \sqrt{\frac{2kR}{k+1} T^*} \\ V = \lambda V_{cr} \end{cases} \tag{3.93}$$

将式(3.90)和式(3.91)代入式(3.88),整理得

$$p_e^* \cdot A_e \cdot f(\lambda_e) = p_i^* \cdot A_i \cdot \left[f(\lambda_i) + \pi(\lambda_i)(A_e/A_i - 1 + \alpha) \right] \quad (3.94)$$

对于控制体,可以认为热力学参数保持不变,所以由式(3.87)可得

$$\frac{p_i^* A_i}{p_e^* A_e} = \beta \sqrt{\frac{T_i^*}{T_e^*}} \frac{q(\lambda_e)}{q(\lambda_i)} \quad (3.95)$$

式中,

$$\beta = \frac{m_i}{m_e} = \frac{m_i}{m_i + m_f} \quad (3.96)$$

将式(3.95)代入式(3.94)并利用气动函数,整理可得

$$z(\lambda_e) = \beta \sqrt{\frac{T_i^*}{T_e^*}} \left\{ \left[1 - \frac{k-1}{k+1}\left(\alpha + \frac{A_e - A_i}{A_i}\right) \right] \lambda_i + \left(1 + \alpha + \frac{A_e - A_i}{A_i} \right) \frac{1}{\lambda_i} \right\}$$

$$(3.97)$$

控制体出口总温利用能量方程由相关入口参数求得,由式(3.97)速度因数
方程可知速度,然后由式(3.87)质量方程根据入口参数可求得总压,至此得到贴
壁区流动控制体出口气流参数解析表达式如下:

$$\begin{cases} T_e^* = \dfrac{1}{(\dot{m}_i + \dot{m}_f)c_p} \left[(\dot{m}_i c_p T_i^* + \dot{m}_f c_{pf} T_f^*) + Q - W_v \right] \\[3mm] z(\lambda_e) = \beta \sqrt{\dfrac{T_i^*}{T_e^*}} \left\{ \left[1 - \dfrac{k-1}{k+1}\left(\alpha + \dfrac{A_e - A_i}{A_i}\right) \right] \lambda_i + \left(1 + \alpha + \dfrac{A_e - A_i}{A_i} \right) \dfrac{1}{\lambda_i} \right\} \\[3mm] p_e^* = \dfrac{1}{\beta} \sqrt{\dfrac{T_e^*}{T_i^*}} \dfrac{A_i q(\lambda_i)}{A_e q(\lambda_e)} p_i^* \end{cases}$$

$$(3.98)$$

2) 分离区气动参数计算模型

在一定条件下高超声速一维流动管道中存在分离区,例如,燃烧室中存
在模态转换,所以有必要建立高超声速分离区流动气动参数计算模型。与
贴壁流动不同,对于分离区,流道气流横截面积为未知数,三大守恒定律只
能求解三个未知数,但是分离区有压力、温度、速度和气流横截面积四个未
知数,方程不封闭,不存在唯一解。为使方程封闭,必须增加一合理的补充
方程。考虑到压强可以在风洞或高精度数值模拟等试验中确定,假设控制

体进出口压强规律已知,进而分离区气动参数计算模型可以描述为在给定进出口压强的条件下,由控制体进口气流截面积、总温和速度因数求解相应出口气流参数。

当联立式(3.87)~式(3.93)求解总温、总压、速度因数和速度时,已知输入 A_i 和输出 A_e 截面分布规律,即此时为贴壁流动,气流未发生分离。当气流发生分离时,由于控制体出口面积 A_e 成为未知变量,该方程组已不适用,考虑到分离情况下分离区压强分布假设已知,所以求解方程组重新整理为如式(3.99)~式(3.102)所示。

$$K_e \frac{p_e}{\sqrt{T_e^*}} A_e y(\lambda_e) = K_i \frac{p_i}{\sqrt{T_i^*}} A_i y(\lambda_i) + \dot{m}_f \quad (3.99)$$

$$\frac{p_e \cdot A_e}{r(\lambda_e)} = \frac{p_i \cdot A_i}{r(\lambda_i)} + F_i \quad (3.100)$$

$$\dot{m}_e c_p T_e^* = (\dot{m}_i c_p T_i^* + \dot{m}_f c_{pf} T_f^*) + Q \quad (3.101)$$

式中,

$$F_i = 0.5(p_e + p_i)(A_e - A_i) \quad (3.102)$$

将式(3.102)代入式(3.100)整理可得控制体进出口面积满足:

$$\frac{A_e}{A_i} = \frac{1}{\Gamma} \frac{1/r(\lambda_i) - 1}{1/r(\lambda_e) - 1} \quad (3.103)$$

式中,

$$\Gamma = \frac{p_e}{p_i} \quad (3.104)$$

对于控制体,可以认为热力学参数保持不变,由式(3.99)可得

$$\frac{A_e}{A_i} = \frac{1}{\Gamma \beta} \frac{\sqrt{T_e^*}}{\sqrt{T_i^*}} \frac{y(\lambda_i)}{y(\lambda_e)} \quad (3.105)$$

联立式(3.103)和式(3.105)并结合气动函数变形,整理可得

$$\lambda_e = \beta \sqrt{T_i^*/T_e^*} \lambda_i \quad (3.106)$$

由式(3.101)可求得控制体出口总温,出口总压可以由静压根据气动函数求解或者由基于气动函数的流量方程直接求解,至此得到分离区流动控制体出口气流参数解析表达式为

$$
\begin{cases}
T_e^* = \dfrac{1}{(\dot{m}_i + \dot{m}_f)c_p}\left[(m_i c_p T_i^* + \dot{m}_f c_{pf} T_f^*) + Q\right] \\[3mm]
\lambda_e = \beta\sqrt{T_i^*/T_e^*}\,\lambda_i \\[3mm]
A_e = \dfrac{1}{\Gamma}\dfrac{1/r(\lambda_i)-1}{1/r(\lambda_e)-1}A_i \\[3mm]
p_e^* = \dfrac{p_e}{\pi(\lambda_e)} \quad\text{或}\quad p_e^* = \dfrac{1}{\beta}\sqrt{\dfrac{T_e^*}{T_i^*}}\dfrac{A_i q(\lambda_i)}{A_e q(\lambda_e)}p_i^*
\end{cases}
\tag{3.107}
$$

由式(3.107)可知,分离区气流参数的计算精度取决于分离区压强分布规律的拟真度,给出的压强越接近真实情况,气流参数计算越精确。但是,一般情况下飞行器总体初步设计和飞行动力学研究中并没有高精度数值模拟或风洞试验数据可用,分离区压强分布规律未知,此时压强规律的随机选取对总体设计和飞行动力学的影响亦不得而知。

飞行器总体设计和飞行动力学研究中最为关注的就是发动机的推力,下面以发动机内流场分离区产生的轴向力为出发点,从理论上推导控制体进出口压强分布规律对其产生推力的影响。

由式(3.100)可知,分离区气流控制体产生的轴向力为

$$
\begin{aligned}
F_i &= \frac{p_e \cdot A_e}{r(\lambda_e)} - \frac{p_i \cdot A_i}{r(\lambda_i)} = \frac{p_i \cdot (\Gamma A_e)}{r(\lambda_e)} - \frac{p_i \cdot A_i}{r(\lambda_i)} \\[3mm]
&= \frac{p_i \cdot \bar{A}_e}{r(\lambda_e)} - \frac{p_i \cdot A_i}{r(\lambda_i)}
\end{aligned}
\tag{3.108}
$$

式中,$\bar{A}_e$ 为进出口压强相等的情况下控制体的出口截面积。

由式(3.107)中的总温和速度因数的推导及其表达式可知,分离区总温和速度因数与分离区压强分布规律无关。进而由式(3.108)可知,分离区气流控制体产生的轴向力始终等于其进出口等压强情况下的轴向力,与分离区具体压强分布规律无关,即分离区气流压强分布规律对分离区所产生的轴向力无影响。至此,从气流分离区产生轴向力的角度给出了分离区气流等静压假设

的合理性,为飞行器总体设计与飞行动力学研究中存在气流分离的模型开发提供了理论支撑。

3)积分型推进系统工程模型

推进系统内流场准一维流的求解,一般情况下可分为气流贴壁区和分离区两部分,由式(3.107)可知,气流存在分离区时方程组存在唯一解(总温、速度因数和总压),进而可知其他相关气流参数存在且唯一。由式(3.98)可知,当气流贴壁流动时,关于速度因数的方程为一元二次方程,根据韦达定理,该方程存在有解和无解两种情况,可具体分为无解、存在唯一解和存在两个不相等解三种情况。究其原因在于气流贴壁流动时存在临界流量,据此可将贴壁流动解的情况说明如下:

(1)当控制体出口流量达到临界流量时,出口速度因数为单位1,总温和总压存在唯一解,此时的气流参数称为临界参数;

(2)当控制体出口流量大于临界流量时,流道出现流量壅塞现象,方程无解,此时对进气道来说处于不启动状态,对燃烧室来说隔离段起调节匹配作用(如果隔离段不能调整流道气流小于等于临界流量,燃烧室就处于热壅塞状态);

(3)当控制体出口流量小于临界流量时,方程存在两个不相等的解,根据气动函数 $z(\lambda_e)$ 可知,一个解为超声速解、另一个解为亚声速解,此时解的具体取舍可根据流体的连续性确定,即当入口为超声速时出口取超声速解,反之取亚声速解。

4)推力系数

对于贴壁流动和分离流动,控制体都会产生推力,区别在于是否存在壁面摩擦力。为了建立统一的推力系数解析式,可将推力系数分为不考虑摩擦和考虑摩擦两部分。

由式(3.91)易得推进系统控制体摩擦阻力系数为

$$C_f = \begin{cases} \dfrac{F_{fr}}{q_i A_i} \approx \dfrac{4C_{fri}}{d_i}(x_e - x_i), & \text{贴壁流动} \\ 0, & \text{分离流动} \end{cases} \tag{3.109}$$

对于分离流动和有解的贴壁流动,由气动函数和动量定理可推导出控制体推力系数为

$$C_{\mathrm{T}} = \frac{F}{q_{\mathrm{i}} A_{\mathrm{i}}} + C_{\mathrm{f}} = \frac{p_{\mathrm{i}} A_{\mathrm{i}}}{q_{\mathrm{i}} A_{\mathrm{i}}} \left[\frac{p_{\mathrm{e}} A_{\mathrm{e}}}{p_{\mathrm{i}} A_{\mathrm{i}}} \frac{1}{r(\lambda_{\mathrm{e}})} - \frac{1}{r(\lambda_{\mathrm{i}})} \right] + C_{\mathrm{f}}$$

$$= \frac{p_{\mathrm{i}} A_{\mathrm{i}}}{q_{\mathrm{i}} A_{\mathrm{i}}} \left[\frac{1}{\beta} \sqrt{\frac{T_{\mathrm{e}}^{*}}{T_{\mathrm{i}}^{*}}} \frac{y(\lambda_{\mathrm{i}})}{y(\lambda_{\mathrm{e}})} \frac{1}{r(\lambda_{\mathrm{e}})} - \frac{1}{r(\lambda_{\mathrm{i}})} \right] + C_{\mathrm{f}} \qquad (3.110)$$

$$= \frac{k+1}{k \lambda_{\mathrm{i}}} \left[\frac{1}{\beta} \sqrt{\frac{T_{\mathrm{e}}^{*}}{T_{\mathrm{i}}^{*}}} z(\lambda_{\mathrm{e}}) - z(\lambda_{\mathrm{i}}) \right] + C_{\mathrm{f}}$$

综上所述,对于发动机内流场准一维流气动参数及推力系数可由基于气动函数的积分型推进系统工程模型计算,将流场沿流动方向分为数个小控制体,根据分离判断条件确定气流是否存在分离,明确气流贴壁区和分离区,对于每个控制体应用上述相应的解析表达式即可求得气流参数,进而可得整个准一维流场的气流参数。由于贴壁区和分离区流动计算模型推导过程中通过梯形公式消除了积分符号的影响,所以模型计算误差与控制体的大小紧密相关,可根据工程实际选择控制体的大小。贴壁区气流参数计算需要黏性摩擦模型,黏性摩擦模型选择的好坏对计算具有重要影响。分离区气流参数计算需要确定控制体进出口压强规律,在没有工程经验可借鉴的情况下很难给出其关系,在总体设计和飞行动力学研究中一般选取等静压假设,其理论依据为对于分离区不管使用何种压强分布规律,控制体所受轴向力始终不变,整个分离区的轴向力不变。

3.2　宽域组合推进系统模型

火箭基组合循环(RBCC)发动机是研究最为广泛的组合循环推进系统之一。本章围绕 RBCC 推进系统物理机制模型及发动机性能快速估算平台,依次建立 RBCC 推进系统引射模态、双模态超燃冲压以及火箭模态物理机制模型,对建立的模型进行验证分析;依据各模态的特性及发动机宽速域工作需求提出模态转换策略,以此建立发动机性能快速估算平台,并对典型 RBCC 发动机宽速域推进特性进行分析。

组合循环发动机相比于组合发动机的优点在于将各个发动机模态原本各自分离的工作模式用同一个内流道统一到一起,使其形成一个单一的系统,这个单一的系统通过气动或者机械控制可以兼容所包含的各个发动机模态,形成能够在宽速度范围内持续有效工作的推进系统。RBCC 组合循环发动机是指以火箭为基础的火箭冲压组合循环发动机,对于以液氢为燃料的推进系统,在 Ma 为 $0\sim2.5$ 采用火箭引射模态工作,将飞行器推至亚燃冲压模态接力点;在 Ma 为 $2.5\sim5.5$ 主要以亚燃冲压模态为主;Ma 为 $5.5\sim8$ 以超燃冲压模态为主;在 Ma 为 8 以上,来流不足以支撑超燃冲压发动机持续工作以产生大于阻力的推力,发动机由超燃冲压模态与火箭模态共存逐渐转为纯火箭模态工作。

火箭模态工作时,一方面能产生巨大的推力,但是需要同时携带燃料和氧化剂,推进剂消耗也很快,因此火箭模态的比冲很低,纯火箭的运输效率也很低。另一方面,因为同时携带燃料和氧化剂,火箭发动机可以在没有大气的太空中工作,对飞行环境的依赖性不高。相比于纯火箭模态,亚燃和超燃冲压模态需要依赖于大气中的氧气,因此只能在大气层内飞行。由于不需要携带氧化剂,冲压发动机的比冲较大,但是比火箭发动机的推力规模要小。引射模态为吸气式火箭模态的一种,是以内流道中火箭高速尾流来引射进气道入口低速空气流的一种推进模态,引射的空气和燃料混合燃烧,增加混合气体的总温。相比于纯火箭模态,引射模态可以将吸入空气中的氧气作为氧化剂,减轻飞行器携带氧化剂的量;相比于冲压模态,引射模态可以在低速时稳定的工作,甚至在零速度时推动飞行器加速。

严格来说,RBCC 发动机各个模态之间并没有明确的分界线。在引射模态将飞行器加速到 Ma 为 1.5 以上后,冲压作用引起的进气可能会大于引射作用引起的进气量,一直到 Ma 为 3.5 左右,发动机可以同时处在火箭引射模态和亚燃冲压模态,以提高整体性能和效率。在超燃冲压模态将飞行器加速到一定速度和高度后,飞行器的进气量逐渐降低,这时可以容许超燃冲压模态和火箭模态同时存在,以弥补动力的不足。在亚燃冲压和超燃冲压模态运行过程中,火箭可以作为火炬点火器、燃料喷注或者稳焰器存在,简化结构设计复杂性,提升冲压模态燃烧稳定性。

RBCC 发动机内流场是从发动机进气道出口到燃烧室出口段的流场,内流场建模的难点在于内流场流动复杂,不仅有气动学科的激波、边界层等特性,还有燃烧学科的特性,如何保证在满足精度要求和降低模型的复杂性之间的平衡,是内流场建模需要重点考虑的问题。另外,亚燃模态和超燃模态的模态转换问题、三维效应的一维等价化、各个模态的一体化分析也是内流场研究的重点。

本书研究的 RBCC 内流场模型需要满足基于 RBCC 的组合动力飞行器的快速性能分析、弹道优化以及控制系统设计的需求,还需要和飞行器外流场以及其他学科的数学模型相互匹配、协同运行。因此本章从基本的守恒定律出发,针对

RBCC 发动机各个模态的特点,分别建立 RBCC 推进系统引射模态、双模态超燃冲压以及火箭模态模型,解决模态转换问题,并以此为基础构建 RBCC 推进系统宽速域性能快速估算平台。

3.2.1　引射模态模型

RBCC 发动机的引射模态使用火箭发动机喷出的高速气流通过气动黏性和压力差作用将空气引射入发动机的燃烧室,与燃料进行混合燃烧,增加发动机整体的效能。RBCC 引射模态的简化示意图如图 3.6 所示,图中 0 代表内流道入口;1 代表引射火箭出口;2 代表被引射气流入口,i 为引射/混合室入口截面;3 为引射/混合室出口截面;f 为二次燃料喷注。

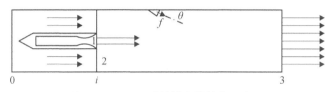

图 3.6　RBCC 引射模态的简化示意图

由于引射模态发动机内流非常复杂,基于对模型计算效率的考虑,需要简化一些次要因素对性能分析模型复杂度的影响,假设:

(1) 内流道为二维;

(2) 忽略支板末端可能产生的回流区和压差阻力;

(3) 所有气体为量热完全气体;

(4) 在引射/混合室入口处,两股气流各自都是均匀的,在引射/混合室出口混合气流也是均匀的。

基于以上假设,定义如下参数:

$$R_{\text{area}} = \frac{A_2}{A_1} \tag{3.111}$$

$$\varphi = \frac{A_1}{A_3} = \frac{A_1}{A_1 + A_2} = \frac{1}{1 + R_{\text{area}}} \tag{3.112}$$

式中,A_1、A_2、A_3 为图 3.6 对应的截面面积;R_{area} 为被引射气流与引射气流横截面积之比;φ 为支板堵塞比。

假设引射/混合室气体的成分不变,即可使用如下的混合法则:

$$c_{p3} = \frac{\dot{m}_1 c_{p1} + \dot{m}_2 c_{p2}}{\dot{m}_1 + \dot{m}_2} = \frac{c_{p1} + n c_{p2}}{1 + n} \tag{3.113}$$

$$\gamma_3 = \gamma_1 \gamma_2 \frac{1 + n c_{p2}/c_{p1}}{\gamma_2 + n \gamma_1 c_{p2}/c_{p1}} \tag{3.114}$$

$$R_3 = \frac{\dot{m}_1 R_1 + \dot{m}_2 R_2}{\dot{m}_1 + \dot{m}_2} = \frac{R_1 + n R_2}{1 + n} \tag{3.115}$$

式中,c_p 为比定压热容;γ 为比热容比;R 为气体常数;$\dot{m}$ 为质量流量;n 为引射系数。

$$n = \frac{\dot{m}_2}{\dot{m}_1} = \frac{\rho_2 A_2 V_2}{\rho_1 A_1 V_1} = \frac{\dfrac{p_2 A_2 V_2}{R_2 T_2}}{\dfrac{p_1 A_1 V_1}{R_1 T_1}} \tag{3.116}$$

根据引射器出口和入口质量守恒,有

$$\dot{m}_1 + \dot{m}_2 + \dot{m}_f = \dot{m}_3 \tag{3.117}$$

$$\frac{p_1 A_1 V_1}{R_1 T_1} + \frac{p_2 A_2 V_2}{R_2 T_2} + \frac{p_f A_f V_f}{R_f T_f} = \frac{p_3 A_3 V_3}{R_3 T_3} \tag{3.118}$$

式中,下标 f 代表二次燃料;V 为速度;T 为温度;p 为压力。由前面的假设,动量守恒为

$$(\dot{m}_1 V_1 + p_1 A_1) + (\dot{m}_2 V_2 + p_2 A_2) + (\dot{m}_f V_f' + p_f A_f') - \tau_w A_w = \dot{m}_3 V_3 + p_3 A_3 \tag{3.119}$$

$$\dot{m}_1 \left(V_1 + \frac{R_1 T_1}{V_1} \right) + \dot{m}_2 \left(V_2 + \frac{R_2 T_2}{V_2} \right) + \dot{m}_f \left(V_f' + \frac{R_f T_f A_f'}{A_f V_f} \right) - C_f A_w \frac{p_i V_i^2}{2 R_i T_i} = \dot{m}_3 \left(V_3 + \frac{R_3 T_3}{V_3} \right) \tag{3.120}$$

式中,上标"'"指燃料速度或喷口面积在主流速度方向的投影。当忽略壁面摩擦和二次燃料添加时,有

$$V_1 + \frac{R_1 T_1}{V_1} + n \left(V_2 + \frac{R_2 T_2}{V_2} \right) = (1 + n) \left(V_3 + \frac{R_3 T_3}{V_3} \right) \tag{3.121}$$

能量守恒方程为

$$\dot{m}_1 c_{p1} T_{t1} + \dot{m}_2 c_{p2} T_{t2} - W + Q = \dot{m}_3 c_{p3} T_{t3} \tag{3.122}$$

式中,W 为主流通过壁面对外做功、外界对主流做功及喷注的燃料与主流的温差引起的传热之和;Q 为主流中燃料与氧化剂的燃烧释热。当忽略做功及二次燃料燃烧时,有

$$\frac{T_{t3}}{T_{t1}} = \frac{1 + n\frac{c_{p2}}{c_{p1}}\frac{T_{t2}}{T_{t1}}}{1 + n\frac{c_{p2}}{c_{p1}}} \qquad (3.123)$$

给定引射器入口一次流和二次流的参数 p_1、T_1、R_1、γ_1、c_{p1}、A_1 及 p_2、T_2、R_2、γ_2、c_{p2}、A_2,根据式(3.113)~式(3.115)可以得到引射器入口的气体特性参数 R_3、γ_3、c_{p3}。由式(3.116)可解出引射系数。由式(3.123)可求得出口的总温,进而可知总温、静温和速度之间的关系,代入式(3.118)和式(3.121)中求解出引射器出口的速度、静温和静压,即获得引射器出口的全部流动参数。

需要注意的是,式(3.121)是关于速度的一元二次方程,解出的速度有两个值,一个为亚声速,另一个为超声速,并且两者是正激波前后的关系。不论出口取超声速还是亚声速,其冲量和总焓都是一样的,但两者对应的熵值不一样,亚声速解所对应的熵值较高。研究认为取亚声速解的可能性要大,虽然目前有很多关于取解的经验和推理,但尚无取解的准确法则[14]。另外,求解式(3.121)会遇到无解的情况,这主要是在较大的引射系数下,一次流和二次流温差太大引起的。从物理意义上讲,高温一次流和低温二次流混合时存在能量损失,而这种能量损失是随着引射系数增大的,因而需要更多的能量使其达到充分混合,造成方程无解。

图 3.7 为其他参数不变的条件下,一次流和二次流马赫数对引射模态引射系数和出口参数的影响,理论计算中出口马赫数只选择亚声速解(堵塞比为0.1)。一次流马赫数的增加会引起一次流速度和质量流量的增加,进而导致引射系数降低,混合流出口马赫数、温度和压力上升。在其他条件不变的情况下,二次流马赫数的增加会引起二次流质量流量的增加,且质量流量与马赫数成正比,因而引射系数及混合流的出口马赫数随着二次流马赫数的增加接近线性增加。由于等熵假设的存在,混合流出口温度随二次流马赫数的增加呈二次幂减小,混合流出口压力也随之减小。图 3.7(a)中黑色曲线为相同状态下的 CFD 计算值,由图中可见,引射系数和出口马赫数的 CFD 计算值整体上高于理论计算值,其中,CFD 计算所得一次流和二次流马赫数对引射系数的影响比相应的理论

计算值略大,而出口马赫数则较吻合。CFD 计算所得的引射/混合室出口马赫数随着一次流的增加逐渐增加,而理论计算的结果认为一次流马赫数对引射/混合室出口马赫数的影响不大。实际上,CFD 计算中考虑了黏性效应,使得边界层在引射/混合室中逐渐增长,从而导致引射/混合室并非理论计算时所假设的等直段,而是有效面积逐渐收缩的构型,即 $A_3 < A_1 + A_2$,在绝热壁面条件下,导致引射/混合室出口速度增加、温度和压力降低,进而引起其马赫数增加。另外,黏性作用效果明显,一次流对二次流的剪切作用带来更大的二次流质量流量,因而CFD 计算所得的引射系数稍高于理论计算结果,但其变化趋势与理论计算结果保持一致。

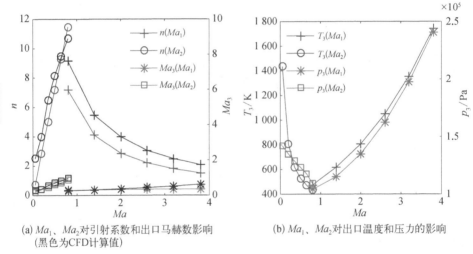

(a) Ma_1、Ma_2对引射系数和出口马赫数影响
(黑色为CFD计算值)

(b) Ma_1、Ma_2对出口温度和压力的影响

图 3.7 Ma_1、Ma_2对引射模态引射系数和出口参数的影响

图 3.8 为其他参数不变的条件下一次流和二次流压力对引射模态出口参数的影响,同样,在理论计算中混合流出口马赫数选择亚声速解。由式(3.116)可知,一次流压力和二次流压力对引射系数的作用恰好相反,一次流压力的增加使引射系数减小,而二次流压力的增加使引射系数增加,如图 3.8(a)和图 3.8(c)所示。一次流压力和二次流压力的增长对混合流出口马赫数的影响也是截然相反的趋势,然而不论对于一次流还是二次流,引射室入口压力的增长都必然导致出口混合流压力的增长。但是引射/混合室入口处一次流的温度比二次流的温度高许多,因此伴随着一次流压力的增加相应的高温流质量流量也增加,继而引射/混合室出口温度增加,而二次流压力的增加则会以相同的原理使引射/混合室出口温度降低,如图 3.8(b)和图 3.8(d)所示。类似于对图 3.7

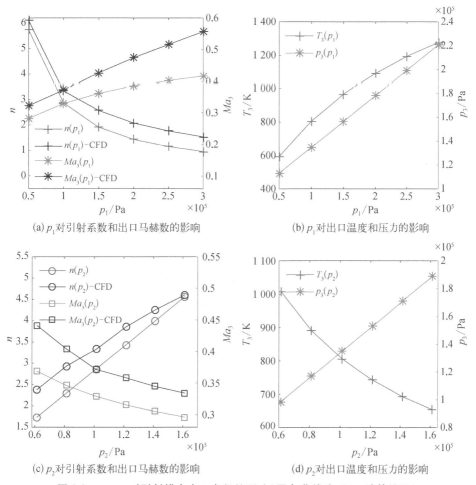

(a) p_1 对引射系数和出口马赫数的影响　　　　(b) p_1 对出口温度和压力的影响

(c) p_2 对引射系数和出口马赫数的影响　　　　(d) p_2 对出口温度和压力的影响

图 3.8　p_1、p_2 对引射模态出口参数的影响（黑色曲线为 CFD 计算结果）

的分析,CFD 计算中考虑黏性效应的影响,导致边界层沿轴向逐渐增厚,主流有效面积逐渐减小,从而使得引射/混合室出口马赫数的 CFD 计算值稍大于理论计算值,而由于黏性剪切效应的作用,CFD 计算所得的引射系数也大于相应的理论计算值。

由图 3.7(a)、图 3.8(a)和图 3.8(c)可知,虽然理论计算中并没有考虑边界层增长和黏性剪切效应的影响,理论计算值相比于 CFD 计算值存在一定的误差,但从整体上来看,理论计算值和 CFD 计算值能够保持相同的变化趋势且误差在可接受的范围内,因而本节建立的引射模态模型是合理的,能正确反映引射模态性能参数的变化范围及趋势。

从理论上的分析可知,影响引射模态引射室性能参数的因素除了一次流和二次流的气动参数以外,还有引射室的几何结构,如式(3.116)、式(3.118)和式(3.120)所示。一次流的出口条件可以根据火箭喷管出口条件获得,二次流气动参数根据飞行器飞行条件及进气道几何结构计算而得,因此影响引射模态性能的因素可以总结为发动机的几何结构设计和发动机/飞行器的飞行环境两方面。在实际的性能评估中,这些输入条件可以由其他子程序得到,从而可获得引射室出口的参数。

引射室出口气流取亚声速解或超声速解主要取决于超声速一次流和亚声速二次流在引射室出口所占的质量流量比例和速度之比,即引射系数。假设在引射/混合室出口处一次流和二次流已经完全混合,则引射系数和速度之比的大小决定引射/混合室出口马赫数的取值。根据图 3.7 和图 3.8 中的 CFD 计算结果可知,由一次流引起的引射系数的减小和二次流的速度增加都会使引射/混合室出口马赫数增大,但是在前面所研究的参数范围内,出口马赫数始终保持亚声速。

根据图 3.7(a),当 $Ma_2 = 0.8$ 时,出口马赫数非常接近声速,由此可见,二次流的马赫数对引射/混合室出口马赫数的取值有直接影响。而在实际中,二次流的参数并不是直接可控的,一次流的参数则可以通过一次流火箭燃烧室的燃料流量来控制,考察一次流火箭出口参数对引射/混合室出口马赫数取值的影响更具实际意义。图 3.9 为一次流马赫数和压力变化引起的引射系数和动量比对引射/混合室出口马赫数取值的影响,图中的黑色引射/混合室出口马赫数曲线为 CFD 计算结果。如图 3.9(a)和图 3.9(c)中所示,随着一次流压力 p_1 的增大,引射/混合室出口马赫数 Ma_3 取超声速解所对应的最低一次流马赫数 Ma_1 减小,相应的引射系数和动量之比增大。随着一次流马赫数 Ma_1 的增大,Ma_3 取超声速解所对应的最低一次流压力 p_1 逐渐减小,且相应的引射系数和动量比均增大,如图 3.9(b)和图 3.9(d)所示。根据 CFD 计算结果,引射系数和动量比的增大伴随着 Ma_3 取超声速解的可能性的增大,可以作为判断引射/混合室出口马赫数取值的参考。

3.2.2 双模态冲压发动机模型

双模态冲压发动机主要分为亚燃冲压($2.5 \leqslant Ma \leqslant 5.5$)和超燃冲压($5.5 \leqslant Ma \leqslant 10$)两种模态,由于两者的工作模式类似,区别仅在于内流道中有无亚声速流动,所以可以统一研究。研究双模态超燃冲压发动机两种冲压模态

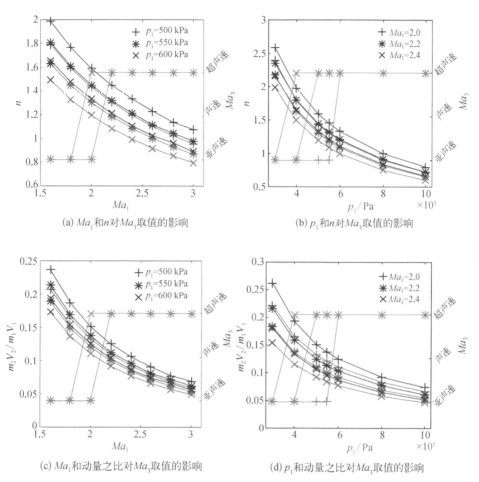

(a) Ma_1 和 n 对 Ma_3 取值的影响

(b) p_1 和 n 对 Ma_3 取值的影响

(c) Ma_1 和动量之比对 Ma_3 取值的影响

(d) p_1 和动量之比对 Ma_3 取值的影响

图 3.9　一次流参数对引射/混合室出口马赫数取值的影响(黑色曲线为 CFD 计算结果)

的方法主要包括理论建模分析、数值仿真及试验等。物理机制建模能明确地反映双模态超燃冲压发动机的物理特性,且由于其计算的快速性,越来越受到研究人员的关注,而准一维流分析技术[15-20]是物理机制模型中快速分析双模态超燃冲压发动机的最主要方法。本小节从工程应用和初步设计的角度出发,建立双模态超燃冲压发动机准一维流模型。

1. 控制方程

以飞行器的纵剖面为视角,其双模态超燃冲压发动机位于机体的下部并和机体融为一体,如图 3.10 所示,图中虚线框内的发动机部分即为本小节关注的区域,其中,包括等直隔离段、双模态燃烧室等直段和线性扩张段等。对于

RBCC 发动机,由于火箭引射模态已经在 3.2.1 节中进行了分析,在本小节的研究中,暂时忽略引射火箭的影响。

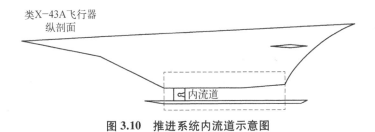

图 3.10   推进系统内流道示意图

为便于流动控制方程的推导,假设流动具有以下特征:

(1)火箭在冲压模态时为燃料喷口,忽略火箭支板对内流道横截面积的影响;

(2)流动是准一维并且是定常流,流动参数的变化是连续的;

(3)气流属于半理想气流,即遵循 Boyle 和 Charles 准则[11],比热容比仅是温度和气体组分的函数。

对于图 3.10 中给出的内流道区域,沿流动速度方向取某一微元长度为 $\mathrm{d}x$ 的流动控制体,如图 3.11 所示。在此假设进入此控制体的组分全部为气体,包括液体组分通过蒸发进入控制体内的部分,而未蒸发的液体不影响控制体横截面积的变化,同时忽略气体凝结为液体的过程。对于此控制体,连续性方程的微分形式为

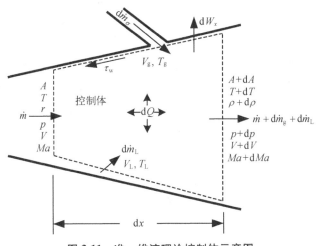

图 3.11   准一维流理论控制体示意图

$$\frac{\mathrm{d}\dot{m}}{\dot{m}} = \frac{\mathrm{d}\rho}{\rho} + \frac{\mathrm{d}A}{A} + \frac{\mathrm{d}V}{V} \tag{3.124}$$

作用在图 3.11 中控制体内某界面上的力等于通过控制体的流体动量的变化。假设添质过程的压力无变化,且壁面变化角度较小,则控制体的动量守恒方程为

$$\frac{\mathrm{d}p}{p} + \frac{\gamma Ma^2}{2}\frac{\mathrm{d}V^2}{V^2} + \frac{\gamma Ma^2}{2}\left(\frac{4C_\mathrm{f}\mathrm{d}x}{D} + \frac{\mathrm{d}X}{\gamma p A Ma^2/2}\right) + \gamma Ma^2(1-y)\frac{\mathrm{d}\dot{m}}{\dot{m}} = 0 \tag{3.125}$$

图 3.11 所示的控制体内温度的变化主要受做功、壁面传热和添质影响。做功是指通过控制体边界对外部任何热量转化为功的输出或者外部的功输入转化为热量的过程;添质的影响主要是由添加的组分焓值与控制体内主流焓值之差引起的。这些能量的交换最终引起控制体内流体温度和速度的参数变化,因此能量方程的微分形式为

$$\frac{\mathrm{d}Q - \mathrm{d}W_x + \mathrm{d}H}{c_p T} = \frac{\mathrm{d}T}{T} + \frac{\gamma-1}{2}Ma^2\frac{\mathrm{d}V_2}{V^2} \tag{3.126}$$

三个守恒式中,$\dot{m}$ 为质量流率;ρ 为密度;A 为控制体与速度方向垂直的截面面积;V 为流动速度;p 为压力;γ 为比热容比;Ma 为流动马赫数;C_f 为摩擦系数;D 为水力直径;$\mathrm{d}X$ 是以下三者之和:① 浸入在控制体边界内的气体中的静止物体的阻力;② 液滴和液雾因为运动速度低于主流速度而产生的阻力;③ 重力或其他力作用在控制体内产生的与速度方向相反的力。在动量方程式(3.125)中有

$$(1-y)\frac{\mathrm{d}\dot{m}}{\dot{m}} \equiv (1-y_\mathrm{g})\frac{\mathrm{d}\dot{m}_\mathrm{g}}{\dot{m}} + (1-y_\mathrm{L})\frac{\mathrm{d}\dot{m}_\mathrm{L}}{\dot{m}} \tag{3.127}$$

$$\frac{\mathrm{d}\dot{m}}{\dot{m}} = \frac{\mathrm{d}\dot{m}_\mathrm{g}}{\dot{m}} + \frac{\mathrm{d}\dot{m}_\mathrm{L}}{\dot{m}} \tag{3.128}$$

$$y\frac{\mathrm{d}\dot{m}}{\dot{m}} \equiv y_\mathrm{g}\frac{\mathrm{d}\dot{m}_\mathrm{g}}{\dot{m}} + y_\mathrm{L}\frac{\mathrm{d}\dot{m}_\mathrm{L}}{\dot{m}} \tag{3.129}$$

式中,下标 g 代表气体添质项,$y_\mathrm{g} = V_\mathrm{g}'/V$;下标 L 代表液体蒸发进入控制体的添质项,$y_\mathrm{L} = V_\mathrm{L}'/V$(其中,$V_\mathrm{g}'$ 和 V_L' 为在主流速度方向的分量),本书所研究的燃料进入燃烧室的状态为气体,因此式(3.127)~式(3.129)中的液体添质项为零;c_p

为混合物气流的比定压热容;dQ 为反应释热;dW_x 为壁面传热和做功之和;dH 由式(3.130)给出:

$$dH = dh_{pr} - \left[c_{pg}(T - T_t) + V^2/2 \right] \frac{d\dot{m}_g}{\dot{m}} - \left(h_L - h_V + \frac{V^2 - V_L^2}{2} \right) \frac{d\dot{m}_L}{\dot{m}}$$

(3.130)

式中,dh_{pr} 为在 p 和 T 下反应物和生成物的变化焓,放热反应为正值;T_t 为总温;h_L 为进入控制体未蒸发液体焓;h_V 为进入控制体蒸发液体焓。

气体状态方程为

$$\frac{dp}{p} = \frac{d\rho}{\rho} + \frac{dT}{T} - \frac{dW}{W}$$

(3.131)

式中,W 为分子质量(空气为 28.92)。根据声速与气流特征参数的关系,气流声速 a 为

$$\frac{da}{a} = \frac{1}{2} \left(\frac{d\gamma}{\gamma} + \frac{dT}{T} - \frac{dW}{W} \right)$$

(3.132)

另外,马赫数、轴向力、总温、总压有以下微分形式的表达式:

$$\frac{dMa^2}{Ma^2} = \frac{dV^2}{V^2} + \frac{dW}{W} - \frac{d\gamma}{\gamma} - \frac{dT}{T}$$

(3.133)

$$\frac{dF}{F} = \frac{dA}{A} + \frac{dp}{p} + \frac{\gamma Ma^2}{1 + \gamma Ma^2} \frac{dMa^2}{Ma^2} + \frac{\gamma Ma^2}{1 + \gamma Ma^2} \frac{d\gamma}{\gamma}$$

(3.134)

$$\frac{dT_t}{T_t} = \frac{dT}{T} + \frac{\dfrac{\gamma Ma^2}{2} \dfrac{d\gamma}{\gamma} + \dfrac{\gamma - 1}{2} Ma^2 \dfrac{dMa^2}{Ma^2}}{1 + \dfrac{\gamma - 1}{2} Ma^2}$$

(3.135)

$$\frac{dp_t}{p_t} = \frac{dp}{p} - \frac{\gamma}{(\gamma - 1)^2} \frac{d\gamma}{\gamma} \ln\left(1 + \frac{\gamma - 1}{2} Ma^2 \right) + \frac{\gamma}{\gamma - 1} \frac{\dfrac{\gamma Ma^2}{2} \dfrac{d\gamma}{\gamma} + \dfrac{\gamma - 1}{2} Ma^2 \dfrac{dMa^2}{Ma^2}}{1 + \dfrac{\gamma - 1}{2} Ma^2}$$

(3.136)

式中,p_t 为总压。

熵值作为衡量一个系统能效的指标,在双模态超燃冲压发动机分析中可以

为研究者提供额外的信息,帮助分析冲压发动机的性能。熵可以表述为

$$s = \sum_{i=1}^{n} X_i \overline{\varphi}_i - \overline{R}\ln p - \overline{R} \sum_{i=1}^{n} X_i \ln X_i \qquad (3.137)$$

式中,s 为熵,$\overline{R}$ 为通用气体常数,值为 8.314 472 J/(K·mol),组分 i 的摩尔分数 $X_i = N_i/N$ (N 为物质的量);$\varphi = \int_{T_0}^{T} c_p \dfrac{\mathrm{d}T}{T}$;$n$ 为混合物组分数。式(3.124) ~ 式(3.126)、式(3.131) ~ 式(3.137)等 10 个微分方程共含有 10 个未知数,可以通过四阶 Runge-Kutta 的数值方法求解。

2. 预燃激波串模型

双模态超燃冲压发动机内流道中边界层的存在对于流动的影响很大,在一定条件下可能引起内流道的壅塞,导致发动机失效,因此需要特别关注边界层的处理方法。由于边界层属于低速低能区(图 3.12),假设流道中所有的动量和速度均由核心流承担,并且边界层与主流分享相同的压力和温度,则质量守恒公式(3.124)变为

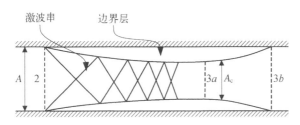

图 3.12　内流道边界层和 PCST 示意图

$$\frac{\mathrm{d}\dot{m}}{\dot{m}} = \frac{\mathrm{d}\rho}{\rho} + \frac{\mathrm{d}A_c}{A_c} + \frac{\mathrm{d}V}{V} \qquad (3.138)$$

式中,A_c 为核心流横截面积。将式(3.125)、式(3.131)和式(3.135)代入式(3.138)并经过整理可得核心流截面积关于气流参数的微分方程:

$$\frac{\mathrm{d}A_c}{A_c} = \frac{\mathrm{d}(A_c/A)}{A_c/A} = \frac{1 - Ma^2\left[1 - \gamma\left(1 - \dfrac{A_c}{A}\right)\right]}{\gamma Ma^2 \dfrac{A_c}{A}} \frac{\mathrm{d}p}{p}$$

$$+ \left\{1 + \left[1 + Ma^2(\gamma - 1)\right](1 - y)\right\} \frac{\mathrm{d}\dot{m}}{\dot{m}}$$

$$+ \frac{1 + (\gamma - 1)Ma^2}{2\frac{A_c}{A}}\left(\frac{4C_f dx}{D} + \frac{dX}{\gamma p A Ma^2/2}\right) + \left(1 + \frac{\gamma - 1}{2}Ma^2\right)\frac{dT_t}{T_t}$$

$$+ \frac{\gamma - 1}{2}Ma^2\frac{d\gamma}{\gamma} - \left(1 + \frac{\gamma - 1}{2}Ma^2\right)\frac{dW}{W} \qquad (3.139)$$

另外,对图 3.12 所示的内流道预燃激波串(pre-combustion shock train, PCST),假设没有质量添加和泄漏,则根据动量守恒有冲量守恒:

$$\begin{aligned} I_{3a} &= I_{BL} + I_{core} \\ &= \left[p_{3a}(A_2 - A_{3a}) + 0\right] + p_{3a}A_{3a} + \dot{m}V_{3a} \\ &= p_{3a}A_2 + \dot{m}V_{3a} = I_2 = p_2A_2 + \dot{m}V_2 \end{aligned} \qquad (3.140)$$

与质量方程 $\dot{m} = \rho AV$ 结合:

$$\frac{A_{3a}}{A_2} = \frac{p_2 + p_2\gamma_2 Ma_2^2 - p_{3a}}{p_{3a}\gamma_{3a}Ma_{3a}^2} = \frac{1}{\gamma_{3a}Ma_{3a}^2}\left[\frac{1}{p_{3a}/p_2}(1 + \gamma_2 Ma_2^2) - 1\right] \qquad (3.141)$$

方程式(3.140)两边除以 A_2,结合状态方程 $p = \rho RT$、质量方程及声速方程 $a^2 = \gamma RT$ 有

$$Ma_{3a} = \left[\frac{\gamma_{3a}}{\gamma_2}\frac{\gamma_2^2 Ma_2^2\left(1 + \frac{\gamma_2 - 1}{2}Ma_2^2\right)}{\left(1 + \gamma_2 Ma_2^2 - \frac{p_{3a}}{p_2}\right)^2} - \frac{\gamma_{3a} - 1}{2}\right]^{-\frac{1}{2}} \qquad (3.142)$$

$$\frac{p_{3a}}{p_2} = 1 + \gamma_2 Ma_2^2 - \gamma_2 Ma_2 Ma_{3a}\sqrt{\frac{\gamma_{3a}}{\gamma_2}\frac{1 + \frac{\gamma_2 - 1}{2}Ma_2^2}{1 + \frac{\gamma_{3a} - 1}{2}Ma_{3a}^2}} \qquad (3.143)$$

方程式(3.141)~式(3.143)可用来计算通过预燃激波串 PCST 后的流动参数,以此结果作为准一维流常微分方程组的初值。

3. 燃烧模型

在双模态超燃冲压发动机燃烧过程中,燃料和空气的燃烧速率取决于燃料和空气的混合速率,即混合主导燃烧[21]。因此,在本书的准一维建模与分析中

认为燃料和空气混合后即发生燃烧放热现象,且为达到快速计算目的,以一步反应为化学反应模型。

Northam 等[22]基于 NASA 兰利研究中心的有支板存在的大量试验,提出了一种混合效率计算公式,在此基础上对其进行修正可以得到适用于没有支板存在的情况。

首先确定混合燃烧长度:

$$L_{rea} = f \cdot H \tag{3.144}$$

式中,L_{rea} 为轴向混合燃烧长度;f 为常数(文献[22]给出的值为 60;文献[23]给出的值为 47);H 为有效(无黏)流道高度。在给定当量比 ϕ 以后,有

$$\frac{x_\phi}{L_{rea}} = \begin{cases} 0.179e^{1.72\phi}, & \phi \leqslant 1.0 \\ 3.33e^{-1.204\phi}, & \phi > 1.0 \end{cases} \tag{3.145}$$

于是,对于平行于和垂直于主流的喷注,混合效率分别为

$$\eta_{m,0} = \frac{x}{L_{rea}} \tag{3.146}$$

$$\eta_{m,90} = 1.01 + 0.176\ln\left(\frac{x}{x_\phi}\right) \tag{3.147}$$

需要注意的是,公式(3.147)是针对对喷状态的。喷注角度介于平行和垂直之间的状态的混合效率,可以采用线性插值获得。

燃料与空气在燃烧室中燃烧反应的过程可以表达为

$$C_xH_y + \left(x + \frac{y}{4}\right)\left(O_2 + \frac{78}{21}N_2 + \frac{1}{21}Ar\right) \longrightarrow$$
$$xCO_2 + \frac{y}{2}H_2O + \frac{78}{21}\left(x + \frac{y}{4}\right)N_2 + \frac{1}{21}\left(x + \frac{y}{4}\right)Ar \tag{3.148}$$

单位质量的化学反应当量比为

$$f_{st} = \frac{6.72(12x + y)}{28.92(32x + 8y)} \tag{3.149}$$

当量比定义为实际的燃料反应当量比和化学反应当量比之比:

$$\phi = \frac{f_{real}}{f_{st}} \tag{3.150}$$

对于不同的燃烧室构型、来流和喷注状态,燃烧释热规律都会有所不同,由于缺乏大量的试验数据,CFD 计算结果的可靠性不能得到保证,为了保证模型完整性,本书使用线性释热规律和冻结流(零释热)规律两种,并在下面的模型验证中给予分析。

4. 模型验证

为验证模型的合理性和可靠性,对于 Billig[21] 的轴对称构型超燃冲压发动机试验,分别以所建立的准一维流模型和 CFD 数值计算结果进行对比,其沿程压力分布如图 3.13 所示。燃料在坐标零点开始喷注,经过一定的混合长度后以线性释热规律燃烧。如图 3.13(a)所示,线性释热规律的压力在燃烧室进入扩张段以后明显高于试验值和 CFD 计算结果,直到燃烧结束才呈现压力快速下降的趋势("1 - D"曲线);而在扩张段以冻结流模型替换线性释热规律的准一维流模型("1 - D FREEZE"曲线)则和试验及 CFD 数值计算结果保持高度一致。需要注意的是,燃料喷注引起的三维激波及反射激波并不能在准一维流模型中很好地描述,因此在扩张段开始之前,准一维流计算所得的压力值明显低于试验测量值和 CFD 数值计算值,且 CFD 数值计算曲线存在若干压力峰,而这些激波反射引起的压力峰在试验测量值中显得更高。由图 3.13(c)和图 3.13(d)可知,当燃料喷注点距离膨胀段较近时,CFD 计算结果显示其激波反射由等直段延伸到膨胀段中,且幅度有所减弱,但是对扩张段内压力的分布有很大的影响。当有燃料喷注时,扩张段试验测量值并未检测到明显的压力波动,当有较长等直段存在时,压力波动集中在等直段内[图 3.13(a)];当等直段较短时,试验测量值中没有发现较大的压力波动[图 3.13(c)和图 3.13(d)]。由此可见,CFD 数值计算中对激波及反射激波有强化作用,而准一维流模型中并未考虑到这些三维激波效应,反而更加贴近试验测量值,且燃料喷注引起的三维激波反射并没有 CFD 数值计算中那样强烈,在燃料喷注之后可以忽略。

图 3.13(b)为长等直段的构型在没有燃料喷注情况下的沿程压力分布,可以看出,相比于图 3.13(a)其压力明显较低,且反射激波带来的压力波动在 CFD 数值计算值和试验测量值中都很明显,CFD 计算结果更接近试验结果,但是 CFD 计算所得的激波反射点位置与试验测量值有所差异。准一维流模型在等直段内保持非常微弱的压力增长,而在扩张段内,总体上保持和试验测量值及 CFD 数值计算结果相同的下降趋势,相对于有燃料喷注时的工况,其与试验值的差值略大。同时如图 3.13 所示,不论是否有燃料喷注,准一维流模型在三维激波及其反射激波建模方面均存在很大的不足,这是由准一维流模型的本质特性决定的,

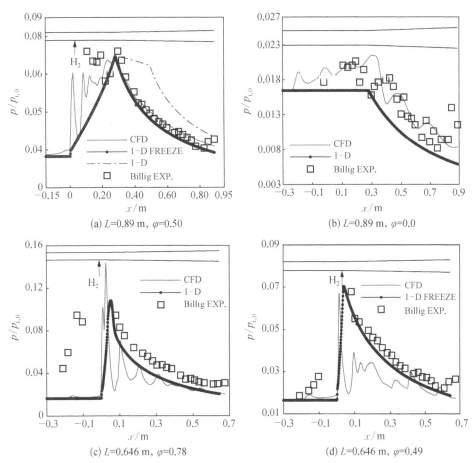

(a) L=0.89 m, φ=0.50

(b) L=0.89 m, φ=0.0

(c) L=0.646 m, φ=0.78

(d) L=0.646 m, φ=0.49

图 3.13　**准一维流超燃冲压发动机模型沿程压力分布（CFD 为 CFD 数值计算值；1－D FREEZE 为冻结流准一维流模型计算值；1－D 为完整化学反应准一维流模型计算值；Billig EXP.为试验测量值[21]）**

将三维激波一维模型化需要继续研究。另外,虽然准一维流模型给出了较详细的边界层模型(核心流面积),但是由于三维激波等三维效应的影响,准一维流模型稍有低估前半段边界层存在时的压力值,特别是在较短等直段构型中,如图3.13(c)和图 3.13(d)中的燃料喷注点位置之前所示。

为定量地分析所建立的准一维流模型的准确性和精度,以试验测量值为精确值,对比准一维流模型计算所得的沿程压力分布和轴向推力与精确值的误差,为此,定义如下均方误差表达式:

$$err = \sqrt{\frac{1}{N}\sum_{i=1}^{N}\left\{\left[p(x_i)/p_{t_0}\right]_{1-D} - \left[p(x_i)/p_{t_0}\right]_{EXP}\right\}^2} \qquad (3.151)$$

式中,N 为试验测量值的数量。通过计算,得到如表 3.2 所示的均方误差数据。如表 3.2 中数据所示,在有燃料喷注的情况下,准一维流模型和试验的误差稍大,这主要是由燃料喷口前的压力差较大引起的;而在没有燃料喷注时,准一维流和试验测量值的均方误差较小,这主要是由于在没有燃料喷注时,压力值本身较小,这些趋势也可从图 3.13 得到定性的认识。另外,对于发动机的推力性能的计算结果显示,轴向推力最大均方误差不超过 6%,与压力分布和内流道构型相对应。需要说明的是,对比表 3.2 与图 3.13 可以发现,均方误差法会弱化压力分布的最大误差值,但等值段压力波动对轴向推力影响较小。总体上来说,本书给出的超燃冲压发动机准一维流模型计算结果非常接近试验测量结果,压力和轴向推力最大均方误差分别不超过 3% 和 6%,证明此模型完全满足高超声速飞行器超燃冲压发动机概念设计和初步设计阶段的性能评估需求。

表 3.2　准一维流模型和实验 RMS 误差对比

L/m	φ	RMS/%	
		$p/p_{t,0}$	P(轴向推力)
0.89	0.50	1.67	3.75
0.89	0.0	0.38	0.82
0.646	0.78	2.69	5.12
0.646	0.49	0.50	3.58

5. 跨声速流动

在双模态超燃冲压发动机的模态转换过程中,无论从亚声速到超声速,还是从超声速到亚声速,马赫数都必须跨越声速点。在控制方程的数学表达上,当马赫数为 1 时,会在某些公式的分母上出现零值,形成一个奇异点,因此声速点的跨越方法对于双模态超燃冲压发动机准一维内流道物理模型有很大影响。Shapiro[11] 提出了一种方法,该方法使得这种跨越有数学上的可能;而 Torrez 等[24] 使用这种方法实现了从亚声速顺利跨越到超声速。但从总体上来说,他们的计算过程都简化了应该包含的一些参数,使得计算的结果不能更详细地反映一些物理机制。

对于马赫数的微分形式方程式(3.133),结合方程式(3.124)~式(3.126)和式(3.131),可以得出

$$\frac{\mathrm{d}Ma^2}{Ma^2} = \frac{2\left(1 + \dfrac{\gamma - 1}{2}Ma^2\right)}{Ma^2 - 1}\frac{\mathrm{d}A}{A} - \frac{1 + \gamma Ma^2}{Ma^2 - 1}\frac{\mathrm{d}Q - \mathrm{d}W_x + \mathrm{d}H}{c_p T}$$

$$- \frac{\gamma Ma^2\left(1 + \dfrac{\gamma - 1}{2}Mu^2\right)}{Ma^2 - 1}\left(\frac{4C_f \mathrm{d}x}{D} + \frac{\dfrac{\mathrm{d}X}{\gamma p A Ma^2}}{2}\right) \tag{3.152}$$

$$- \frac{2\left(1 + \dfrac{\gamma - 1}{2}Ma^2\right)\left[1 + \gamma Ma^2(1 - y)\right]}{Ma^2 - 1}\frac{\mathrm{d}\dot{m}}{\dot{m}}$$

$$+ \frac{\gamma Ma^2 + 1}{Ma^2 - 1}\frac{\mathrm{d}W}{W} - \frac{\mathrm{d}\gamma}{\gamma}$$

令

$$\frac{\mathrm{d}Ma^2}{\mathrm{d}x} = \frac{G(x)}{Ma^2 - 1} \tag{3.153}$$

则

$$G(x) = 2Ma^2\left(1 + \frac{\gamma - 1}{2}Ma^2\right)\frac{\mathrm{d}A}{A} - Ma^2\left(1 + \frac{\gamma - 1}{2}Ma^2\right)(1 + \gamma Ma^2)\frac{\mathrm{d}T_t/\mathrm{d}x}{T_t}$$

$$- \gamma Ma^4\left(1 + \frac{\gamma - 1}{2}Ma^2\right)\left(\frac{4C_f \mathrm{d}x}{D} + \frac{\mathrm{d}X}{\gamma p A Ma^2/2}\right)$$

$$- 2Ma^2\left(1 + \frac{\gamma - 1}{2}Ma^2\right)\left[1 + \gamma Ma^2(1 - y)\right]\frac{\mathrm{d}\dot{m}}{\dot{m}}$$

$$+ Ma^2(\gamma Ma^2 + 1)\frac{\mathrm{d}W}{W} - Ma^2(Ma^2 - 1)\frac{\mathrm{d}\gamma}{\gamma}$$

$$\tag{3.154}$$

式(3.152)中,

$$\frac{\mathrm{d}Q - \mathrm{d}W_x + \mathrm{d}H}{c_p T} = \left(1 + \frac{\gamma - 1}{2}Ma^2\right)\frac{\mathrm{d}T_t}{T_t} \tag{3.155}$$

当给定合适的初值时,声速点会刚好出现在 $G(x)$ 从负到正通过的零点处,此时较大的马赫数梯度意味着声速奇点的存在。除了在 $Ma = 1$ 点,方程式

（3.153）都可以使用 Runge-Kutta 方法进行积分求解。对于方程式（3.153），$G(x) < 0$ 促使 Ma 趋近于 1；而 $G(x) > 0$ 促使 Ma 远离 1。连续地亚声速向超声速的声速点过渡意味着，当 $Ma < 1$ 时，$G(x)$ 为负；当 $Ma = 1$ 时，$G(x)$ 为零；当 $Ma > 1$ 时，$G(x)$ 为正，求解过程如下：

（1）给定 Ma_{3a} 或 p_{3a}；

（2）根据方程式（3.142）式（3.143）计算 Ma_{3a} 或 p_{3a}，常微分方程积分需要的其他流动参数亦可得到；

（3）使用"3a"点（图 3.12）的流动参数作为常微分方程组的初值，积分直到 $Ma = 1$；

（4）$G(x) \neq 0$。如果 $G(x) < 0$，马赫数总是趋近于 1，则为非物理解；如果 $G(x) > 0$，则马赫数永远不会趋近于 1，此时需要选择另外的 Ma_{3a}、p_{3a} 或激波串长度，从步骤（2）重复开始；

（5）如果 $G(x) = 0$，则解为合理解，积分可以继续推进。

最后，包含了预燃激波串和跨声速流的双模态超燃冲压发动机模型求解流程图如图 3.14 所示。图 3.15 为基于求 $G(x)$ 的跨声速方法，依图 3.14 所示的流程计算所得某个状态下的跨声速流动参数沿程变化。

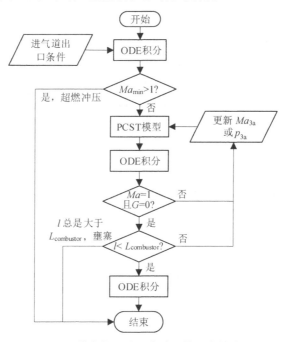

图 3.14 双模态超燃冲压发动机模型求解流程图

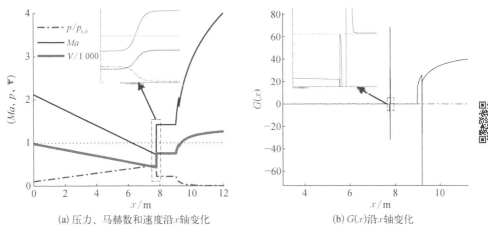

(a) 压力、马赫数和速度沿 x 轴变化　　　　(b) $G(x)$ 沿 x 轴变化

图 3.15　基于求 $G(x)$ 的跨声速方法计算所得各参数沿程变化

由图 3.15 可以看出,在由亚声速加速到超声速的位置 $x \approx 7.78$, $G(x)$ 的值由负值变为正值,由公式(3.153)可知,在 $Ma > 1$ 时,如果 $G(x)$ 的值为正,则 Ma 的值逐渐增大,如图 3.15(a)所示。根据 Torrez 等[24] 和 Cao 等[25] 的分析及图 3.15 的计算结果,马赫数在接近 1 的时候 $G(x)$ 的值振动很大,因此需要在 $G(x)$ 接近 0 的某个范围内使用跳跃方法通过零点,否则将会造成马赫数较大的波动变化,进而引起其他因变量参数值出现很大的波动,文献[24]和[25]和图 3.15 的计算中均使用跳跃方法,不同之处在于跳跃点位置的选择。

通过对 3.2.2 节推导的准一维流动方程的分析,发现造成跨声速问题的根本原因在于方程中包含的马赫数项,于是本书在前文跨声速流动分析的基础上,将马赫数项以速度项代替,对相应的准一维流动方程重新推导。

动量方程:

$$\frac{\mathrm{d}p}{\rho V^2} + \frac{\mathrm{d}V}{V} + \frac{C_\mathrm{f}}{2}\frac{4\mathrm{d}x}{D} + \frac{\mathrm{d}X}{\rho A V^2} + (1 - y)\frac{\mathrm{d}\dot{m}}{\dot{m}} = 0 \tag{3.156}$$

能量方程:

$$\frac{\mathrm{d}Q - \mathrm{d}W_x + \mathrm{d}H}{c_p T} = \frac{\mathrm{d}T}{T} + \frac{\gamma - 1}{\gamma R T}\mathrm{d}V \tag{3.157}$$

熵和推力:

$$\frac{\mathrm{d}s}{c_p} = \frac{\mathrm{d}T}{T} - \frac{\gamma - 1}{\gamma}\frac{\mathrm{d}p}{p} \tag{3.158}$$

$$\frac{\mathrm{d}F}{F} = \frac{\mathrm{d}A}{A} + \frac{\mathrm{d}p + V^2\mathrm{d}\rho + 2\rho V\mathrm{d}V}{p + \rho V^2} \tag{3.159}$$

式中，$(\gamma - 1)c_p = \gamma R$，质量方程、理想气体方程及声速方程分别如式(3.124)、式(3.131)和式(3.132)所示。相应地，核心流面积表达为

$$\frac{\mathrm{d}A_c}{A_c} = \frac{\mathrm{d}(A_c/A)}{A_c/A} = \left[1 + (1 - y)\frac{(\gamma - 1)V^2 + a^2}{a^2}\right]\frac{\mathrm{d}\dot{m}}{\dot{m}} + \left[\frac{p}{\rho V^2}\frac{(\gamma - 1)V^2 + a^2}{a^2} - 1\right]\frac{\mathrm{d}p}{p}$$

$$+ \frac{\mathrm{d}Q - \mathrm{d}W_x + \mathrm{d}H}{c_p T} + \frac{(\gamma - 1)V^2 + a^2}{a^2}\left(\frac{C_f}{2}\frac{4\mathrm{d}x}{D} + \frac{\mathrm{d}X}{\rho A V^2}\right) - \frac{\mathrm{d}W}{W}$$

$$\tag{3.160}$$

式(3.156)~式(3.160)结合式(3.124)、式(3.131)和式(3.132)，即可求解沿程气体参数分布，进而求得沿程马赫数分布，避免马赫数的积分扰动带来其他参数的剧烈变化，最后求解 $G(x)$ 的值作为跨声速点位置的判据。

图 3.16 为双模态超燃冲压发动机内流道在反压逐渐增大的情况下由完全超声速流动转变为超声速和亚声速的混合流动，内流道构型为一等直段在 $x = 8.5$ 处后接扩张段，当量比为 0.3 的燃料在 $x = 8.8$ 处以 45°喷入主流。燃烧室燃烧产生的高反压前传，影响隔离段流动状态和参数分布。采用 3.2.2 节的准一维流动理论和本小节的跨声速流动模型计算发现，随着反压的增大，内流道会经历由完全超声速流动向超声速和亚声速混合流动转变的过程，如图 3.16(a)所示；

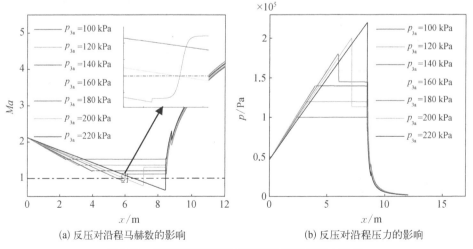

(a) 反压对沿程马赫数的影响　　　　　(b) 反压对沿程压力的影响

图 3.16　反压变化引起的内流道马赫数和压力变化

内流道马赫数在 p_{3a} = 160 kPa 时为完全超声速,而当 p_{3a} = 180 kPa 时,气流在内流道中由于边界层厚度的增加减速为亚声速,随后又随着边界层厚度的变化加速到超声速。由图 3.16(a) 中局部放大图可以看出, p_{3a} = 180 kPa 对应的马赫数在跨声速时连续增大,并且在声速点左右有很大的马赫数增长斜率。压力沿程变化与马赫数变化趋势相反,随着核心流面积的减小,压力逐渐增大,而在扩张段之后压力出现一个快速的跌落,这主要是由内流道几何面积和边界层厚度的综合变化引起的,如图 3.16(b) 所示。另外,图 3.16 中为充分展示模型的物理特性,采用的构型扩张段扩张角相对较大,因而内流道流动马赫数和压力值在扩张段之后变化幅度较大。

3.2.3　火箭模态模型

在 RBCC 发动机中,火箭模态扮演着重要的角色,它是 RBCC 发动机胜任跨大气层任务的关键,火箭模态不依赖大气中的氧气,故可以在稀薄大气甚至真空环境中工作。火箭模态和冲压模态及引射模态相互补充,保证跨大气层飞行器宽速域的推进性能。

火箭模态示意图如图 3.17 所示,燃料和氧化剂分别经由各自的泵进入燃烧室,在燃烧室发生剧烈且迅速的化学反应。在燃烧室绝大部分区域内,燃烧产物的流速都接近零,因而其温度和压力接近总温和总压。燃烧产物经过喉部收缩段逐渐加速,直到在喉部达到当地声速,而后进入喷管进一步膨胀做功,直至喷管出口速度 V_e。

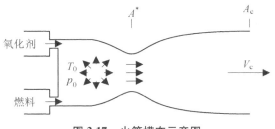

图 3.17　火箭模态示意图

在进行火箭发动机模型推导之前,首先对燃烧室内的热力学过程进行定义。对于恒定比热容的理想气体,由焓的定义可以得到比定压热容:

$$c_p = \frac{\gamma R}{\gamma - 1} \tag{3.161}$$

对于理想气体，由能量方程可知，总温与静温之间有

$$\frac{T_t}{T_1} = 1 + \frac{V_1^2}{2c_p T_1} \tag{3.162}$$

将式（3.161）代入式（3.162）得

$$\frac{T_t}{T_1} = 1 + \frac{\gamma - 1}{2} \frac{V_1^2}{\gamma RT} \tag{3.163}$$

由声速方程 $a_1^2 = \gamma RT_1$，式（3.163）可写为

$$\frac{T_t}{T_1} = 1 + \frac{\gamma - 1}{2} Ma_1^2 \tag{3.164}$$

又因为 $p_0/p_1 = (T_0/T_1)^{\gamma/(\gamma-1)}$，有

$$\frac{p_t}{p_1} = \left(1 + \frac{\gamma - 1}{2} Ma_1^2 \right)^{\frac{\gamma}{(\gamma-1)}} \tag{3.165}$$

另外，火箭发动机燃烧室内流动速度接近零，在此假设其为零，则静温等于其总温，即燃烧室内的气体以温度 T_t 和压力 p_t 经由收敛扩张喷管，最终以速度 V_e 和压力 p_e 排出。根据动量守恒，发动机的推力 F 等于内表面压力 p_s 在推进方向的分量和外表面压力 p_∞ 在推进方向的分量之和：

$$F = \int (p_s dS)_x + \int (p_\infty dS)_x = \int (p_s dS)_x + (p_e - p_\infty) A_e \tag{3.166}$$

根据牛顿第二定律，作用在控制体上的力为

$$F = (\dot{m}_{fuel} + \dot{m}_{oxi}) V_e \tag{3.167}$$

结合式（3.166）和式（3.167）可得

$$F = \dot{m} V_e + (p_e - p_\infty) A_e \tag{3.168}$$

式中，$\dot{m} = \dot{m}_{fuel} + \dot{m}_{oxi}$ 为氧化剂和燃料质量流量之和；V_e、A_e 分别为喷管出口的气流速度和横截面积。

根据燃烧室和喷管出口能量守恒，有

$$c_p T_{t,c} = c_p T_e + \frac{V_e^2}{2} \tag{3.169}$$

求解 V_e:

$$V_e^2 = 2c_p T_{t,c} \left(1 - \frac{T_e}{T_{t,c}} \right) \tag{3.170}$$

温度和压力之间有关系式 $p_0/p_1 = (T_0/T_1)^{\gamma/(\gamma-1)}$, 并将式(3.161)代入式(3.170),得

$$V_e = \left\{ \frac{2\gamma R T_{t,c}}{\gamma - 1} \left[1 - \left(\frac{p_e}{p_{t,c}} \right)^{\frac{\gamma-1}{\gamma}} \right] \right\}^{1/2} \tag{3.171}$$

发动机的推进效率可用比冲表示,比冲定义为海平面条件下每单位质量流的推力:

$$I_{sp} = \frac{F}{\dot{m} g_0} \tag{3.172}$$

假设喷管出口截面的压力等于环境压力,即喷管达到完全膨胀状态,则方程式(3.171)中 $p_e = p_\infty$,将式(3.168)代入式(3.172),有

$$I_{sp} = \frac{\dot{m} V_e}{\dot{m} g_0} = \frac{1}{g_0} \left\{ \frac{2\gamma R T_{t,c}}{\gamma - 1} \left[1 - (p_e/p_{t,c})^{\frac{\gamma-1}{\gamma}} \right] \right\}^{1/2} \tag{3.173}$$

由方程式(3.173)可以看出,高比冲来源于较高的燃烧温度和较小的气体平均分子量(R 与气体平均相对分子质量成反比),而对于给定的发动机构型,这两个参数基本是固定的,除了调整氧化剂燃料比以外,发动机的性能与其他量关系不大,这是在假设喷管出口压力等于环境压力的基础上得出的结论,实际上喷管出口压力很难等于环境压力,即处于欠膨胀或者过膨胀状态。图 3.18 为不同氧化剂和燃料组合下的火箭发动机比冲,可以看出,轻质燃料和氧化剂、较高的燃烧温度可以获得较高的推进效率,典型的氢氧火箭发动机的比冲远高于液氧煤油火箭发动机。

对于图 3.17 所示的火箭发动机,根据喉道部位的连续性方程:

$$\dot{m} = \rho^* A^* V^* \tag{3.174}$$

式中,上标 $*$ 代表喉道截面的气动参数,而收敛扩张喷管的喉道部位速度为声速(为保证连续加速)$V^* = a^*$。另外根据声速方程和气体状态方程,式(3.174)有以下形式:

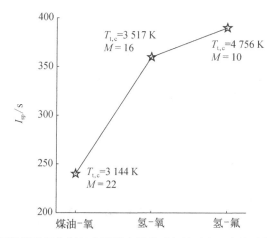

图 3.18 不同燃料和氧化剂组合下的火箭发动机比冲(M 为平均相对分子质量)

$$\dot{m} = \frac{p^* A^*}{\sqrt{RT^*}}\sqrt{\gamma} \tag{3.175}$$

由于喉道部位 $Ma^* = 1$，所以由式(3.164)和式(3.165)有

$$\frac{T_{\text{t,c}}}{T^*} = 1 + \frac{\gamma - 1}{2} = \frac{\gamma + 1}{2} \tag{3.176}$$

$$\frac{p_{\text{t,c}}}{p^*} = \left(\frac{\gamma + 1}{2}\right)^{\frac{\gamma}{\gamma-1}} \tag{3.177}$$

将式(3.176)和式(3.177)代入式(3.175)，得

$$\dot{m} = \sqrt{\frac{\gamma}{R}} A^* \left(\frac{\gamma + 1}{2}\right)^{\frac{-(\gamma+1)}{2(\gamma-1)}} \frac{p_{\text{t,c}}}{\sqrt{T_{\text{t,c}}}} = \frac{p_{\text{t,c}} A^*}{\sqrt{T_{\text{t,c}}}}\sqrt{\frac{\gamma}{R}\left(\frac{2}{\gamma + 1}\right)^{\frac{\gamma+1}{\gamma-1}}} \tag{3.178}$$

对于给定的构型，火箭发动机燃烧室内压力 $p_{\text{t,c}}$ 随着喷入燃烧室的燃料和氧化剂的总质量流量、燃烧室内温度平方根的增加而增加，同时根据式(3.173)，火箭发动机的主要控制量为燃料和氧化剂的质量流量，控制这两个参数可以改变燃烧室内温度、压力、发动机的比冲及推力。需要注意的是，上述推导是建立在比热比不变的基础上的，事实上，气流通过火箭发动机时一直进行着化学反应，燃烧室和喷管内的化学组分一直在变化，γ 实际上是变量，但在火箭发动机的初步设计和性能评估中，保持不变的 γ 值满足计算快速性和精度的要求，一般而言，γ 取值为 1.2~1.3。

在 RBCC 发动机中,当飞行器的飞行高度超过吸气式双模态超燃冲压发动机正常工作范围时,发动机进气道关闭,在发动机内形成火箭发动机半封闭构型,引射器可以当作富燃燃料或者氧化剂喷嘴,燃烧室和喷管可以借助双模态超燃冲压发动机的组件,运行在纯火箭模态,推动飞行器在稀薄气体大气层内持续飞行。同时,为了减小结构质量,火箭模态燃料采用与双模态超燃冲压发动机同样的氢,而氧化剂采用液氧。根据图 3.18,氢氟组合比氢氧组合有更大的比冲,但是氟的可靠性和成本等方面远不如氧气,且氢氧火箭发动机的技术已非常成熟,故书中采用氢和氧作为火箭发动机的燃料和氧化剂,氢氧反应生成水蒸气的一步反应如下:

$$2H_2 + O_2 \longrightarrow 2H_2O + 483.6 \text{ kJ}$$

理想状态下,1 kg 质量的氢气完全燃烧需要 4 kg 氧气,生成 5 kg 水蒸气和120.9 MJ 能量。

3.3　宽域内流场一体化模型

3.3.1　模态转换分析

对于 RBCC 动力的吸气式高超声速飞行器,飞行器从零速度起飞,高度和速度逐渐提高,直到临近空间附近,RBCC 推进系统依次经历引射模态、亚燃冲压模态、超燃冲压模态和纯火箭模态,各模态的工作范围和接力点范围如图 3.19所示。吸气引射模态在 $Ma = 0 \sim 3.0$ 内均有效,但随着飞行马赫数的提升,气流在进气道的冲压作用越来越明显,到 $Ma = 2.5$ 时亚燃冲压模态已经可以提供推力,这时引射模态和亚燃冲压模态同时并存。亚燃冲压模态可以将飞行器加速到 $Ma = 5.5$ 左右,而超燃冲压模态在 $Ma = 5.0$ 以上就可以工作。需要注意的是,图 3.19 中亚燃冲压模态和超燃冲压模态重叠部分并不是共同工作的,亚燃冲压模态到超燃冲压模态的转换是点转换,转换点的范围在图中所示的重叠区域内。飞行器继续加速,同时高度沿弹道也逐渐提升,当某一状态来流动压不能满足超燃冲压发动机进气量需求时,超燃冲压发动机不能提供足够的推力,这时进气道关闭,转换到纯火箭模态,依靠自身携带的燃料和氧化剂,继续推动飞行器爬升和加速,直到目标速度和空域。

吸气式高超声速飞行器需要充分利用大气中的氧气作为燃烧氧化剂,

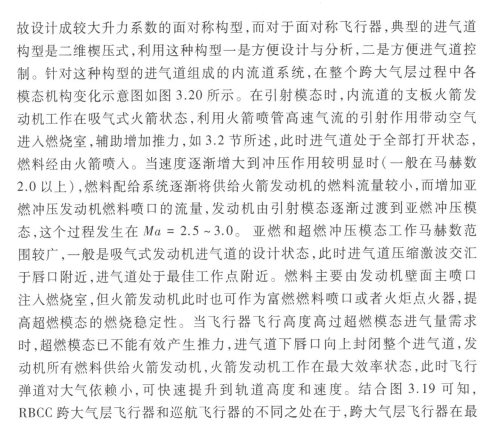

图 3.19 RBCC 推进系统各模态工作范围

故设计成较大升力系数的面对称构型,而对于面对称飞行器,典型的进气道构型是二维楔压式,利用这种构型一是方便设计与分析,二是方便进气道控制。针对这种构型的进气道组成的内流道系统,在整个跨大气层过程中各模态机构变化示意图如图 3.20 所示。在引射模态时,内流道的支板火箭发动机工作在吸气式火箭状态,利用火箭喷管高速气流的引射作用带动空气进入燃烧室,辅助增加推力,如 3.2 节所述,此时进气道处于全部打开状态,燃料经由火箭喷入。当速度逐渐增大到冲压作用较明显时(一般在马赫数2.0 以上),燃料配给系统逐渐将供给火箭发动机的燃料流量较小,而增加亚燃冲压发动机燃料喷口的流量,发动机由引射模态逐渐过渡到亚燃冲压模态,这个过程发生在 $Ma = 2.5 \sim 3.0$。亚燃和超燃冲压模态工作马赫数范围较广,一般是吸气式发动机进气道的设计状态,此时进气道压缩激波交汇于唇口附近,进气道处于最佳工作点附近。燃料主要由发动机壁面主喷口注入燃烧室,但火箭发动机此时也可作为富燃燃料喷口或者火炬点火器,提高超燃模态的燃烧稳定性。当飞行器飞行高度高过超燃模态进气量需求时,超燃模态已不能有效产生推力,进气道下唇口向上封闭整个进气道,发动机所有燃料供给火箭发动机,火箭发动机工作在最大效率状态,此时飞行弹道对大气依赖小,可快速提升到轨道高度和速度。结合图 3.19 可知,RBCC 跨大气层飞行器和巡航飞行器的不同之处在于,跨大气层飞行器在最后阶段使用纯火箭模态,而巡航飞行器的火箭只作为引射模态在起降阶段使用。

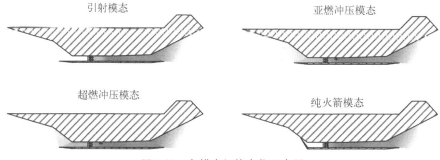

图 3.20　各模态机构变化示意图

3.3.2　模态转换策略

高超声速飞行器能够完成大空域、宽速域飞行的基础是拥有如 RBCC 发动机的宽速域多模态推进系统,而由于不同发动机模态之间的动力输出原理、发动机控制原理等各不相同,需要以不同的控制策略来完成发动机模态的转换,以保证发动机在宽速域范围内都能可靠、连续、有效地工作。就 RBCC 发动机而言,整个飞行过程可以分为四个模态(引射模态、亚燃冲压模态、超燃冲压模态和纯火箭模态)及三个模态转换点(引射与亚燃冲压、亚燃冲压与超燃冲压及超燃冲压与火箭模态)。

发动机的输出性能包含力和比冲两方面,其中,输出力可以细分为升力和推力,而比冲代表发动机的推进效能,对模态转换过程影响不大。为保证飞行器顺利加速/减速通过模态转换点,需要保证发动机输出推力的平稳连续,即要求发动机在不同的工作模态间转换时输出相同的推力,要实现这个目标,发动机在模态转换时可遵循以下策略。

(1) 通过控制燃料质量流率来保证推力输出平稳连续。在发动机不同模态间进行转换时,如果不加以控制,很难保证模态转换的连续性,甚至导致发动机熄火,而燃料质量流率是最直接、代价最小的控制手段,其中,包括燃料质量流率大小和燃料喷射位置。

(2) 通过控制进气道几何构型来控制进气量,进而控制发动机推力。在特殊的情况下,如超燃模态到纯火箭模态的模态转换,需要伴随进气道的关闭,而在其他一些模态转换情况下,当燃料质量流率的控制无法达到需求时,也需要通过进气道几何结构的控制来控制来流质量流率,进而达到推力匹配。

(3) 对于多模块发动机,控制各模块模态转换的时间顺序来控制发动机推力输出。控制各发动机模块以不同的顺序进行模态转换,或者发动机点火/熄火,进而实现发动机推力的控制。

根据以上模态转换策略,RBCC 发动机模态转换控制结构如图 3.21 所示。

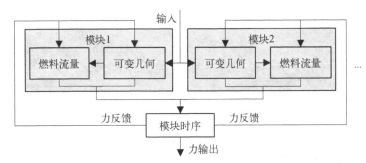

图 3.21　RBCC 发动机模态转换控制结构

对于 RBCC 推进系统,在整个飞行速域内,对于以上所述三种发动机模态转换分别采用以下过程:

(1) 引射与亚燃冲压模态转换。在引射模态时,燃料主要由支板喷口喷出,而亚燃模态一般要求燃料主要喷注点更接近燃烧室,通过燃料质量流量大小和喷射位置控制,辅助以进气道几何构型控制、模态时序控制,可以保证引射模态与亚燃模态的平稳转换。

(2) 亚燃与超燃模态转换。亚燃模态与超燃模态同属于冲压模态,不同之处在于主流的速度差别,导致燃料燃烧距离、混合效率等有所不同,但从本质上来说,发动机内主流从亚声速到超声速是连续不间断的,因而结合 3.2.2 节的双模态超燃冲压发动机模型及燃料质量流率和喷注位置的连续控制可完成亚燃模态与超燃模态的连续转换。

(3) 超燃模态与纯火箭模态转换。当飞行器飞行高度超过一定值,进气道已不能提供推进飞行器继续加速所需的进气量时,需要逐渐过渡到纯火箭模态。从超燃冲压模态转换到纯火箭模态需要同时采用上面提出的三种模态转换策略,包括主燃料流量由支板火箭承担、进气道唇口几何封闭、逐模块过渡(图 3.22)等。

需要注意的是,进气道设计点一般以超燃模态某一飞行马赫数为准,因而当飞行器不在进气道设计点时,即使不是模态转换过程,也需要进行一定的变几何控制,以满足发动机进气质量要求。

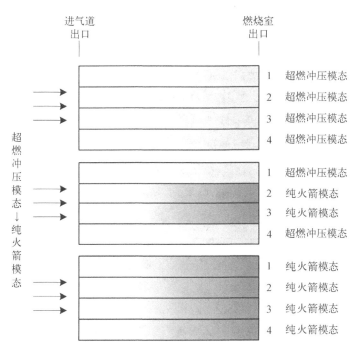

图 3.22　逐模块过渡策略在超燃冲压模态到纯火箭模态转换过程中的应用示意图

在建立 RBCC 各模态模型和转换策略的基础上,构建适用于 RBCC 推进系统的宽速域性能快速评估平台对初步设计阶段 RBCC 推进系统性能分析具有重要意义,同时也满足后面的宽速域气动/推进一体化耦合模型需求。RBCC 推进系统宽速域性能快速评估平台框架如图 3.23 所示,通过控制系统控制发动机各个模态工作,并输出发动机性能到弹道或控制平台。

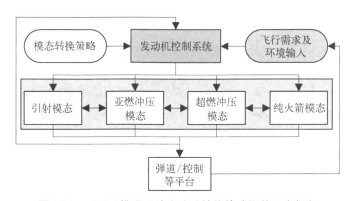

图 3.23　RBCC 推进系统宽速域性能快速评估平台框架

3.3.3 宽域推进系统性能分析

对于某 RBCC 动力的跨大气层运载器,其发动机几何参数如表 3.3 所示,发动机为典型的跨大气层四模态 RBCC 动力系统。基于图 3.19 给出的典型跨大气层弹道,采用本章建立的 RBCC 推进系统宽速域性能快速评估平台,计算此RBCC 推进系统的全速域性能,图 3.24 为计算所得的 RBCC 推进系统不同模态在跨大气层运载器爬升过程中发动机推力/比冲随飞行马赫数和高度的变化曲线,需要注意的是图 3.24 中的计算以燃料当量比为 1,不考虑模态转换策略时各模态的工作范围结果,因此引射模态和亚燃冲压模态、超燃冲压模态和纯火箭模态工作范围部分重合($Ma = 2.5 \sim 3$、$Ma = 8 \sim 13$)。

表 3.3　RBCC 动力的跨大气层运载器发动机几何参数

项　　目	参　数　值
进气道捕获面积/m^2	0.955 8
进气道出口高度/m	0.1
发动机宽度/m	1.0
喷管膨胀比	20
发动机流道总长度/m	6.548 3
燃料	LH_2
氧化剂	Air/LO_2
引射-亚燃接力点/$H(\text{km}) \times Ma$	$20 \times 2.5 \sim 25 \times 3.0$
亚燃-超燃接力点/$H(\text{km}) \times Ma$	$30 \times 5.0 \sim 30 \times 6.0$
超燃-火箭接力点/$H(\text{km}) \times Ma$	$40 \times 8.0 \sim 40 \times 13.0$
入轨质量/t	2

由图 3.24 中可以看出,随着马赫数和高度的增加,引射模态的推力和比冲有逐渐下降的趋势,在引射模态到亚燃冲压模态转换时会有推力和比冲的突变,因而一般情况下这一转换过程是逐渐进行的,即亚燃模态提前介入,引射模态推迟退出,在某一马赫数或高度范围内,引射模态和亚燃模态共存,图 3.24 中所给出的 $Ma = 2.5 \sim 3.0$、$H = 20 \sim 25$ km。亚燃模态到超燃模态的转换相对平缓,推力和比冲有较小幅度的突变。从超燃模态向纯火箭模态过渡的过程的变化非常剧烈,这主要是由于吸气式超燃冲压模态和纯火箭模态在工作原理上有较大的区别:纯火箭模态推力大但比冲低,超燃模态比冲高但推力小,因而在超燃模态转换到纯火箭模态时,推力和比冲都有很剧烈的变化,事实上并不利于飞行器的稳定飞行。火箭模态不受飞行环境的影响,推力和比冲随马赫数和高度的增加

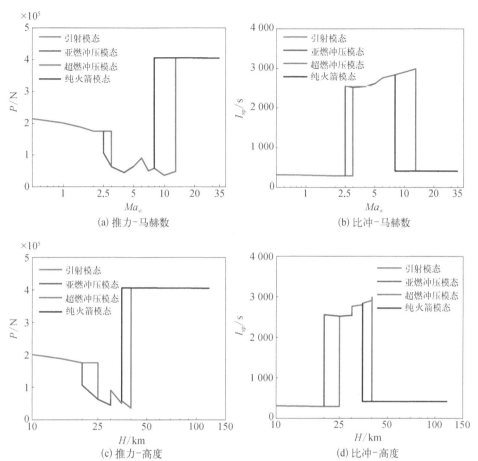

图 3.24　RBCC 动力系统全速域多模态性能及工作范围

几乎不变。同时,由图 3.24 中曲线得知,纯火箭模态在跨大气层飞行时工作的马赫数范围和高度范围较大,但不等于其他三种模态作用不大,事实上,在稠密大气层内,利用吸气式发动机可以大大增加飞行器的载荷质量比,降低飞行器对燃料的需求;在稀薄大气层内,吸气式发动机工作能力远低于火箭发动机。需要说明的是,由于飞行高度和马赫数的关系,动压变化不光滑,图 3.24 中亚燃冲压模态和超燃冲压模态的推力和比冲并不是单调变化的。

另外,结合图 3.19 和图 3.24,在引射模态开始到超燃冲压模态结束段,一般情况下飞行器为保证足够的升力和进气量,采用水平小攻角姿态飞行,充分利用飞行器的升阻比特性来加速和提升高度。而在纯火箭模态开始,来流动压不足以提升飞行器的高度和供给吸气式发动机,且此时气动阻力的影响较小,采用大攻角姿态火箭推进,使飞行器尽快入轨。

对图 3.24 分析发现,RBCC 发动机在模态转换时存在推力和比冲的突变,这属于物理性的模态匹配问题,可以通过 3.3.2 节给出的模态转换策略及考虑图 3.23 所示的控制系统介入,保证各模态间推力平滑地过渡。图 3.25 为考虑发动机不同模态之间推力匹配和模态转换策略的发动机推力随马赫数和高度的变化。其中,引射到亚燃冲压模态转换点为 $H = 20 \, \text{km}$、$Ma = 2.5$,亚燃到超燃模态转换点为 $H = 30 \, \text{km}$、$Ma = 5.5$,而超燃到纯火箭模态转换点为 $H = 40 \, \text{km}$、$Ma = 8 \sim 13$(采用了逐模块过渡策略),发动机各模态转换点推力变化连续,证明本节建立的各模态模型和提出的模态转换策略能够满足 RBCC 发动机宽速域推进系统性能分析时的要求。

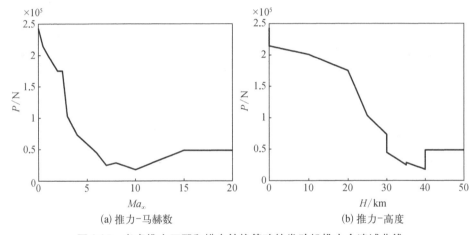

(a) 推力-马赫数   (b) 推力-高度

图 3.25   考虑推力匹配和模态转换策略的发动机推力全速域曲线

3.4   宽域内流场快速计算软件集成

高超声速飞行器双模态超燃冲压发动机性能的评估会影响高超声速飞行器的任务成败和性能分析。一方面,双模态超燃冲压发动机因其复杂的系统特性,不能完全在飞行条件下或者风洞环境里测得飞行器性能评估所需要的所有气动数据;另一方面,CFD 计算所需要的硬件设备要求很高且很耗时,难以满足初步设计阶段大量设计方案快速性能评估的需求,因而需要发展一种适用于在超声速/高超声速飞行器初步设计阶段进行双模态超燃冲压发动机性能评估的工具。

基于准一维流理论的快速性能估算平台的开发为此提供了一个可行的解决方案,其不但可以降低计算对硬件和时间的要求,还能计算飞行试验和风洞试验所不能测得的设计点气动数据,是双模态超燃冲压发动机性能快速评估的有力工具。

本软件基于前期理论研究成果,以吸气式双模态超燃冲压发动机为研究对象,通过建立二维楔压式进气道、内流道准一维流模型和喷管模型,计算沿流道各截面上的气动参数分布,进而积分获得发动机的力和力矩贡献。其软件结构如图 3.26 所示。

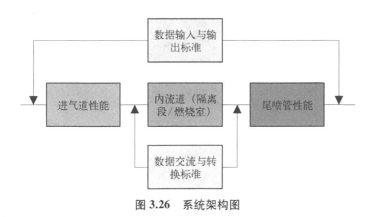

图 3.26　系统架构图

此外,本软件所需和生成的所有文件均以 ANSI 编码,具有较好的平台集成能力;软件在底层有非常复杂的算法,但在用户层具有简单友好的交互界面,操作简单方便,具备较好的通用性。

软件系统操作界面如图 3.27 所示,主要包括:进气道计算控制区域、内流道计算控制区域和尾喷管计算控制区域,各区域可以单独计算也可以组合计算,操作界面本着最简单原则设计,方便研究人员独立于核心计算过程操作。

(1) 二维楔压式进气道:通过自由流的气动特征及二维楔压式进气道的几何特征计算在不同飞行姿态下的进气道出口气动参数,存入进气道数据文件。

(2) 隔离段/燃烧室准一维流性能计算:依据计算所得的进气道出口气流参数或指定的内流道入口气流参数,使用准一维流方法,考虑比热容比沿程变化、边界层引起的核心流面积变化、混合/燃烧模型等,评估发动机工作模态,计算内流道出口气流参数,并存入对应的数据文件。

(3) 尾喷管性能计算:根据计算所得的内流道出口气流参数,计算单边

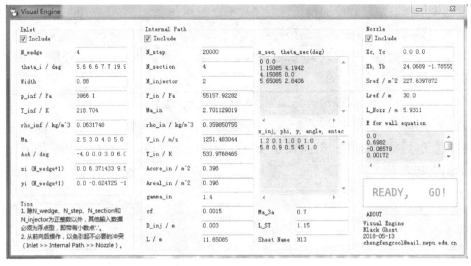

图 3.27　系统操作界面

膨胀喷管的沿壁面压力分布,并进一步积分获得发动机尾喷管的力和力矩贡献。

(4) 计算结果 EXCEL 表格输出:将计算所得的双模态超燃冲压发动机部件结果数据输出到 EXCEL 表格中,便于后续的部件级分析。

(5) 输出对飞行器整体的耦合影响:可以输出发动机,特别是尾喷管对飞行器整机升力和俯仰力矩的贡献,便于分析气动/推进(机体/发动机)的耦合。

程序启动时会要求用户选择工作目录,工作目录中包含的内容一般至少有:

(1) 2DInletEva.exe,进气道性能评估工具;

(2) DualMode.exe,双模态冲压发动机内流道性能评估工具;

(3) inlet_data.xlsx、combustor_data.xlsx 和 nozzle_data.xlsx 数据汇总文件(标签名与界面中设置重复的将被覆盖);

(4) data 文件夹。

输入参数设置完成后,点击"READY, GO!"按钮开始计算,计算结果原始文件将存入工作目录下的 data 文件夹中,而汇总数据以指定的标签名存入对应的 EXCEL 文件中,其中对飞行器总体性能的贡献数据位于 nozzle_data.xlsx 文件中,其内容如图 3.28 所示。

需要注意的是,由于发动机的特殊性,某些飞行状态下进气道会存在不启动情况,或者发动机壅塞不启动情况,此时发动机对飞行器整体性能并没有积极的贡献,因而并不在 EXCEL 汇总文件中输出。

Ma					
2.5	α / °	-4	0	3	6
	P / N	14485.22			
	CL_Nozz	0.009584			
	Cmy_Nozz	-0.00225			
3	α / °	-4	0	3	6
	P / N	14501.27	13900.66		
	CL_Nozz	0.006665	0.0065		
	Cmy_Nozz	-0.00157	-0.00148		
4	α / °	-4	0	3	6
	P / N	13797.05	13867.47	13629.07	13593.23
	CL_Nozz	0.003521	0.003645	0.003632	0.003674
	Cmy_Nozz	-0.00083	-0.00083	-0.00081	-0.00081
5	α / °	-4	0	3	6
	P / N	13683.06	13572.86	13619.16	
	CL_Nozz	0.00223	0.002272	0.002322	
	Cmy_Nozz	-0.00052	-0.00052	-0.00052	
6	α / °	-4	0	3	6
	P / N	13618.38	13533.46		
	CL_Nozz	0.00154	0.001572		
	Cmy_Nozz	-0.00036	-0.00036		

图 3.28　**nozzle_data.xlsx 文件内容示意图**

参考文献

[1] Culver G. Probabilistic performance comparison of RBCC- and TBCC-based reusable launch vehicles with enhancing technologies [C]. 39th AIAA/ASME/SAE/ASEE Joint Propulsion Conference and Exhibit, Huntsville, 2003.

[2] Gamble E J, Haid D, Alessandro S D, et al. Dual-mode scramjet performance model for TBCC simulation [DB/OL]. http://spiritech. cc/images/AIAA-2009-5298 _ DMSJ%20Performance%20Simulation.pdf, 2009.

[3] Zuo F Y, Huang G P, Xia C. Investigation of internal-waverider-inlet flow pattern integrated with variable-geometry for TBCC [J]. Aerospace Science and Technology, 2016, 59: 69 - 77.

[4] Liu J, Yuan H C, Hua Z X, et al. Experimental and numerical investigation of smooth turbine-based combined-cycle inlet mode transition [J]. Aerospace Science and Technology, 2017, 60: 124 - 130.

[5] Foster R W, Escher W J D, Robinson J W, et al. Studies of an extensively axisymmetric rocket based combined cycle (RBCC) engine powered SSTO vehicle [C]. 25th AIAA/ASME/SAE/ASEE Joint Propulsion Conference, Monterey, 1989.

[6] Czysz P, Little M. Rocket based combined cycle engine (RBCC) — a propulsion systems for the 21st century [C]. AIAA/DGLR Fifth International Aerospace Planes and Hypersonics Technologies Conference, Munich, 1993.

[7] Olds J R, Bradford J E. SCCREAM (simulated combined-cycle rocket engine analysis module) — a conceptual RBCC engine design tool [C]. 33rd AIAA/ASME/SAE/ASEE Joint Propulsion Conference and Exhibit, Seattle, 1997.

[8] Escher W J D. A US history of airbreathing/rocket combined-cycle (RBCC) propulsion for powering future aerospace transports, with a look ahead to the year 2020 [R]. Washington D C: AIAA, 1999.

[9] Krivanek T M, Roche J M, Riehl J P, et al. Affordable flight demonstration of the GTX airbreathing SSTO vehicle concept [R]. Washington D C: NASA, 2003.

[10] Heiser W H, Pratt D T, Daley D H, et al. Hypersonic airbreathing propulsion [M]. Washington, D C: AIAA, 1994.

[11] Shapiro A H. The dynamics and thermodynamics of compressible fluid flow [M]. New York: John Wiley and Sons, 1953.

[12] Brewer K M. Exergy methods for the mission-level analysis and optimization of generic hypersonic vehicles [D]. Blacksburg: Virginia Polytechnic Institute and State University, 2006.

[13] Chavez F R, Schmidt D K. Analytical aeropropulsive/aeroelastic hypersonic-vehicle model with dynamic analysis [J]. Journal of Guidance, Control, and Dynamics, 1994, 17(6): 1308 - 1319.

[14] 祝强军.吸气式高超声速飞行器动力学统一建模理论与应用[D].西安:西北工业大学,2012.

[15] Wang L, Zhao Y, Fu S. Computational study of drag increase due to wall roughness for hypersonic flight [J]. The Aeronautical Journal, 2017, 121(1237): 395 - 415.

[16] Eckert E R G. Survey on heat transfer at high speeds [R]. Wright-Patterson Air Force Base, Ohio: W. A. D. Center, A. R. a. D. Command, et al., 1954.

[17] White F M, Christoph G H. A simple new analysis of compressible turbulent Two-Dimensional skin friction under arbitrary conditions [R]. Wright-Patterson AFB, Ohio: A. F. F. D. Laboratory and A. F. S. Command, 1971.

[18] Hopkins E J, Inouye E. An evaluation of theories for predicting turbulent skin friction and heat transfer on flat plates at supersonic and hypersonic mach numbers [J]. AIAA Journal, 1971, 9(6): 993 - 1003.

[19] Cary A M, Bertram M H. Engineering prediction of turbulent skin friction and heat transfer in high-speed flow [R]. Washington D C: NASA, 1974.

[20] Coles D E. The turbulent boundary layer in a compressible fluid [R]. Santa Monica, California: T. R. Corporation, 1962.

[21] Heiser W H, Pratt D T, Daley D H, et al. Hypersonic airbreathing propulsion [M]. Washington D C: AIAA, 1994.

[22] Northam G B, Anderson G Y. Survey of supersonic combustion ramjet research at langley

[C]. 24th Aerospace Sciences Meeting, Reno, 1986.

[23] Pulsonetti M V, Erdos J, Early K. Engineering model for analysis of scramjet combustor performance with finite-rate chemistry [J]. Journal of Propulsion and Power, 1991, 7(6): 1055 - 1063.

[24] Torrez S M, Dalle D K, Driscoll J F. New method for computing performance of choked reacting flows and ram-to-scram transition [J]. Journal of Propulsion and Power, 2013, 29 (2): 433 - 445.

[25] Cao R F, Cui T, Yu D R, et al. New method for solving one-dimensional transonic reacting flows of a scramjet combustor [J]. Journal of Propulsion and Power, 2016, 32 (6): 1403 - 1412.

第 4 章

气动/推进一体化耦合建模理论与方法

由于采用气动/推进一体化构型设计(图 4.1),前体/进气道通过激波产生高压气流,在产生气动升力的同时还为燃烧室提供合适的进口气流参数;后体/尾喷管在内外流场的相互作用下不仅产生推力,而且还产生升力和俯仰力矩等。因此研究如何反映这些真实物理机制的模型至关重要。这些物理机制具体而言主要体现在以下三个方面:第一,组合动力工作机制建模,即进气道启动、溢流和隔离段/燃烧室匹配特性机制建模;第二,前体/进气道激波系的变化导致燃烧室进口气流参数的变化规律研究,即外流场变化对内流场的影响;第三,在内外流场相互作用下后体/尾喷管气动/推进一体化建模。由于内外流场的仿真时间尺度差异大,传统的完全基于 CFD 的耦合分析方法不仅耗时,且对燃烧现象的模拟精度有限,因此,外流采用 CFD 而内流采用准一维流的方法是一类典型的内外流耦合分析手段,可大大节省计算时间。本章对现有的管道一维流分析模型加以改进,较好地处理了隔离段的激波串计算和燃烧室的热壅塞分析问题,拓宽了一维流方法的适用范围。将内流的实际流通面积和流道物理面积分开处理,结合经验公式解决隔离段中由于激波串导致的静压分布计算和燃烧室的热

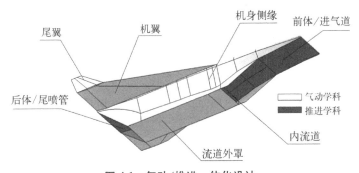

图 4.1　气动/推进一体化设计

壅塞问题,内外流的反压匹配分析在隔离段中采用准一维流方法迭代求解,避免了 CFD 参与匹配过程,大大减小了计算量。最后,通过与实验结果的对比验证本章方法的计算精度。

4.1　机体/推进一体化耦合分析方法

在大尺度吸气式高超声速飞行器从地面起飞加速过程中,需经历复杂的力/热环境,机体/推进一体化耦合问题严重。进气道是与高超声速自由来流直接作用的部件,其局部流-固-热耦合现象严重,在局部流-固耦合作用下,机体/推进一体化的内外流耦合现象更加复杂,机体/推进一体化流-固-推进耦合问题突出,如图 4.2 所示。

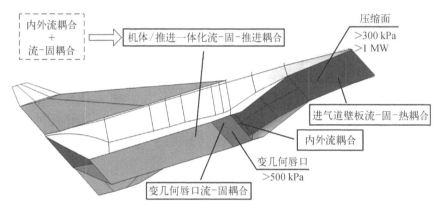

图 4.2　机体/推进一体化耦合现象

由于机体/推进一体化耦合涉及面广,无法对所有耦合问题展开分析,本章仅选取其中典型耦合问题进行研究,具体包括:① 内外流耦合;② 进气道壁板流-固-热耦合;③ 变几何唇口流-固耦合;④ 机体/推进一体化流-固-推进耦合。

宽包线机体/推进一体化的耦合分析包括局部耦合分析和全局耦合分析,分析手段包括半解析方法和数值方法等。其中,半解析方法对简单的局部部件具有较好的适用性,可用于一体化的部件级耦合特性分析;数值方法虽然计算周期长,但精度高,对复杂外形的适用性强,可用于整体的一体化耦合特性分析。

4.1.1 内外流耦合分析方法

内外流耦合问题是机体/推进一体化性能分析的首要问题。内外流耦合主要集中于燃烧室的背压前传和匹配问题。在亚燃模态时,燃烧室的背压通过边界层和核心流前传,隔离段内部产生正激波串以匹配燃烧室压强;在超燃模态时,燃烧室压强主要通过边界层前传,当逆压梯度过大时,边界层出现局部分离和再附现象,隔离段内部出现斜激波串,使超声速气流减速增压,以匹配燃烧室产生的压强。

早期的机身/推进一体化耦合分析多采用工程估算的方法[1],随着计算机技术的进步和计算方法的发展,CFD 在一体化耦合分析中的应用越来越广泛。北京航空航天大学的蔡国飙等[2,3]通过数值 CFD 方法分别计算外流场和燃烧室,通过预先给定一个进气道背压,计算得到进气道出口气流特性,并作为燃烧室的计算入口边界条件,燃烧室计算过程中通过外插手段反馈得到燃烧室入口压强,以此作为进气道计算的新背压,通过数轮耦合迭代,使界面流场匹配,计算结果收敛。Keith 等[4,5]采用 CFD 和一维流相结合的方法研究了气动/推进的耦合分析方法,通过引入特征线法计算扰动的传播问题,并通过时间步迭代完成气动/推进耦合界面的匹配。

完全的内外流一体化耦合分析一般采用 CFD 方法,对冷通状态和热通状态进行分析。为了缩减内外流一体化的计算周期,往往将一体化的主要部件分解,通过集成各分部件的分析结果,得到最终的一体化性能,分部件单独计算时可根据需要采用不同的计算手段。

采用 CFD 方法求解周期过长,本章主要介绍基于 CFD 方法和准一维流结合的内外流耦合求解方法。CFD 方法主要用于进气道和外流场分析,隔离段、燃烧室和尾喷管采用准一维流求解方法,由于隔离段的存在,进气道和燃烧室之间的耦合问题可以忽略,燃烧室热壅塞产生的背压前传和匹配问题通过隔离段和燃烧室的准一维流方法求解。

机体/推进一体化的内外流耦合分析方法如图 4.3 所示。

4.1.2 流-固-热耦合分析方法

宽速域下大尺度吸气式飞行器的流-固-热耦合现象主要体现在非线性问题上。由于结构刚度小,飞行马赫数和动压高,结构的几何大变形问题突出,由此引发的非线性流-固耦合问题严重,而高热流环境下结构材料属性改变和热应力使流-固耦合问题更加复杂。其中,进气道的流-固耦合将直接影响吸

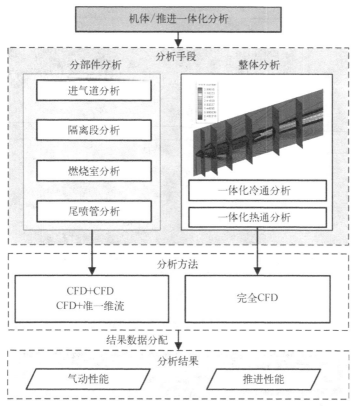

图 4.3　机体/推进一体化的内外流耦合分析方法

气式飞行器的机体/推进一体化性能,尤其是进气道的压缩面壁板和可动唇口等部件。进气道压缩面的耦合问题如图 4.4 所示。

对于进气道压缩面,压缩激波后的气流动压较高,气动热流对壁板结构性能的影响较大,流-固-热耦合现象明显。压缩面壁板的结构尺度大,非线性现象明显,因此在耦合分析中,应考虑结构的几何大变形问题。对于进气道压缩面壁板的非线性流-固和流-固-热耦合特性分析,可基于活塞理论和 von Karman 板大变形理论,建立压缩面壁板的流-固耦合运动方程,在方程中加入热应力项,并考虑由气动热导致的材料属性的改变。

进气道唇口的热环境虽然严酷,但其结构一般为整块式结构,气动热对唇口流-固耦合的影响相对压缩面壁板要小,因此进气道唇口的耦合主要考虑流-固耦合现象。

变几何唇口的流动现象复杂,难以避免地存在非线性问题(如驱动机构

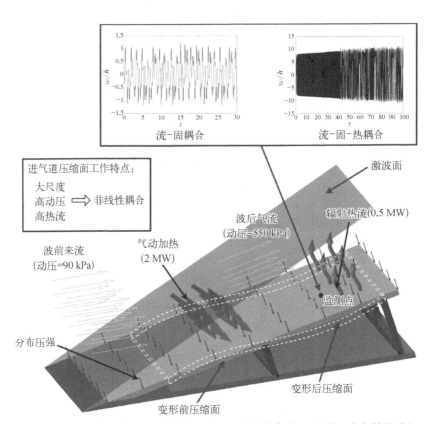

图 4.4　进气道压缩面的耦合问题(h 为板的高度;w 为板 z 方向的位移)

"死区"问题等),唇口的非线性主要集中于转动机构的非线性刚度对流-固耦合特性的影响,如图 4.5 所示。

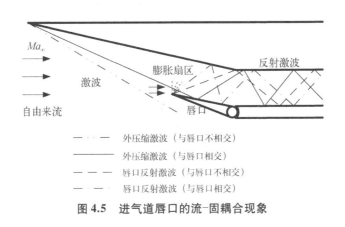

图 4.5　进气道唇口的流-固耦合现象

对于唇口的非线性流-固耦合问题,忽略热对结构本身的影响,唇口结构本身可作刚体假设,采用拉格朗日方程,结合活塞理论,得到唇口的非线性流-固耦合运动方程,并基于该方程开展唇口的流-固耦合特性分析。

1. 进气道唇口的非线性流-固耦合问题

1) 进气道唇口流动特征

超声速进气道是通过一系列激波实现自由来流的减速增压。在流动过程中,包含复杂的激波-激波、激波-膨胀波和激波-边界层相互作用现象,其中,唇口处表现尤为明显。超声速进气道波系示意图如图 4.6 所示。

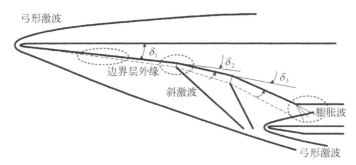

图 4.6　超声速进气道波系示意图

进气道唇口处的流场主要包括唇口的反射斜激波、前缘脱体激波、膨胀波及从外压缩面不断发展的边界层等。

膨胀波的膨胀扇区存在无数的马赫波,与激波相互作用后将产生无数的滑移线,形成熵值连续变化的区域。激波与边界层的相互作用极易产生边界层分离现象,进而诱导进气道不启动,因此一般需通过边界层溢流装置泄除不断增加的边界层,抑制激波-边界层相互作用。

2) 进气道唇口流-固耦合

进气道唇口的流-固耦合现象主要表现在流场的压强导致唇口的变形和振动,唇口振动又改变了其上的气动力分布,诱导流场的非定常现象。最终两者耦合导致严重的进气道唇口流-固耦合问题。

进气道唇口的流-固耦合产生的后果包括:① 内流道的流场出现周期性或非周期性的振荡现象,导致一体化性能的波动;② 非定常流场诱导唇口结构的振动,甚至导致颤振问题。

进气道唇口流-固耦合的非线性问题主要包括结构非线性和气动非线性两类。

（1）结构非线性问题，主要体现在唇口的刚度问题上，对于可转动的变几何进气道唇口，几何大变形或驱动电机的"死区"等问题，均会导致唇口的转动刚度呈现不同形式的非线性现象。

（2）气动非线性问题，主要体现在气动分离或激波与唇口的相对位置改变而导致的唇口表面气动力的非线性变化。最终，在非线性刚度和气动力作用下，进气道唇口将表现出明显的非线性流-固耦合现象。

2. 非线性流-固耦合运动方程

目前，关于进气道的流-固耦合研究主要基于 CFD/CSD 手段，非线性耦合分析耗时且精度难以保证。本章针对该问题，结合二阶活塞理论建立进气道唇口流-固耦合的解析运动方程，可快速地开展非线性耦合现象的分析。

针对超声速/高超声速工作条件下的二维进气道唇口，假设唇口在底端固支，其动力学分析模型如图 4.7 所示。

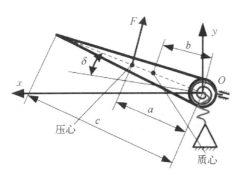

图 4.7　进气道唇口的非线性动力学分析模型

F 是唇口所受气动力的合力，扭转刚度为 K。唇口上任一点的位移为

$$u = y + r\delta \tag{4.1}$$

式中，r 为唇口沿中线距离转轴的长度。针对气动弹性问题，基于 Hamilton 原理推导得到拉格朗日方程为

$$\frac{\mathrm{d}}{\mathrm{d}t}\left(\frac{\partial E_k}{\partial \dot{q}_i}\right) - \frac{\partial E_k}{\partial q_i} + \frac{\partial E_p}{\partial q_i} = F_i, \quad i = 1, 2, \cdots \tag{4.2}$$

式中，E_k 表示动能；E_p 表示势能；下标 i 表示系统的第 i 个自由度。

唇口的动能可表示为

$$E_k = \frac{1}{2}\int_0^c (\dot{y} + r\dot{\delta})^2 \mathrm{d}m = \frac{1}{2}m\dot{y}^2 + S_\delta \dot{y}\dot{\delta} + \frac{1}{2}I_\delta \dot{\delta}^2 \tag{4.3}$$

式中，$m = \int_0^c \mathrm{d}m$ 为可变唇口质量；$S_\delta = \int_0^c r\mathrm{d}m = mx_\delta c$ 为唇口对转轴的质量静矩，x_δ 为唇口质心相对于转轴的距离；$I_\delta = \int_0^c r^2\mathrm{d}m = mr_\delta^2 c$ 为唇口对转轴的质

量惯性矩,$r_δ$ 为唇口对转轴的无量纲回转半径。

在非线性状态下,唇口的势能可表示为

$$E_p = G(y) + M(δ) \tag{4.4}$$

将动能和势能方程代入拉格朗日方程,可得唇口的无量纲非线性运动方程如下:

$$\ddot{\xi} + x_δ \ddot{δ} + 2ζ_\xi \frac{\overline{ω}}{U^*} \dot{\xi} + \left(\frac{\overline{ω}}{U^*}\right)^2 G(\xi) = -\frac{1}{\pi\mu} C_L(\tau) \tag{4.5}$$

$$\frac{x_δ}{r_α^2} \ddot{\xi} + \ddot{δ} + 2ζ_δ \frac{1}{U^*} \dot{δ} + \left(\frac{1}{U^*}\right)^2 M(δ) = \frac{2}{\pi\mu r_α^2} C_M(\tau) \tag{4.6}$$

式中,ξ 为唇口无量纲俯仰距离;$δ$ 为唇口偏转角;$x_δ$ 为重心在刚心后的无量纲距离;$r_α$ 为唇口对刚心的无量纲回转半径,下标 $α$ 表示攻角;$ζ_\xi$, $ζ_δ$ 分别为俯仰和偏转的黏性阻尼系数;$ω_\xi$, $ω_δ$ 分别为俯仰和偏转自然频率,$\overline{ω}$ 为 $ω_\xi/ω_δ$,频率比;μ 为 $m/(\pi\rho c^2)$,质量比;U 为来流速度;U^* 为 $U/(cω_δ)$,无量纲速度;$G(\xi)$ 为非线性俯仰刚度;$M(δ)$ 为非线性偏转刚度;$C_L(\tau)$ 为气动力系数,下标 L 表示升力;$C_M(\tau)$ 为气动力矩系数,下标 M 表示相对刚心的气动力矩。

4.1.3　流-固-推进耦合分析方法

流-固-推进是机体/推进一体化耦合的主要表现形式,流-固耦合改变了流场特性,进而影响发动机性能,导致推力、俯仰力矩、阻力和升力等出现周期性或非周期性振荡,性能的波动进一步影响吸气式飞行器整体性能,给制导控制系统设计带来巨大的挑战,甚至导致进气道不启动。

基于 CFD 和有限元方法建立流场和结构场的分析模型进行流-固-推进耦合特性分析,其中,利用协同转动(co-rotational,CR)方法处理结构的几何非线性问题。为简化分析,仅考虑进气道的流-固耦合,内流道结构作刚体假设,引入 POD 方法处理流场的快速预测和非线性结构动力学降阶问题,实现吸气式飞行器机体/推进一体化的流-固-推进耦合特性分析。

1. 流-固-推进耦合分析问题

机体/推进一体化耦合分析问题主要表现在气动、结构和发动机之间的相互影响。前面研究了气动和发动机、气动和结构之间的内外流耦合和流-

固耦合问题。结构对发动机的影响主要表现在结构振动改变了上游来流的气动性能,进而诱导发动机性能的振荡问题。流-固-推进耦合关系如图 4.8 所示。

图 4.8   流-固-推进耦合关系

为减少耦合分析的计算周期,机体/推进一体化问题的流-固-推进耦合问题研究采用 CFD 和准一维流相结合的方法,其中,进气道部分采用 CFD 计算,隔离段、燃烧室和尾喷管均采用准一维流方法。进气道部件与内流间的耦合关系可认为是单向的,因此本章的机体/推进一体化耦合研究重点关注进气道的流-固耦合与机体/推进一体化性能间的相互关系,推进系统对进气道流-固耦合问题的影响暂不考虑。

机体/推进一体化流-固-推进耦合分析模型示意图如图 4.9 所示。

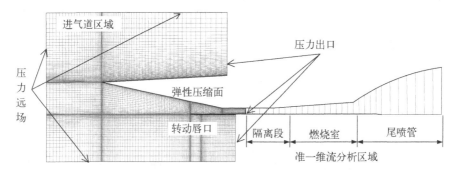

图 4.9   机体/推进一体化流-固-推进耦合分析模型示意图

2. 流-固-推进耦合分析方法

假设发动机内流道为刚体,则流-固-推进耦合运动方程可表示为

$$[A(x)w]_{,t} + F(w, x, \dot{x}) = 0 \tag{4.7}$$

$$Mu + f^{\text{int}}(u, \dot{u}) = f^{\text{ext}}(u, w) \tag{4.8}$$

$$\frac{\mathrm{d}v_j}{\mathrm{d}x'} = \sum_{i \neq j} \gamma_j^i \frac{\mathrm{d}v_i}{\mathrm{d}x'} \tag{4.9}$$

$$\widetilde{K}x = \widetilde{K}_c u \tag{4.10}$$

$$v_{j,\,0} = \frac{1}{\sum\limits_{i} \rho_i \, \dot{x}_i} \sum\limits_{i} \rho_i \, \dot{x}_i w_i \tag{4.11}$$

式中,w 为外流场守恒变量,包括速度、密度和焓值等;$\boldsymbol{u}$ 为结构位移;$\dot{u}$结构位移随时间变化的导数;v 为燃烧室流场性能参数,包括马赫数、压强和温度等,其中,$v_{j,\,0}$ 为进气道出口性能参数;x'为发动机流道沿程位置;γ 为各导数项的影响因子;ρ 为气流密度;$\dot{x}$为气流速度。A 为流体单元体积;$\boldsymbol{F}$ 为矢通量;$\boldsymbol{M}$ 为结构质量矩阵;$\boldsymbol{f}^{\text{int}}$ 为由于黏性和弹性导致的结构内力;$\boldsymbol{f}^{\text{ext}}$ 为作用于结构外表面的气动载荷。

方程式(4.7)为基于有限体积离散的守恒形式流体动力学方程。方程式(4.8)是包括内力项和外力项的结构动力学方程,其中,内力项是结构变形产生的内应力,外力项是由气动产生的气动力。方程式(4.9)为发动机的准一维流控制方程。在流-固-推进耦合分析过程中,气动性能分析需要结构提供边界的运动条件,其关系如式(4.10)所示。发动机性能分析需要气动提供入口边界条件,其关系如式(4.11)所示。

在动力系统为结构刚性的假设下,流-固-推进耦合主要是流-固和流-推进的耦合问题。流-固耦合集中于进气道结构的振动物面;流-推进耦合表现在进气道和推进系统的相互作用。每个时间步内,流-固和流-推进各完成一次数据交换,其中,结构和推进系统分析仅以气动计算结果为输入,气动分析则以结构和推进两个学科的计算结果为输入,每次迭代完成一次网格变形。推进和结构之间并不直接耦合,但会通过气动相互影响。

流-固-推进耦合分析过程如图 4.10 所示。

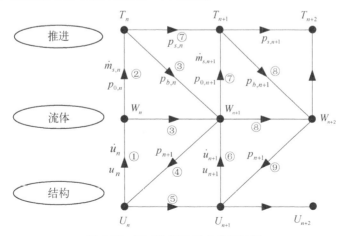

图 4.10　流-固-推进耦合分析过程

为减少计算周期,采用一套基于 POD 的定常流场快速预测方法,基于 POD 的结构非线性动力学系统降阶则在线生成。在线的时间窗口包括快照窗口、验证窗口和分析窗口。在快照窗口内,流-固-推进耦合分析采用全阶方法,并将计算结果作为 POD 基生成的快照向量,生成 POD 基,通过 Galerkin 映射实现结构动力学方程的降阶。验证窗口主要用于对比降阶动力学方程和全阶动力学方程的拟合程度,以验证降阶系统。若误差超过指定值,则将全阶分析结果作为快照向量,并更新 POD 基,若连续若干步的误差均满足要求,则完成验证,并进入分析窗口,直接利用降阶动力学方程进行流-固-推进耦合系统的分析。基于 POD 的结构动力学降阶分析时间窗口划分如图 4.11 所示。

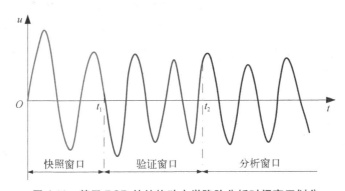

图 4.11　基于 POD 的结构动力学降阶分析时间窗口划分

快照窗口的宽度$[0, t_1]$主要由结构振动的前若干阶固有振动频率和外激励力的频率决定,在求解前给定。验证窗口的宽度$[t_1, t_2]$是动态的,由快照窗口生成的 POD 基所建立的降阶系统分析精度所确定,若误差能满足要求,则验证窗口较小,否则,扩展验证窗口,直至降阶系统误差满足要求。分析窗口则由总计算时间减去快照窗口和验证窗口的时间得到。

4.2　机体/推进一体化内外流耦合分析

4.2.1　内外流耦合问题

1. 内外流耦合问题描述

吸气式飞行器内外流耦合界面示意图如图 4.12 所示。可见,主要的耦合面包括隔离段与燃烧室的分界面和燃烧室与尾喷管的分界面,其中,燃烧室和尾喷管之间是单向耦合,一般仅需考虑燃烧室出口性能对尾喷管的影响,尾喷管的工作状态对燃烧室的影响有限。隔离段是进气道与燃烧室的缓冲段,隔离段和燃烧室在实际工作中相互影响,两者的耦合是一个双向的耦合过程,两端的数据不一致,需通过一定的手段使两者匹配。进气道的进气性能影响燃烧室燃烧,而燃烧室产生的背压需通过隔离段中的波系调整加以匹配。

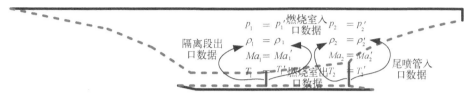

图 4.12　吸气式飞行器内外流耦合界面示意图

隔离段和燃烧室间的双向耦合主要表现在:

(1) 来流状态(飞行马赫数、高度和攻角等)的变化改变了进气道出口气流的属性(总压、静压、静温等),进而影响燃烧室的性能;

(2) 燃烧室中燃料喷注量和喷注位置的调整导致燃烧室流场压强变化前传至隔离段,进而影响隔离段的流场特性。

2. 内外流耦合求解策略

由于内流场的波系复杂,直接采用 CFD 方法进行内外流场模拟具有很大难度,难以提供一体化设计过程所需要的大量数据。为简化分析过程,通常采用"CFD+准一维流"分析方法,即利用 CFD 方法计算外流场、利用一维流方法计算冲压发动机的内流道。目前,常用的"CFD+准一维流"分析方法如下:

(1) CFD 参与耦合匹配的迭代过程;

(2) 一维流方法一般基于物理喉道求解反压,且在求解过程中不考虑内流边界层分离对有效流通面积的影响。

这种处理手段存在的弊端主要包括:① CFD 参与迭代大大增加了内外流耦合分析的计算量,背离了引入"CFD+准一维流"分析方法的初衷;② 对于采用热力喉道的双模态冲压发动机,反压问题的求解存在一定的困难,而对于流道分离和热力喉道问题的准确模拟,是利用准一维流方法求解内外流耦合问题的关键。针对上述问题,本小节对"CFD+准一维流"分析方法进行改进,采用的求解思路如下:

(1) 取进气道喉道为 CFD 的计算界面,内流热壅塞导致的反压匹配问题通过隔离段中的准一维流方法进行处理,因此可忽略耦合匹配对 CFD 计算域的影响;

（2）隔离段中压升位置和压升曲线的准确模拟，通过实验的压升求解经验公式和求解管流有效流通面积得到；

（3）引入 G 函数搜索冲压燃烧室的热壅塞位置，并求解由热壅塞导致的反压问题，结合隔离段中的压力求解方法，实现内流场的反压匹配分析。

在内外流一体化分析中，各部件之间的数据传输关系如图 4.13 所示。

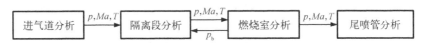

图 4.13 机体/推进一体化分析各部件之间的数据传输关系

由图 4.13 可知，进气道与隔离段、燃烧室与尾喷管之间的数据传递均为单向传递关系，耦合问题相对简单。但对于隔离段和燃烧室，由于隔离段的出口性能影响燃烧室的流场特性，同时，燃烧室燃烧产生的背压又会反馈给隔离段，进而影响隔离段的波系组织，两者相互耦合，给计算带来了极大困难。

4.2.2 基于 CFD 的气动分析方法

吸气式飞行器流动特征复杂，数值求解过程中必须考虑边界层效应，气动分析采用考虑黏性的三维 N-S 方程。其守恒形式可表示为

$$\frac{\partial \boldsymbol{U}}{\partial t} + \frac{\partial \boldsymbol{E}}{\partial x} + \frac{\partial \boldsymbol{F}}{\partial y} + \frac{\partial \boldsymbol{G}}{\partial z} = \frac{1}{Re}\left(\frac{\partial \boldsymbol{E}_v}{\partial x} + \frac{\partial \boldsymbol{F}_v}{\partial y} + \frac{\partial \boldsymbol{G}_v}{\partial z}\right) \tag{4.12}$$

式中，

$$\boldsymbol{U} = \begin{bmatrix} \rho \\ \rho u \\ \rho v \\ \rho w \\ \rho E \end{bmatrix}, \ \boldsymbol{E} = \begin{bmatrix} \rho u \\ \rho u^2 + p \\ \rho uv \\ \rho uw \\ \rho Hu \end{bmatrix}, \ \boldsymbol{F} = \begin{bmatrix} \rho v \\ \rho uv \\ \rho v^2 + p \\ \rho vw \\ \rho Hv \end{bmatrix}, \ \boldsymbol{G} = \begin{bmatrix} \rho w \\ \rho uw \\ \rho vw \\ \rho w^2 + p \\ \rho Hw \end{bmatrix}$$

$$\boldsymbol{E}_v = \begin{bmatrix} 0 \\ \tau_{xx} \\ \tau_{xy} \\ \tau_{xz} \\ \varphi_x \end{bmatrix}, \ \boldsymbol{F}_v = \begin{bmatrix} 0 \\ \tau_{yx} \\ \tau_{yy} \\ \tau_{yz} \\ \varphi_y \end{bmatrix}, \ \boldsymbol{G}_v = \begin{bmatrix} 0 \\ \tau_{zx} \\ \tau_{zy} \\ \tau_{zz} \\ \varphi_z \end{bmatrix}$$

4.2.3 基于准一维流的内流分析

吸气式发动机的准一维流分析需要考虑亚燃、超燃及亚燃/超燃混合等工作模态,在冲压燃烧室背压和燃料释热的作用下,隔离段会出现激波串(斜激波串或正激波串),燃烧室下游则出现热力喉道等现象,如图 4.14 所示。为准确计算发动机性能,需通过一维流理论描述上述流动现象。

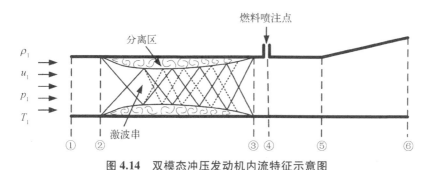

图 4.14　双模态冲压发动机内流特征示意图

图 4.14 中位置①是进气道与隔离段的交界面,气流经进气道压缩后的出口气流并非均匀流,为确保数据传递的准确性,将进气道出口数据通过守恒平均法转变为进气道的入口流场数据,其关系式为

$$A_{\text{total}} = \sum_{i=1}^{n} A_i = A_{\text{avg}}$$

$$\dot{m}_{\text{total}} = \sum_{i=1}^{n} \rho_i u_i A_i = \rho_{\text{avg}} u_{\text{avg}} A_{\text{avg}}$$

$$F_{\text{total}} = \sum_{i=1}^{n} (p_i + \rho_i u_i^2) A_i = (p_{\text{avg}} + \rho_{\text{avg}} u_{\text{avg}}^2) A_{\text{avg}}$$

$$\dot{m}_{\text{total}} T_{\text{total}} = \sum_{i=1}^{n} \rho_i u_i T_i A_i = \dot{m}_{\text{total}} \left(T_{\text{avg}} + \frac{u_{\text{avg}}^2}{2 C_p} \right)$$

$$(4.13)$$

式中,n 为沿径向等分段数,在每段取流场参数进行守恒平均,将平均值作为隔离段的入口气流参数。

图 4.14 中位置②和位置③分别是分离区的分离起始点和再附点,位置④是燃烧室喷油点,该位置可能在位置③之后或之前或两者重合,具体取决于来流参数和燃料喷注。

位置④和位置⑥之间是冲压燃烧室,在超燃模态时,气流在流道中始终为超声速燃烧,在亚燃模态时,气流将在燃烧室中生成热力喉道,亚声速气流经热流喉道转变为超声速气流,之后进入尾喷管。

隔离段和燃烧室之间的参数匹配问题是亚燃和早期超燃模态的关键,本小节主要针对隔离段中分离区和燃烧室问题进行准一维流建模,并重点关注隔离段和燃烧室之间的流动参数匹配。

1. 隔离段中激波串的准一维流分析模型

基于隔离段控制体的分析可知,马赫数、速度、温度、压强、密度和核心流面积等均为未知流动特性(非独立变量),而几何面积、摩擦和热增长均为独立变量。

对于附着流,可认为核心流面积与几何面积相等,Shapiro[6] 提出了管流中马赫数控制方程为

$$
\frac{\mathrm{d}Ma^2}{Ma^2} = -\frac{2[1+(\gamma-1/2)Ma^2]}{1-Ma^2}\frac{\mathrm{d}A}{A} + \frac{(1+\gamma Ma^2)[1+(\gamma-1/2)Ma^2]}{1-Ma^2}\frac{\mathrm{d}T_t}{T_t}
$$
$$
+ \frac{\gamma Ma^2[1+(\gamma-1/2)Ma^2]}{1-Ma^2}\frac{4C_f\mathrm{d}x}{D_H} \tag{4.14}
$$

给定管道沿程的面积 $A(x)$、水力直径 $D_H(x)$、总温分布 $T_t(x)$ 和蒙皮阻力系数 $C_f(x)$,可通过积分求解式(4.14)。

分离流的实际有效流通面积一般小于几何面积,因此必须给定额外的核心流面积分布函数 $A_c(x)$[7],如式(4.15)所示。

$$
\frac{\mathrm{d}(A_c/A)}{A_c/A} = \frac{1-Ma^2[1-\gamma(1-A_c/A)]}{\gamma Ma^2 A_c/A}\frac{\mathrm{d}p}{p}
$$
$$
+ \left[\frac{1+(\gamma-1)Ma^2}{2A_c/A}\right]4C_f\frac{\mathrm{d}x}{D} + \left(1+\frac{\gamma-1}{2}Ma^2\right)\frac{\mathrm{d}T_t}{T_t} \tag{4.15}
$$

可通过多方程的 ODE 求解器对气流马赫数和核心流面积进行积分求解,但求解前需预知压强分布。为此,Ortwerth[8] 基于实验数据发展了管流中压力梯度计算经验公式。

$$
\frac{\mathrm{d}p}{\mathrm{d}x} = \frac{k}{2D_H}C_{f0}(\gamma p Ma) \tag{4.16}
$$

式中,D_H 为管道的水力直径;C_{f0} 为分离点处的摩擦系数;$(\gamma p Ma)/2$ 为气流动压;k 为经验常数,本书取 100.5。

激波串在管流中起始点的边界层状态可通过当地蒙皮摩擦系数 C_f 描述,因此 C_f 是隔离段中压升曲线求解的关键。由于直接测量摩擦系数 C_f 存在较大的困难,故一般采用基于动量厚度的雷诺数 Re_θ 来计算 C_f,可压缩和不可压缩的 C_f 可表示为边界马赫数、壁面总温比和恢复因子的函数,具体如下:

$$F_c(M_e,\ T_w/T_t,\ r)=\frac{C_{fi}}{C_f} \tag{4.17}$$

F_c 值可通过 van Driest Ⅱ 的混合长度理论得到,该理论还可得到如下关系:

$$F_\theta=\frac{Re_{\theta i}}{Re_\theta}=\frac{u_e}{u_w} \tag{4.18}$$

通过 Karman-Schoenherr 方程可进一步得到 C_{fi} 和 $Re_{\theta i}$ 之间的关系式[9]:

$$\frac{1}{C_{fi}}=17.08(\lg Re_{\theta i})^2+25.11\lg Re_{\theta i}+6.012 \tag{4.19}$$

该关系式将用于可压缩湍流边界层中 Re_θ 和 C_f 的关系计算。

2. 燃烧室中反应流守恒控制方程

燃烧室控制体与隔离段控制体类似,基于守恒定律可建立燃烧室中的反应流守恒控制方程[10]为

$$\frac{\mathrm{d}\dot{m}}{\mathrm{d}x}=\dot{m}_{ev} \tag{4.20}$$

$$\frac{\mathrm{d}T_t}{\mathrm{d}x}=\left(\frac{\eta H_u\mathrm{d}\dot{m}}{\dot{m}\mathrm{d}x}-\frac{\mathrm{d}\dot{Q}_1}{\dot{m}\mathrm{d}x}-\frac{\mathrm{d}\dot{Q}_d}{\dot{m}\mathrm{d}x}-\frac{\mathrm{d}\dot{W}}{\dot{m}\mathrm{d}x}-\frac{H-H_i}{\dot{m}}-\frac{\mathrm{d}\dot{m}}{\mathrm{d}x}\right)\Big/c_p \tag{4.21}$$

$$\frac{\mathrm{d}Ma}{\mathrm{d}x}=Ma\Big[-\frac{\psi}{1-Ma^2}\frac{\mathrm{d}A}{A\mathrm{d}x}+\frac{2kMa^2\psi C_f}{D(1-Ma^2)}+\frac{(1+kMa^2)\psi}{2(1-Ma^2)T_t}\frac{\mathrm{d}T_t}{\mathrm{d}x}$$
$$+\frac{\psi(1+kMa^2-kyMa^2)}{1-Ma^2}\frac{\mathrm{d}\dot{m}}{\dot{m}\mathrm{d}x}+\frac{\psi}{1-Ma^2}\frac{F_d(V-V_d)\mathrm{d}\dot{m}_d}{pA\mathrm{d}x}\Big] \tag{4.22}$$

$$\frac{\mathrm{d}p}{\mathrm{d}x}=p\Big\{\frac{kMa^2}{1-Ma^2}\frac{\mathrm{d}A}{A\mathrm{d}x}-\frac{2kMa^2[1+(k-1)Ma^2]C_f}{(1-Ma^2)D}-\frac{kMa^2\psi}{1-Ma^2}\frac{\mathrm{d}T_t}{T_t\mathrm{d}x}$$
$$-\frac{kMa^2[2\psi(1-y)+y]}{1-Ma^2}\frac{\mathrm{d}\dot{m}}{\dot{m}\mathrm{d}x}-\frac{1+(k-1)Ma^2}{1-Ma^2}\frac{F_d(V-V_d)\mathrm{d}\dot{m}_d}{pA\mathrm{d}x}\Big\} \tag{4.23}$$

$$\frac{\mathrm{d}T}{\mathrm{d}x} = \frac{1}{\psi}\frac{\mathrm{d}T_t}{\mathrm{d}x} - \frac{T}{\psi}(k-1)Ma\frac{\mathrm{d}Ma}{\mathrm{d}x} \tag{4.24}$$

$$\frac{\mathrm{d}\rho}{\mathrm{d}x} = \frac{\rho}{p}\frac{\mathrm{d}p}{\mathrm{d}x} - \frac{\rho}{T}\frac{\mathrm{d}T}{\mathrm{d}x} \tag{4.25}$$

$$\frac{\mathrm{d}V}{\mathrm{d}x} = \frac{V}{Ma}\frac{\mathrm{d}Ma}{\mathrm{d}x} + \frac{1}{2}\frac{V}{T}\frac{\mathrm{d}T}{\mathrm{d}x} \tag{4.26}$$

$$\frac{\mathrm{d}p_t}{\mathrm{d}x} = \frac{p_t}{p}\frac{\mathrm{d}p}{\mathrm{d}x} + \frac{kMa^2}{\psi}\frac{p_t}{Ma}\frac{\mathrm{d}Ma}{\mathrm{d}x} \tag{4.27}$$

式中,H 为气流总焓;H_u 为燃料低热值;η 为燃烧效率;c_p 为气流比定压热容;C_f 为壁面摩擦系数;y 为液相轴向速度与气相速度之比;$F_d(V-V_d)$ 为单位质量液滴所受的力;$\psi = 1 + \frac{k-1}{2}Ma^2$。气体比定压热容、比热容比、相对分子质量等都是变量,根据当前截面的气体成分和静温计算。

为简化一维流分析,燃料喷注后释热规律的经验公式[11]可表示为

$$\tau(x) = 1 + (\tau_b - 1)\frac{\theta\,\bar{x}}{1 + (\theta - 1)\,\bar{x}}, \quad \theta \geqslant 1 \tag{4.28}$$

$$\tau(x) = T_t / T_{t2} \tag{4.29}$$

$$\bar{x} = (x - x_i)/(x^4 - x_i) \tag{4.30}$$

式中,x_i 为加热或超声速燃烧开始的轴向位置;θ 为经验常数,一般取 $1 \sim 10$,取决于燃油喷射和油气混合的模式。

$$\tau_b = T_{t4}/T_{t2} \tag{4.31}$$

基于释热经验公式可得到燃烧室沿程的总温分布,代入燃烧室守恒控制方程,利用 ODE 求解器可得到沿程的气流性能参数。

3. 耦合分析方法及流程

为改善准一维流的求解精度,同时避免 CFD 对求解周期的影响,本小节基于管流的现有一维流求解方法,重点从耦合求解的角度开展分析方法的研究,耦合分析方法主要是处理燃烧室背压的产生和匹配问题,改进准一维流方法在背压处理上的缺陷,并基于完全准一维流迭代的思想实现隔离段和燃烧室之间的参数匹配。

1) 燃烧室壅塞问题分析

在超声速燃烧条件下,可直接求解 3.2.2 节的常微分方程组,亚声速燃烧条件下则需考虑热壅塞问题。忽略摩擦和质添,则管流中马赫数控制方程式 (4.14) 可写为

$$\frac{1}{Ma^2}\frac{\mathrm{d}Ma^2}{\mathrm{d}x} = -\frac{2\{1+[(\gamma-1)/2]Ma^2\}}{1-Ma^2}\frac{1}{A}\frac{\mathrm{d}A}{\mathrm{d}x} \\ +\frac{(1+\gamma Ma^2)\{1+[(\gamma-1)/2]Ma^2\}}{1-Ma^2}\frac{1}{T_{\mathrm{t}}}\frac{\mathrm{d}T_{\mathrm{t}}}{\mathrm{d}x} \tag{4.32}$$

基于该方程引入 G 函数,式 (4.32) 可改写为

$$\frac{1}{Ma^2}\frac{\mathrm{d}Ma^2}{\mathrm{d}x} = \frac{G(x)}{1-Ma^2} \tag{4.33}$$

式中,

$$G = \left(1+\frac{\gamma-1}{2}Ma^2\right)\left[-2\frac{1}{A}\frac{\mathrm{d}A}{\mathrm{d}x}+(1+\gamma Ma^2)\frac{1}{T_{\mathrm{t}}}\frac{\mathrm{d}T_{\mathrm{t}}}{\mathrm{d}x}\right] \tag{4.34}$$

为保证方程在壅塞点 ($Ma=1$) 处解的存在性,在壅塞点 G 函数必须等于 0,采用洛必达法则可知:

$$\left(\frac{1}{Ma^2}\frac{\mathrm{d}Ma^2}{\mathrm{d}x}\right)^* = \frac{\mathrm{d}G(x)/\mathrm{d}x}{\mathrm{d}Ma^2/\mathrm{d}x} \tag{4.35}$$

重组式 (4.35),可得

$$\frac{Ma^3}{(Ma-1)^2}\frac{\mathrm{d}(Ma-1)^2}{\mathrm{d}x} = \frac{-G(x)}{(Ma-1)^2(Ma+1)} \tag{4.36}$$

由式 (4.36) 可知,当 $G>0$ 时,将驱使马赫数逐渐趋近于 1;当 $G<0$ 时,将驱使马赫数远离 1,故在亚燃模态下通过壅塞点时,G 函数应从正到负并在壅塞点严格为 0。在实际求解过程中,有时会出现两次 G 函数等于 0 的情形,其中,G 函数从负到正变化的点并非燃烧室的真实壅塞点,求解过程中可以忽略。

对于壅塞问题,假设壅塞点位置为 x_{s},可通过求解燃烧室守恒常微分控制方程得到壅塞位置之前 (x_{s}^-) 的流道性能参数,壅塞点后 (x_{s}^+) 的流场仍然适用于上述方程。由于求解壅塞点处的微分方程存在一定困难,亚声速燃烧控制方程求解将在此处中止,需要给出壅塞点后的流场参数,作为超声速燃烧微分控制方程

求解的初值。引入"激波跳跃"关系式求解特征点后的流场参数,其关系式为

$$Ma_{s+}^2 = \frac{1 + \dfrac{\gamma - 1}{2}Ma_{s-}^2}{\gamma Ma_{s-}^2 - \dfrac{\gamma - 1}{2}} \tag{4.37}$$

$$\frac{\rho_{s+}}{\rho_{s-}} = \frac{\gamma - 1}{\gamma + 1} + \frac{2}{(\gamma + 1)Ma_{s+}^2} \tag{4.38}$$

$$\frac{T_{s+}}{T_{s-}} = \frac{(\gamma + 1)^2 Ma_{s+}^2}{[2 + (\gamma - 1)Ma_{s+}^2][2\gamma Ma_{s+}^2 - (\gamma - 1)]} \tag{4.39}$$

$$\frac{p_{s+}}{p_{s-}} = \frac{\gamma + 1}{2\gamma Ma_{s+}^2 - (\gamma - 1)} \tag{4.40}$$

激波跳跃关系是在极端条件下产生的正激波的逆过程,通过激波跳跃关系给出壅塞点后的气流特性参数,针对燃烧室微分控制方程采用 ODE 方法求解燃烧室的剩余部分。

2) 隔离段与燃烧室参数匹配

假设亚燃冲压燃烧室的入口马赫数为 Ma_{4i},此时 $Ma_{4i} < 1$,则可根据隔离段的入口状态确定燃烧室入口(及隔离段出口)的其他气流参数(如 p_{4i}、ρ_{4i} 和 T_{4i} 等),通过迭代寻找到合适的 Ma_{4i},计算得到壅塞点位置 x_s,该位置应满足如下关系:

$$x_s = x(Ma = 1) = x(G = 0), \quad G_{s-} > 0, \ G_{s+} < 0 \tag{4.41}$$

由于初始马赫数的猜测值并无严格的理论依据,故可能会出现以下两类情形。

(1)初始猜测值过小。该情况下通过常微分方程求解,可知燃烧室中燃料释放的热量无法保证气流在流道中发生热壅塞,此时,将出现整个燃烧室流道中的最大马赫数 $Ma_{max} < 1$ 的情况。

(2)初始猜测值过大。该情况在燃料释热的影响下,管流中的马赫数快速达到1,但此时 G 函数并不等于0,即该结果并非最终的稳定结果,燃烧室会产生背压驱使入口气流参数发生改变并最终实现式(4.41)的条件关系式。

为确保得到合理准确的入口条件,可通过打靶法分析燃烧室入口的马赫数。对于亚燃模态,燃烧室入口气流为亚声速,引入一个极小数值的误差因子 ε,则入口的最大马赫数 $Ma_{4i, max} = 1 - \varepsilon_1$。在燃烧室背压作用下,分离区的再附点可

能会被完全推出燃烧室,即整个分离区均位于隔离段内,此时基于隔离段中分离区分析结果可知,再附点处的马赫数是燃烧室入口可能出现的最小马赫数。但在再附点离燃烧室入口较小的情形下,核心流和隔离段壁面附近的气流相互掺混,进而导致最终气流马赫数仍可能进一步降低,故燃烧室入口的最小马赫数为 $Ma_{4i,\,min} = kMa_R$,其中,k 是比例因子,Ma_R 是分离区完全处于隔离段时再附点处的气流马赫数,k 值的大小并不影响最终的计算结果精度,但会影响迭代步数,本小节取为 0.8。最大和最小马赫数的取值并不影响最终的计算结果精度,但会影响迭代次数,若为早期超燃模态,则最大马赫数 $Ma_{4i,\,max}$ 应为超声速,可取为隔离段的入口马赫数。

匹配分析的输入条件包括燃油喷注位置 x_i、燃油喷注量 $\dot{m}$ 和隔离段入口气流参数 S_i;输出条件包括热力喉道位置 x_s 和隔离段/燃烧室交界面平衡参数 S_b。

隔离段与燃烧室参数匹配分析过程如下。

(1) 设置燃烧室入口气流马赫数初始猜测值 $Ma_{guess} = (Ma_{4i,\,min} + Ma_{4i,\,max})/2$,基于隔离段入口参数 S_i 和分离区分析结果,得到燃烧室入口的初始状态参数 S_{guess}。

(2) 已知燃烧室入口气流状态参数、燃油喷注位置和喷注量,通过 ODE 方法求解燃烧室守恒控制方程,得到燃烧室性能数据。计算过程若出现奇异 ($Ma = 1$) 情况,则迭代终止,仅记录该位置之前的状态参数。

(3) 基于燃烧室分析结果,计算迭代误差 e,若误差满足要求,则终止迭代,结合激波跳跃关系求解壅塞点后的燃烧室状态参数。否则进行如下判断:① 若燃烧室全流道的最大马赫数小于 1,则令 $Ma_{4i,\,min} = Ma_{guess}$,并转入步骤(1)重新分析;② 若流道中出现奇异值,则令 $Ma_{4i,\,max} = Ma_{guess}$,并转入步骤(1)重新分析。

由所建立的隔离段与燃烧室参数匹配计算过程可知,为完成迭代过程,需给出合理的误差判别方法。由燃烧室中热壅塞的分析可知,当出现热壅塞现象时,应满足 $x_s = x_{M=1} = x_{G=0}$,为此引入误差判别小数 ε_2,当迭代收敛时,误差应满足:

$$e = |\,x_{M=1} - x_{G=0}\,| \leqslant \varepsilon_2 \tag{4.42}$$

求解过程中必定出现热壅塞,因此当迭代过程中未出现奇异现象时,需重新进行迭代,为保证循环正常进行,此时可令误差 $e = 1 + \varepsilon_2$。

当迭代未收敛时,可能并未出现 $G = 0$ 的情况,故在正式迭代分析之前,对 $Ma_{4i,\,min}$ 的入口状态进行燃烧室分析,并记录最大马赫数 Ma_{max} 出现的位置 $x_{Ma_{max}}$,此位置也是热壅塞最可能发生的位置。当迭代过程中没有出现 $G = 0$ 的情况时,用 $x_{Ma_{max}}$ 代替 $x_{G=0}$ 计算误差函数以保证循环的正常进行。

3) 耦合求解过程

双模态的耦合分析包括亚燃模态、超燃模态和早期超燃模态。其中,亚燃模态分析需要考虑热壅塞问题,主要通过迭代方法求解;超燃模态由于没有出现气流分离且核心流始终处于超声速状态,故其计算可直接采用微分控制方程;早期超燃模态并非完全的超燃模态,在背压作用下气流会出现分离和再附现象,但核心流始终处于超声速状态,在超声速燃烧时,层流和湍流边界层分离的判别条件为

$$
\left(\frac{Ma_{\mathrm{d}}}{Ma_{u}}\right)_{层流} < 0.898
$$

$$
\left(\frac{Ma_{\mathrm{d}}}{Ma_{u}}\right)_{湍流} < 0.762
$$

(4.43)

式中,Ma_u 是燃烧室入口马赫数;Ma_{d} 是分离点处的马赫数。当出现分离情况,燃烧室入口到分离点处于等压燃烧。

针对耦合求解过程中可能出现的情况,需通过适当的方法加以判别,最终所建立的准一维流耦合求解流程如图 4.15 所示。

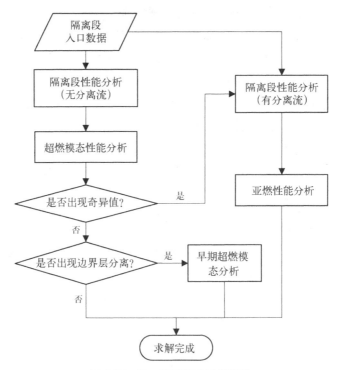

图 4.15 准一维流耦合求解流程

对于给定的隔离段入口数据,假定未出现任何分离流,进行超燃模态分析,并基于超燃模态分析结果进行判断: ① 若求解过程出现奇异 ($Ma = 1$) 现象,则直接转入亚燃模态分析;② 若求解过程未出现奇异现象,则通过式(4.43)判断是否出现早期超燃模态,如果是,则进行早期超燃模态分析,否则,发动机处于纯超燃模态,分析求解完成。

4.3　内外流耦合分析算例与验证

针对本章所建立的机体/推进一体化的内外流耦合分析方法,通过风洞实验、发动机直连实验和机体/推进一体化自由射流实验,分别验证基于 CFD 的气动性能分析、基于准一维流的内流分析和基于 CFD+准一维流的一体化性能分析方法的准确性。

为对比分析计算和实验的结果,采用两类误差: ① 关键位置(分离点、峰值压强点等)预测误差;② 压强预测误差。

位置预测误差可表示为

$$\text{err} = \frac{|x_a - x_t|}{L_c} \times 100\% \tag{4.44}$$

式中,x_a 为分析位置点;x_t 为实验位置点;L_c 为流道长度。

压强预测误差可表示为

$$\text{err} = \frac{|p_a - p_t|}{p_t} \times 100\% \tag{4.45}$$

式中,p_a 为计算压强;p_t 为实验压强。

实际中通过沿程的平均压强误差加以量化,即沿流道取若干点处的压强误差后取平均,可表示为

$$\text{err} = \frac{1}{N} \sum_{i=1}^{N} \left(\frac{|p_a - p_t|}{p_t} \right)_i \times 100\% \tag{4.46}$$

4.3.1　基于高精度 CFD 验证

气动方案的合理性是吸气式飞行器总体方案是否可行的关键,CFD 是确认

外形设计合理的主要手段,因此 CFD 计算结果的准确性对最终的方案将有决定性的影响。通过风洞实验,验证所设计的机体/推进一体化布局方案,并对气动性能进行验证。

在 $Ma = 6$、攻角为 $0°$ 条件下,基于风洞实验和 CFD 计算得到沿机身的压强分布,对比结果如图 4.16 所示。

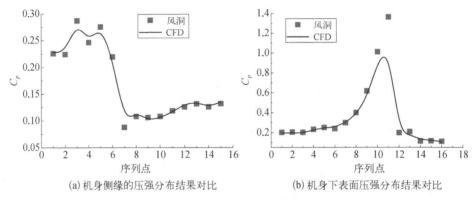

(a) 机身侧缘的压强分布结果对比   (b) 机身下表面压强分布结果对比

图 4.16　CFD 与风洞实验对比

图 4.16(a)是机身侧缘的压强分布结果对比,图 4.16(b)是机身下表面压强分布结果对比。机身侧缘前体与机身转接处非连续,此处将产生膨胀波系,导致压强急剧下降,而机身下表面进气道的压缩效应导致压强逐渐上升,但在进气道唇口后端,由于远离进气道激波的压缩,表面压强逐渐下降,并在机身后端逐渐趋于平稳。对于图 4.16(b),机身下表面全段为进气道压缩面,而后端为外流道,由于实验模型尺度的限制,在进气道唇口处[图 4.16(b)中序列点 10 附近]出现了严重的气流分析,这导致流场性能的模拟出现较大误差。

由图 4.16 的对比曲线可知,风洞实验和 CFD 计算结果基本一致,对于该类飞行器,基于 CFD 的分析具有一定的精确度。

4.3.2　双模态超燃冲压发动机准一维流分析

为验证准一维流耦合分析方法的正确性,与参考文献[12]中的双模态超燃冲压发动机直连实验结果进行对比。直连实验模型如图 4.17 所示,实验模型采用等直隔离段,燃烧室为等直和微扩张的两段式布局。隔离段的入口尺寸为 25.4 mm×28.1 mm,其他尺寸可参考图 4.17。

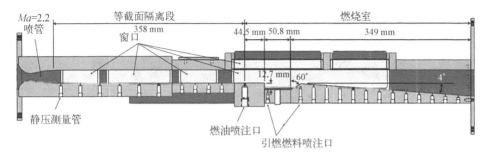

图 4.17　直连实验模型

选取文献 [12] 中的 6 个实验状态结果进行对比,测试状态(马赫数、总压、总温、当量比)如表 4.1 所示。

表 4.1　测 试 状 态

实验状态	Ma	p_0/kPa	T_0/K	Φ
1	2.14	310.3	1 000	0.3
2	2.14	310.3	1 200	0.3
3	2.14	310.3	1 400	0.3
4	2.15	379.2	1 200	0.301
5	2.15	379.2	1 200	0.29
6	2.15	379.2	1 200	0.198

以燃料喷注点为坐标原点,基于准一维流方法计算隔离段和燃烧室的流场参数。选取压强作为计算和实验的对比参数,计算流道沿程的压强分布曲线,最终的一维流分析结果与实验结果的对比如图 4.18 所示。

在图 4.18 中,$x = 0$ 位置是燃料喷注点。在 1~3 实验状态下,模型的入口马赫数、总压和当量比均相同,总温不断增大。低总温下发动机处于亚燃工作模态,随着来流总温增加,燃烧室释热效率不断减小,在 1 400 K 总温下释热不足以产生热壅塞,发动机由亚燃模态转入超燃模态。在 4~6 实验状态下,模型的入口马赫数、总压和总温均相同,燃油当量比不断减小,随着燃料喷注量的减少,燃烧室中释热量不足以产生热壅塞,发动机由亚燃模态转为超燃模态。

当发动机处于亚燃模态时,隔离段出现压升现象。对比实验结果和分析结果可知,准一维流可很好地预测隔离段中的流动分离点(压升起始点),在不同的来流参数下,预测位置的相对误差在 1.4%~11.2%,但预测的流道峰值压强与

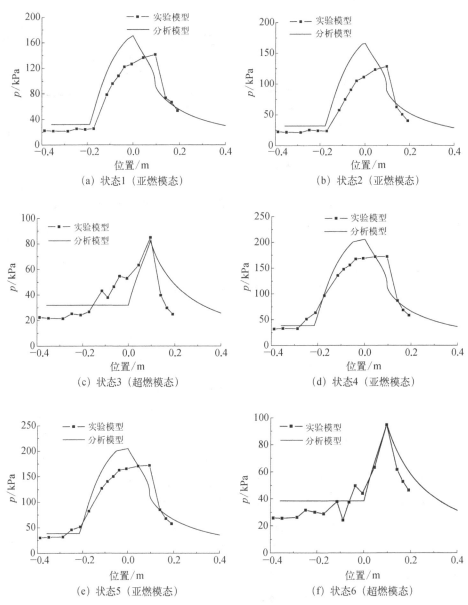

(a) 状态1（亚燃模态）

(b) 状态2（亚燃模态）

(c) 状态3（超燃模态）

(d) 状态4（亚燃模态）

(e) 状态5（亚燃模态）

(f) 状态6（超燃模态）

图 4.18　流场压强分布对比

实验结果相比偏大,误差在 15.6%~21.6%,这是由于在稳焰凹腔作用下,亚燃燃烧室在燃油喷注点后压强变化平缓,但准一维流分析并未考虑凹腔作用,故预测的压降位置较实验结果有所提前。但从整体上来看,准一维流分析结果与实验结果变化趋势基本一致,流道沿程的压强预测平均误差在 9.6%以内。

超燃模态分析结果与实验结果变化趋势基本一致,等直隔离段中无分离流出现,沿程压强基本一致,尤其是峰值压强及其发生位置,峰值压强预测误差小于 3.75%,峰值压强的发生位置预测误差小于 2%。在燃料喷注点后,由于燃烧释热,所以流道压强增大,进入扩张段,由于流道面积的增加,所以燃烧室出现压降。

由结果对比可知,本文方法在亚燃模态下的隔离段压升预测和背压匹配问题上均有较好的预测精度,在超燃模态下,沿程压强的预测与实验结果基本一致。

4.3.3　机体/推进一体化自由射流实验

RBCC 动力系统由于存在引射火箭,准一维流分析时流道处理方式与一般的双模态超燃冲压发动机有所区别。本小节通过自由射流实验和准一维流分析方法研究中心支板式 RBCC 飞行器的一体化性能,实验模型如图 4.19 所示。

图 4.19　RBCC 飞行器自由射流实验模型

一体化实验飞行器总长 3.75 m,自由射流实验在 $Ma = 4$、5 状态下进行,实验攻角为 0°,实验得到了吸气式飞行器在冷态(发动机不工作)和热态(发动机工作)条件下的力、压强和热流分布数据,可用于指导吸气式飞行器一体化设计研究。

1. 基于 CFD 的机体/推进一体化外流场分析

利用实验结果验证本小节的一体化耦合分析方法,其中,隔离段入口边界条件通过 CFD 计算得到,采用 k-Omega SST 湍流模型,计算条件与实验来流条件一致,建立的三维 CFD 计算网格示意图如图 4.20 所示,共 600 万网格。

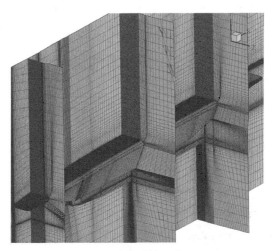

图 4.20　计算网格示意图

基于 CFD 计算得到的实验飞行器空间流场马赫数云图如图 4.21 所示。

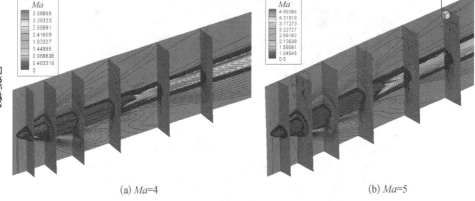

(a) Ma=4　　　　　　　　　　　　　　　　(b) Ma=5

图 4.21　实验飞行器空间流场马赫数云图

进气道的马赫数计算云图和实验纹影图对比如图 4.22 所示。

进气道设计马赫数为 5,在马赫数 5 状态下激波封口,马赫数 4 状态下出现溢流。CFD 计算结果和实验纹影图均验证了该现象,且两者所描述的进气道外压缩波系相对位置基本一致。

基于准一维流的耦合分析包括隔离段和燃烧室两部分。计算和实验包含热态(发动机工作)和冷态(发动机不工作)的结果。在准一维流求解过程中,进气道出口边界由 CFD 计算得到,具体结果如表 4.2 所示。

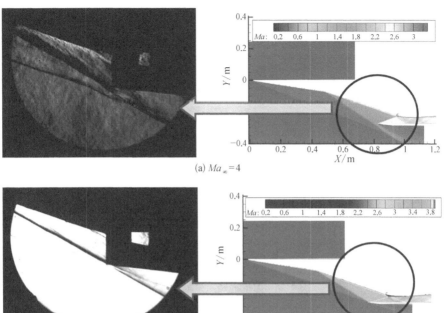

(a) $Ma_\infty = 4$

(b) $Ma_\infty = 5$

图 4.22　进气道的马赫数云图和试验纹影图对比

表 4.2　进 气 道 性 能

状态	Ma	p/kPa	T/K
$Ma_\infty = 4$	1.6	122	554
$Ma_\infty = 5$	2.2	112	568

2. 基于准一维流的一体化内流分析

沿程参数分布以飞行器头部作为坐标原点,基于准一维流分析可得流道沿程马赫数分布曲线如图 4.23 所示。

由流道马赫数分布曲线可知,RBCC 发动机在 $Ma = 4$ 实验条件下处于亚燃模态,并在沿程 $x = 1.82$ m 处发生热壅塞。$Ma = 5$ 条件下发动机流道全程超声速,但出现了大范围的流动分离现象,隔离段中的斜激波串使流道内的气流马赫数大大减小,该条件下发动机处于早期超燃模态。

3. 机体/推进一体化性能与实验对比

机体/推进一体化的沿程压强分析结果和飞行器全流道自由射流实验结果对比如图 4.24 所示。

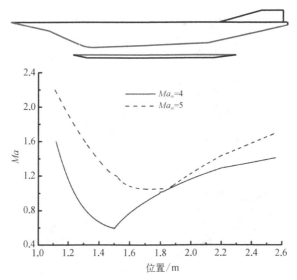

图 4.23 流道沿程马赫数分布曲线

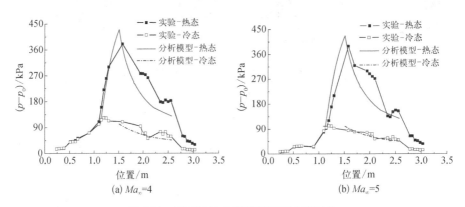

图 4.24 RBCC 飞行器流道压强分布对比

在冷态条件下,由于燃烧室中稳焰凹腔的作用,流道沿程压强在 $x = 2.0$ m 和 $x = 2.5$ m 处出现振荡,从而导致分析结果与实验结果出现一定误差,但整体变化趋势基本一致。

在热态条件下,燃烧室热壅塞导致室压大幅上升,隔离段中出现陡峭的压升曲线,由结果对比曲线可知,基于准一维流的隔离段压升点预测分析结果与实验结果基本相同,误差不大于 2.1%,压升曲线的上升趋势与实验结果基本一致,流道沿程压强的平均误差在 10.5% 以内,峰值压强的分析结果略大于实验结果,$Ma = 4$ 实验条件下误差为 13.2%,$Ma = 5$ 实验条件下误差为 10.8%。燃料喷注点后压强处于下降趋势,分析结果与实验结果误差较上升段略大,但趋势基本一致,误差增大的主要原因是实验结果在燃烧室凹腔的作用下延缓了压强的下降趋势,尤其在凹腔处,压强变化平缓,但准一维流求解时并未考虑凹腔问题。

准一维流是对三维流动的简化,流动参数由三维转一维的过程中将不可避免地引入误差。此外,准一维流求解过程中采用了经验公式,包括隔离段中的压升公式和燃烧室中的释热规律,这些经验公式对各类模型的适用性需通过实验进一步确认,也是准一维流分析结果误差的一个主要来源。燃烧室中燃料的燃烧效率取决于多方面的因素,如来流性能、进气道设计、燃料喷注和燃烧室设计等,其作为准一维流分析的输入参数,难以准确给出,可以根据 CFD 计算或实验结果反推得到,但会引入一定误差,进而影响准一维流分析精度。

参考文献

[1] Apdin H, Ferguson F, Zhang S Y. An engineering method for the construction and analysis of hypersonic vehicle configurations [C]. AIAA/CIRA 13th International Space Planes and Hypersonics Systems and Technologies Conference, Capua, 2005: 3364.

[2] 石喜勤,陈兵,徐旭,等.冲压发动机进气道/燃烧室/尾喷管耦合流场计算[J].推进技术,2008,29(5): 557 - 561.

[3] Chen B, Xu X, Cai G B. A multi-code CFD solver for the efficient simulation of ramjet/scramjet inlet-engine coupled flowfields [R]. AIAA 2007 - 5414.

[4] Numbers K, Hamed A. Development of a coupled inlet-engine dynamic analysis method [R]. AIAA 1997 - 2880.

[5] Numbers K, Hamed A. Conservation coupling technique for dynamic inlet-engine analyses [J]. Journal of propulsion and power, 2003, 19(3): 444 - 455.

[6] Shapiro A H. The dynamics and thermodynamcis of compressible fluid flow [M]. New York: John Wiley & Sons, 1953: 255 - 260.

[7] Smart M K. Flow modeling of pseudoshocks in backpressured ducts [J]. AIAA Journal, 2015, 53(12): 3577 - 3588.

[8] Ortwerth P J. Scramjet vehicle integration [M]. Reston: American Institute of Aeronautics and Astronautics Inc, 2001.

[9] Hopkins E J, Inouye M. An evaluation of theories for predicting turbulent skin friction and heat transfer on flat plates at supersonic and hypersonic mach numbers [J]. AIAA Journal, 1971, 9(6): 993 - 1003.

[10] 余勇,刘卫东,王振国.超声速燃烧室性能一维数值模拟[J].流体力学实验与测量,2004,18(3): 36 - 41.

[11] Heiser W H, Pratt D T. Hypersonic airbreathing propulsion [M]. Washington D C: American Institute of Aeronautics and Astronautics Inc, 1994: 237 242.

[12] Matthew L F, James F D. Isolator-combustor interactions in a direct-connect ramjet-scramjet experiment [J]. Journal of Propulsion and Power, 2012, 28(1): 83 - 95.

第5章

组合动力飞行器动力学统一建模理论

对于强耦合的组合动力飞行器,以往基于学科分解和部件分解的传统设计方法难以应对,在设计过程中需要尽早进行动力学与控制分析。因此,动力学建模工作贯穿于组合动力飞行器的整个设计迭代过程。在设计过程的不同阶段对动力学模型有不同的要求:在设计的前期,动力学模型更偏重于快速计算的要求;在设计的后期,动力学模型则更偏重于计算精度的要求。

针对组合动力飞行器动力学建模的多种任务需求,提出组合动力飞行器动力学统一建模理论。统一建模的含义有两方面:一方面是多种精度、复杂度模型之间的统一,即模型既适合设计后期的高精度仿真,也容易得到适用于飞行器设计迭代初期、控制系统设计等多种简化模型;另一方面是飞行力学和气动弹性力学之间的统一,即动力学模型既可处理飞行力学问题,又可处理气动弹性力学问题。组合动力飞行器动力学统一建模理论的两大基础内容是建立运动方程和确定动载荷。本章将组合动力飞行器看作由两全动翼和机身组成的三柔体系统,基于多柔体系统动力学的相关理论推导组合动力飞行器动力学方程。

5.1 多柔体系统动力学理论

多柔体系统[1]的特点是:① 相邻的柔性体之间可以发生较大的相对刚体位移;② 刚体位移总是和弹性位移同时发生、相互耦合的;③ 在实际应用中需要进行精确控制。多柔体系统动力学的研究始于 20 世纪 80 年代。当时,由于部件尺寸的增大、结构质量的减轻、运行速度的提高,在航天器、机器人和精密机械等领域都提出了多柔体系统建模的需求。进入 21 世纪,多柔体系统动力学研究正逐步向航空飞行器领域渗透;在当前空天飞行器研究的推动下,未来空天飞行器领域也将提出多柔体系统建模的需求(图 5.1)。航空飞行器和空天飞行器的特点是,空气动力的作用导致系统的耦合更加严重。

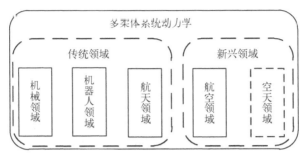

图 5.1　多柔体系统动力学的应用领域

5.1.1　多柔体系统动力学模型

多柔体系统的力学模型由四个要素组成,即物体、铰、外力(偶)和力元。多柔体系统中的构件定义为物体。物件间的运动约束定义为铰,然而为便于分析,也可以在两个完全没有约束的物体间假想存在一个六自由度的虚铰。多体系统外的物体对系统内物体的作用定义为外力(偶)。多柔体系统中物体间的相互作用定义为力元。

5.1.2　多柔体系统拓扑构型

多柔体系统各物体的联系方式称为系统的拓扑构型。一种常见的多柔体系统拓扑构型是图 5.2 所示的多柔体树系统。每个物体记作 $B_i(i=1,2,\cdots,N)$,N 为系统中物体的个数。铰用有向线段表示,记作 $h_j(j=1,2,\cdots)$。如果从物体 B_i 出发沿着一系列物体和铰到达物体 B_j,其中没有一个铰被重复通过,则这组铰(或物体)构成物体 B_i 至 B_j 的通路。如果任意两个物体之间的通路唯一,那么这样的多柔体系统就称为树系统。在图 5.2 中,B_0 是惯性参考系,B_1 称为根体,h_1 是惯性参考系与根体之间的虚铰。在根体 B_1 上

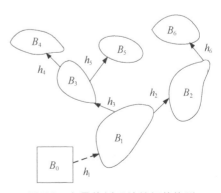

图 5.2　多柔体树系统的拓扑构型

可以选取一个基点,它的位移可以代表整个多柔体系统的整体位移。对于多柔体树系统,若 B_j 在 B_i 至 B_1 的通路上,称 B_j 为 B_i 的内侧物体,或者称 B_i 为 B_j 的外侧物体。在物体 B_i 的内(外)侧,且与物体 B_i 邻接的物体称为 B_i 的内(外)接物体。

为了便于描述多柔体树系统的拓扑关系,通常首先用分层规则编号法进行编号,然后用关联矩阵、通路矩阵和内接体数组等数学描述方法[1]。分层规则编号法规定从根体 B_1 开始,假想有虚铰 h_1,然后由根体向外,逐层给铰编号。外层铰的编号大于内层铰的编号,每个铰的外接体与该铰有相同的编号。

关联矩阵 S 可以说明铰的内接体和外接体。关联矩阵的行号和列号分别与物体和铰的标号相对应,其第 i 行第 j 列的元素 s_{ij} 定义为

$$s_{ij} = \begin{cases} -1, & B_i \text{ 体是 } h_j \text{ 铰的内接体} \\ 1, & B_i \text{ 体是 } h_j \text{ 铰的外接体} \\ 0, & B_i \text{ 体与 } h_j \text{ 铰无关} \end{cases}$$

通路矩阵 T 可以说明某体到根体的通路中经过的铰。通路矩阵 T 的行号表示铰的编号,列号表示体的编号。通路矩阵的元素 t_{ij} 定义为

$$t_{ij} = \begin{cases} 1, & h_i \text{ 铰在 } B_j \text{ 体到根体 } B_1 \text{ 的通路中} \\ 0, & h_i \text{ 铰不在 } B_j \text{ 体到根体 } B_1 \text{ 的通路中} \end{cases}$$

内接体数组 L 可以描述物体的内接体。内接体数组的第 1 行给出系统中所有个体的编号。内接体数组的下一行总是填入与上一行对应的内接体编号。

5.1.3 多柔体系统运动学

多柔体系统运动的描述方式,按其所选取的参考系不同可分为绝对描述和相对描述两种类型。绝对描述以某个惯性参考系为参考系,系统中每个物体在任意时刻的位形都在此惯性参考系中确定。在相对描述中,对每个物体都选定一个动参考系,物体的位形是相对于其动参考系确定的,并且物体相对于该动参考系的运动在任何时刻都很小。图 5.3 列出绝对描述和相对描述的优缺点。本小节将采用相对描述法。

如图 5.4 所示,物体 B_i 上任意一个质点 $\mathrm{d}m$ 的位置向量 $\boldsymbol{R}_i$ 可表示为

$$\boldsymbol{R}_i = \boldsymbol{R}_{oi} + \boldsymbol{r}_i + \boldsymbol{u}_i, \quad \boldsymbol{R}_{oi} = \boldsymbol{R}_{o1} + \sum_j (\boldsymbol{r}_j^{h_k} + \boldsymbol{u}_j^{h_k}) \tag{5.1}$$

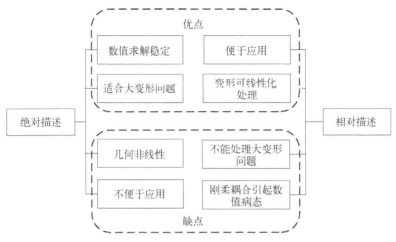

图 5.3　绝对描述和相对描述的优缺点

式中，R_{o1} 为根体 B_1 的内铰 h_1 在惯性参考系中的位置向量；r_i 和 u_i 分别为 B_i 体上微元 $\mathrm{d}m$ 变形前在其连体坐标系中的位置向量和弹性变形；$r_j^{h_k}$ 为第 j 个物体变形前从内接铰到外接铰 h_k 的铰间向量；$u_j^{h_k}$ 为第 j 个物体的外接铰 h_k 处的变形；求和指标 j 表示物体 B_i 到根体 B_1 通路上的所有内侧体。

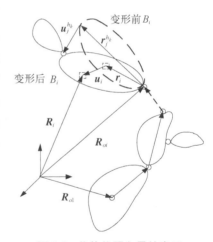

图 5.4　物体位置向量的表示

物体 B_i 的角速度 $\boldsymbol{\Omega}_i$ 可表达为

$$\boldsymbol{\Omega}_i = \boldsymbol{\Omega}_{ri} + \boldsymbol{\Omega}_{ei}, \quad \boldsymbol{\Omega}_{ri} = \boldsymbol{\Omega}_1 + \sum_j \left(\boldsymbol{\omega}_j + \boldsymbol{\Omega}_{ej}^{h_k} \right)$$

（5.2）

式中，$\boldsymbol{\Omega}_1$ 为根体 B_1 相对于惯性参考系的角速度；$\boldsymbol{\omega}_j$ 为 B_j 绕其内铰的相对角速度；$\boldsymbol{\Omega}_{ej}^{h_k}$ 为物体 B_i 的内侧体 B_j 的外接铰 h_k 处的弹性变形引起的角速度；求和指标 j 表示物体 B_i 到根体 B_1 通路上的所有内侧体。

5.1.4　多柔体系统动力学

推导多柔体系统动力学控制方程的基本方法大致可分为三类：第一类是牛顿-欧拉向量力学法；第二类是以拉格朗日方程为代表的分析力学方法；第三类

是基于高斯原理等具有极小值性质的极值原理。Kane 和 Levinson[2] 比较了多体系统常用的七种力学原理(动量原理、达朗贝尔原理、拉格朗日方程、哈密顿对偶方程、Boltzmann-Hamel 方程、Gibbs 方程和 Kane 方法)各自的优缺点。

与描述多柔体系统运动学的相对描述法相对应,动力学方程分为互相耦合的两类。一类控制物体的整体刚性运动;另一类控制物体的相对变形。通常将描述整体运动的变量和描述变形的(有限多个)变量合在一起作为系统的广义坐标,应用拉格朗日方程,可导出多柔体系统动力学方程,写为

$$M(q)\ddot{q} + G(q,\dot{q}) + K(q)q = Q(q,\dot{q},\ddot{q}) \tag{5.3}$$

式中,M 为质量矩阵;K 为刚度矩阵;q 为广义坐标向量;Q 为广义力向量;向量 G 的各分量为广义速度 $\dot{q}$ 的二次型。注意,这个方程与结构动力学方程之间存在本质差别:方程中的质量矩阵 M 和刚度矩阵 K 是与广义坐标向量 q 有关的。在 M 中出现包含变形坐标的项,以及刚性坐标和变形坐标的耦合项。

在拉格朗日方程中采用有明确物理意义的广义坐标向量描述系统位形。广义坐标向量对时间的导数称为广义速度。但是,在力学问题中,有时为了描述系统运动和求解的方便,需要引入称为伪坐标的变量。伪坐标并不是直接定义的变量,而是通过伪速度定义的变量。伪速度是广义速度的线性组合。如果伪速度是可积分的,那么此时的伪速度不过是另一组广义速度。但是,若伪速度不可积分,仍形式地将伪速度表示为伪坐标的导数。Meirovitch 等[3-5]通过将拉格朗日方程中的广义速度变量替换为伪速度变量,推导了伪速度形式的拉格朗日方程。它非常适合描述飞行器的运动,因为它是在飞行器的连体参考系中推导运动方程,连体参考系中的线速度和角速度就作为伪速度变量。

5.2 飞行器运动方程组统一形式

组合动力飞行器机体与发动机一体化设计会导致空气动力和推进系统之间的强烈耦合,因而对其姿态控制的要求比传统飞行器要高。一般认为,组合动力飞行器的迎角控制误差需要满足 $e(\alpha) < 0.1°$。由于舵面需用气动配平力矩较大,组合动力飞行器通常采用全动翼面。同时,由于采用轻结构质量及低密度的氢燃料,全动舵的质量与机体质量的比值比常规飞行器要大得多,可能出现舵面与机体之间的惯性耦合现象。再者,飞行器的轻结构质量要求导致结构自然振

动频率很低,飞行器高速飞行受到较大的气动载荷作用,使飞行器容易发生气动弹性不稳定。特别对于全尺寸的组合动力飞行器,其结构弹性影响通常不能忽略。基于上述考虑,本节将多柔体系统动力学引入组合动力飞行器的动力学建模过程中。

5.2.1　飞行器模型、坐标系和拓扑

如图 5.5 所示,将组合动力飞行器看作受到地球引力、空气动力、发动机推力作用的多柔体系统。这里的多柔体系统是指将组合动力飞行器看作由机身、左翼和右翼三个弹性体组成;垂直尾翼作为机身的一部分,不作为单独弹性体。细长的飞行器机身看作似梁结构,左右翼面可看作似板结构。

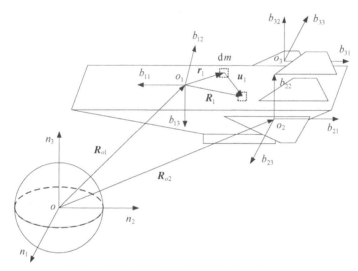

图 5.5　吸气式高超声速飞行器及其连体参考系

运动的描述具有相对性,在不同的坐标系中建立的飞行器运动方程组的形式和复杂度会有所不同。因此,为方便描述组合动力飞行器的运动,需定义一系列连体参考系 $o_i b_{i1} b_{i2} b_{i3} (i = 1, 2, 3)$。按多柔体系统动力学理论的约定,飞行器的机体作为根体 B_1,序号为 1;两全动翼通过柱铰铰接于机体左右两侧面,序号分别为 2 和 3;惯性参考系 $o n_1 n_2 n_3$ 作为 0 号物体。下面给出各参考系的定义。

类似弹道导弹的做法,以地心赤道惯性坐标系作为惯性参考系。惯性参考系 $o n_1 n_2 n_3$ 的原点 o 为地心;$o n_1$ 轴指向起始天文子午面与地球赤道平面的交线;

on_3 沿地球自转轴指向北极;on_2 轴与 on_1 轴、on_3 轴构成右手直角坐标系。

机身连体参考系 $o_1b_{11}b_{12}b_{13}$ 的原点 o_1 为变形前的机身上的某一点,通常选飞行器的质心;o_1b_{11} 轴沿飞行器的纵轴方向指向头部;o_1b_{12} 轴指向飞行器的右方;o_1b_{13} 轴指向飞行器的下方。

左翼连体坐标系 $o_2b_{21}b_{22}b_{23}$ 的原点 o_2 定义为机身和左翼柱铰上的一点;o_2b_{21} 轴指向飞行器后方;o_2b_{23} 轴沿柱铰轴指向飞行器左方;o_2b_{22} 轴指向飞行器上方。

右翼连体坐标系 $o_3b_{31}b_{32}b_{33}$ 的原点 o_3 定义为机身和右翼柱铰上的一点;o_3b_{31} 轴指向飞行器后方;o_3b_{33} 轴沿柱铰轴指向飞行器右方;o_3b_{32} 轴指向飞行器上方。

飞行器的拓扑描述可用关联矩阵 S、通路矩阵 T 和内接体数组 L 描述如下:

$$
S = \begin{matrix} & h_1 & h_2 & h_3 \\ B_1 \\ B_2 \\ B_3 \end{matrix} \begin{bmatrix} 1 & -1 & -1 \\ 0 & 1 & 0 \\ 0 & 0 & 1 \end{bmatrix}, \quad T = \begin{matrix} & B_1 & B_2 & B_3 \\ h_1 \\ h_2 \\ h_3 \end{matrix} \begin{bmatrix} 1 & 1 & 1 \\ 0 & 1 & 0 \\ 0 & 0 & 1 \end{bmatrix}, \quad L = \begin{matrix} B_1 & B_2 & B_3 \\ \end{matrix} \begin{bmatrix} 1 & 2 & 3 \\ 0 & 1 & 1 \end{bmatrix} \tag{5.4}
$$

5.2.2　飞行器运动学方程

物体 B_i 上任意质点 dm 的位置向量 R_i 可表示为连体参考系 $o_ib_{i1}b_{i2}b_{i3}$ 原点 o_i 相对于惯性参考系的位置向量 R_{oi} 和质点 dm 相对于连体参考系 $o_ib_{i1}b_{i2}b_{i3}$ 的位置向量 $r_i + u_i$ 之和,即

$$
R_i = R_{oi} + r_i + u_i, \quad i = 1, 2, 3 \tag{5.5}
$$

其中,连体参考系原点的位置向量 R_{oi} 可用递推关系表示为

$$
R_{oi} = R_{oj} + r_j^{h_i} + u_j^{h_i}, \quad i = 2, 3 \tag{5.6}
$$

式中,h_i 为物体 B_i 的内铰;$r_j^{h_i} + u_j^{h_i}$ 分别为铰 h_i 的内接体的连体参考系 $o_jb_{j1}b_{j2}b_{j3}$ 中度量铰 h_i 处的位置向量;下标 j 表示物体 B_i 的内接体的序号,其值可用内接体数组表示为

$$
j = L(2, i), \quad i = 2, 3 \tag{5.7}
$$

速度在连体参考系 $o_ib_{i1}b_{i2}b_{i3}$ 中可表示为

$$
V_i = V_{oi} + \Omega_{ri} \times (r_i + u_i) + \dot{u}_i, \quad i = 1, 2, 3 \tag{5.8}
$$

式中，$\boldsymbol{V}_{oi}$ 为原点 o_i 的速度；$\boldsymbol{\Omega}_{ri}$ 为连体参考系 $o_i b_{i1} b_{i2} b_{i3}$ 相对惯性参考系的角速度；$\dot{\boldsymbol{u}}_i$ 为连体参考系 $o_i b_{i1} b_{i2} b_{i3}$ 中表示的弹性速度。

为了表示方便，引入叉乘矩阵[①]的概念。向量 $\boldsymbol{a}$ 与向量 $\boldsymbol{b}$ 的叉乘运算可表示为

$$\boldsymbol{a} \times \boldsymbol{b} = \begin{bmatrix} 0 & -a_3 & a_2 \\ a_3 & 0 & -a_1 \\ -a_2 & a_1 & 0 \end{bmatrix} \begin{bmatrix} b_1 \\ b_2 \\ b_3 \end{bmatrix} = \tilde{\boldsymbol{a}} \boldsymbol{b} = \begin{bmatrix} 0 & b_3 & -b_2 \\ -b_3 & 0 & b_1 \\ b_2 & -b_1 & 0 \end{bmatrix} \begin{bmatrix} a_1 \\ a_2 \\ a_3 \end{bmatrix} = \tilde{\boldsymbol{b}}^{\mathrm{T}} \boldsymbol{a} \tag{5.9}$$

式中，$\tilde{\boldsymbol{a}}$ 称为向量 $\boldsymbol{a} = \begin{bmatrix} a_1 & a_2 & a_3 \end{bmatrix}^{\mathrm{T}}$ 的叉乘矩阵，即

$$\tilde{\boldsymbol{a}} = \begin{bmatrix} 0 & -a_3 & a_2 \\ a_3 & 0 & -a_1 \\ -a_2 & a_1 & 0 \end{bmatrix} \tag{5.10}$$

利用叉乘矩阵，式(5.8)可表示为

$$\boldsymbol{V}_i = \boldsymbol{V}_{oi} + \widetilde{\boldsymbol{\Omega}}_{ri}(\boldsymbol{r}_i + \boldsymbol{u}_i) + \dot{\boldsymbol{u}}_i$$
$$= \boldsymbol{V}_{oi} + (\tilde{\boldsymbol{r}}_i + \tilde{\boldsymbol{u}}_i)^{\mathrm{T}} \boldsymbol{\Omega}_{ri} + \dot{\boldsymbol{u}}_i, \quad i = 1, 2, 3 \tag{5.11}$$

连体参考系 $o_i b_{i1} b_{i2} b_{i3}$ 的坐标原点 o_i 的速度向量可以递推表示为

$$\boldsymbol{V}_{oi} = \boldsymbol{C}_i^* \left[\boldsymbol{V}_{oj} + (\tilde{\boldsymbol{r}}_j^{h_i} + \tilde{\boldsymbol{u}}_j^{h_i})^{\mathrm{T}} \boldsymbol{\Omega}_{rj} + \ddot{\boldsymbol{u}}_j^{h_i} \right], \quad i = 2, 3 \tag{5.12}$$

式中，$\boldsymbol{C}_i^*$ 为从内接体 B_j 到物体 B_i 的坐标变换矩阵。

物体 B_i 上任意一个质点 $\mathrm{d}m$ 处的角速度向量 $\boldsymbol{\Omega}_i$ 可表示为连体坐标系 $o_i b_{i1} b_{i2} b_{i3}$ 的刚体转动角速度 $\boldsymbol{\Omega}_{ri}$ 和物体 B_i 弹性变形引起的角速度 $\boldsymbol{\Omega}_{ei}$ 之和，即

$$\boldsymbol{\Omega}_i = \boldsymbol{\Omega}_{ri} + \boldsymbol{\Omega}_{ei}, \quad i = 1, 2, 3 \tag{5.13}$$

其中，刚体转动角速度 $\boldsymbol{\Omega}_{ri}$ 具有如下递推关系：

$$\boldsymbol{\Omega}_{ri} = \boldsymbol{C}_i^* \{\boldsymbol{\Omega}_{rj} + \boldsymbol{\Omega}_{ej}^{h_i}\} + \boldsymbol{\omega}_i, \quad i = 2, 3 \tag{5.14}$$

式中，$\boldsymbol{\Omega}_{ej}^{h_i}$ 为内接体 B_j 在其外接铰 h_i 处产生的弹性角速度；$\boldsymbol{\omega}_i$ 为 B_i 的连体坐标

---

① 有的文献用符号 $\boldsymbol{a}^{\times}$ 表示叉乘矩阵。

系 $o_i b_{i1} b_{i2} b_{i3}$ 相对内接体 B_j 的转动角速度。

下面讨论组合动力飞行器的速度和角速度的具体表达式。

飞行器的机身为变截面梁,我们关心的是绕 $o_1 b_{11}$ 轴的扭转变形、$o_1 b_{12}$ 方向的弯曲变形和剪切变形及 $o_1 b_{13}$ 方向的弯曲变形和剪切变形。表示机身质点位置的向量 $\boldsymbol{r}_i$ 和 $\boldsymbol{u}_i$ 可写成显式形式:

$$\boldsymbol{r}_1 = \begin{bmatrix} x_1 & y_1 & z_1 \end{bmatrix}^T, \boldsymbol{u}_1 = \begin{bmatrix} 0 & u_{y1}(x_1, t) & u_{z1}(x_1, t) \end{bmatrix}^T \tag{5.15}$$

式中,$u_{y1}(x_1, t)$ 和 $u_{z1}(x_1, t)$ 分别为 $o_1 b_{11}$ 方向、坐标为 x_1 处的 $o_1 b_{12}$ 方向和 $o_1 b_{13}$ 的弹性位移。

由于机身的扭转和弯曲变形,机身横截面产生的弹性角位移和角速度为

$$\boldsymbol{\psi}_1(x_1, t) = \begin{bmatrix} \psi_{x1}(x_1, t) & \psi_{y1}(x_1, t) & \psi_{z1}(x_1, t) \end{bmatrix}^T, \boldsymbol{\Omega}_{ei} = \dot{\boldsymbol{\psi}}_1(x_1, t) \tag{5.16}$$

式中,$\psi_{x1}(x_1, t)$ 为机身 $o_1 b_{11}$ 方向坐标为 x_1 处的扭转角;$\psi_{y1}(x_1, t)$ 和 $\psi_{z1}(x_1, t)$ 分别为机身 $o_1 b_{12}$ 和 $o_1 b_{13}$ 方向的弯曲转角,它们可以写成:

$$\psi_{y1}(x_1, t) = -\frac{\partial u_{z1}(x_1, t)}{\partial x_1}, \psi_{z1}(x_1, t) = \frac{\partial u_{y1}(x_1, t)}{\partial x_1} \tag{5.17}$$

已知飞行器滚转、俯仰和偏航角 (ϕ, θ, ψ),标准的 3-2-1 坐标变换矩阵为

$$\boldsymbol{C}_1^* = \begin{bmatrix} \cos\theta\cos\psi & \cos\theta\sin\psi & -\sin\theta \\ \sin\phi\sin\theta\cos\psi - \cos\phi\sin\psi & \sin\phi\sin\theta\sin\psi + \cos\phi\cos\psi & \sin\phi\cos\theta \\ \cos\phi\sin\theta\cos\psi + \sin\phi\sin\psi & \cos\phi\sin\theta\sin\psi - \sin\phi\cos\psi & \cos\phi\cos\theta \end{bmatrix}$$

定义机身的 x_1 截面处的当地坐标系是固连于机身当地截面并随其运动的。机身的连体参考系到截面处的当地坐标系的坐标变换矩阵可用弹性角位移来表示。用弹性角位移 $\boldsymbol{\psi}_1(x_1, t)$ 来替换式中的姿态角 (ϕ, θ, ψ),并考虑到弹性角位移 $\boldsymbol{\psi}_1(x_1, t) \approx 0$,得到

$$\boldsymbol{E}_1(x_1, t) \approx \begin{bmatrix} 1 & \psi_{z1}(x_1, t) & -\psi_{y1}(x_1, t) \\ -\psi_{z1}(x_1, t) & 1 & \psi_{x1}(x_1, t) \\ \psi_{y1}(x_1, t) & -\psi_{x1}(x_1, t) & 1 \end{bmatrix} = \boldsymbol{I} - \widetilde{\boldsymbol{\psi}}_1(x_1, t) \tag{5.18}$$

假设左翼和右翼绕其内铰的刚体转角分别为 $\boldsymbol{\theta}_2$ 和 $\boldsymbol{\theta}_3$，对应的坐标变换矩阵记为 $\boldsymbol{C}(\boldsymbol{\theta}_2)$ 和 $\boldsymbol{C}(\boldsymbol{\theta}_3)$，那么连体坐标系 $o_2 b_{21} b_{22} b_{23}$ 和 $o_3 b_{31} b_{32} b_{33}$ 相对于连体坐标系 $o_1 b_{11} b_{12} b_{13}$ 的坐标变换矩阵分别为

$$\boldsymbol{C}_2^* = \boldsymbol{C}(\boldsymbol{\theta}_2) \boldsymbol{F}_1(x_1^{h_2},\ t),\quad \boldsymbol{C}_3^* = \boldsymbol{C}(\boldsymbol{\theta}_3) \boldsymbol{F}_1(x_1^{h_3},\ t) \tag{5.19}$$

机身 $o_1 b_1$ 轴方向坐标为 x_1 的横截面的角速度和速度分别为

$$\boldsymbol{\Omega}_1(x_1,\ t) = \boldsymbol{\Omega}_{r1} + \boldsymbol{\Omega}_{e1}(x_1,\ t) \tag{5.20}$$

$$\begin{aligned}
\boldsymbol{V}_1(x_1,\ t) &= \boldsymbol{V}_{o1} + [\tilde{\boldsymbol{r}}_1(x_1) + \tilde{\boldsymbol{u}}_1(x_1,\ t)]^{\mathrm{T}}[\boldsymbol{\Omega}_{r1} + \boldsymbol{\Omega}_{e1}(x_1,\ t)] + \dot{\boldsymbol{u}}_1(x_1,\ t) \\
&\approx \boldsymbol{V}_{o1} + [\tilde{\boldsymbol{r}}_1(x_1) + \tilde{\boldsymbol{u}}_1(x_1,\ t)]^{\mathrm{T}}\boldsymbol{\Omega}_{r1} + \tilde{\boldsymbol{r}}_1^{\mathrm{T}}(x_1)\boldsymbol{\Omega}_{e1}(x_1,\ t) + \dot{\boldsymbol{u}}_1(x_1,\ t)
\end{aligned} \tag{5.21}$$

翼面任意质点的角速度和速度分别为

$$\boldsymbol{\Omega}_i = \boldsymbol{\Omega}_{ri} + \boldsymbol{\Omega}_{ei} = \boldsymbol{C}_i^*(\boldsymbol{\Omega}_{r1} + \boldsymbol{\Omega}_{e1}^{h_i}) + \boldsymbol{\omega}_i + \boldsymbol{\Omega}_{ei},\quad i = 2,\ 3 \tag{5.22}$$

$$\begin{aligned}
\boldsymbol{V}_i &= \boldsymbol{C}_i^* \{ \boldsymbol{V}_{o1} + [\tilde{\boldsymbol{r}}_1^{h_i}(x_1) + \tilde{\boldsymbol{u}}_1^{h_i}(x_1,\ t)]^{\mathrm{T}}[\boldsymbol{\Omega}_{r1} + \boldsymbol{\Omega}_{e1}^{h_i}(x_1,\ t)] + \dot{\boldsymbol{u}}_1(x_1,\ t) \} \\
&\quad + (\tilde{\boldsymbol{r}}_i + \tilde{\boldsymbol{u}}_i)^{\mathrm{T}}(\boldsymbol{\Omega}_{ri} + \boldsymbol{\Omega}_{ei}) + \dot{\boldsymbol{u}}_i \\
&\approx \boldsymbol{C}_i^* \boldsymbol{V}_{o1} + \boldsymbol{C}_i^*(\tilde{\boldsymbol{r}}_1^{h_i} + \tilde{\boldsymbol{u}}_1^{h_i})^{\mathrm{T}}\boldsymbol{\Omega}_{r1} + \boldsymbol{C}_i^*(\tilde{\boldsymbol{r}}_1^{h_i})^{\mathrm{T}}\boldsymbol{\Omega}_{e1}^{h_i} + \boldsymbol{C}_i^* \dot{\boldsymbol{u}}_1^{h_i} \\
&\quad + (\tilde{\boldsymbol{r}}_i + \tilde{\boldsymbol{u}}_i)^{\mathrm{T}}[\boldsymbol{C}_i^*(\boldsymbol{\Omega}_{r1} + \boldsymbol{\Omega}_{e1}^{h_i}) + \boldsymbol{\omega}_i] + \tilde{\boldsymbol{r}}_i^{\mathrm{T}}\boldsymbol{\Omega}_{ei} + \dot{\boldsymbol{u}}_i \\
&\approx \boldsymbol{C}_i^* \boldsymbol{V}_{o1} + [\boldsymbol{C}_i^*(\tilde{\boldsymbol{r}}_1^{h_i} + \tilde{\boldsymbol{u}}_1^{h_i})^{\mathrm{T}} + (\tilde{\boldsymbol{r}}_i + \tilde{\boldsymbol{u}}_i)^{\mathrm{T}}\boldsymbol{C}_i^*]\boldsymbol{\Omega}_{r1} \\
&\quad + [\boldsymbol{C}_i^*(\tilde{\boldsymbol{r}}_1^{h_i})^{\mathrm{T}} + (\tilde{\boldsymbol{r}}_i)^{\mathrm{T}}\boldsymbol{C}_i^*]\boldsymbol{\Omega}_{e1}^{h_i} + \boldsymbol{C}_i^* \dot{\boldsymbol{u}}_1^{h_i} \\
&\quad + (\tilde{\boldsymbol{r}}_i + \tilde{\boldsymbol{u}}_i)^{\mathrm{T}}\boldsymbol{\omega}_i + \tilde{\boldsymbol{r}}_i^{\mathrm{T}}\boldsymbol{\Omega}_{ei} + \dot{\boldsymbol{u}}_i,\quad i = 2,\ 3
\end{aligned} \tag{5.23}$$

5.2.3 飞行器动力学方程

根据相对描述法，飞行器系统的运动可用其连体参考系的刚性运动和相对连体参考系的弹性运动来表示。作为多柔体系统的根体 B_1，机身的刚性运动就代表飞行器系统的整体刚性运动。左右两全动翼 B_2 和 B_3 分别有绕对应内铰 h_2 和 h_3 的刚性转动。机身 B_1 的刚性平动和转动可分别

用向量 $\boldsymbol{R}_{o1}$ 和 $\boldsymbol{\theta}_1$ 表示,左右两全动翼相对内铰的刚性转动可分别用向量 $\boldsymbol{\theta}_2$ 和 $\boldsymbol{\theta}_3$ 表示。飞行器的弹性运动包括机身绕纵轴方向的扭转和两个横向弯曲、垂直翼面方向的变形。弹性运动可用弹性线位移向量 $\boldsymbol{u}_i$ 和角位移向量 $\boldsymbol{\psi}_i$ 表示。若只考虑线性弹性变形,$\boldsymbol{u}_i$ 和 $\boldsymbol{\psi}_i$ 可用模态坐标展开法表示为

$$\boldsymbol{u}_i = \boldsymbol{\Phi}_{ui}\boldsymbol{\eta}_{ui}, \quad \boldsymbol{\psi}_i = \boldsymbol{\Phi}_{\psi i}\boldsymbol{\eta}_{\psi i}, \quad i = 1, 2, 3 \tag{5.24}$$

因此,定义飞行器系统的广义坐标向量为

$$\boldsymbol{q} = \begin{bmatrix} \boldsymbol{R}_{o1}^{\mathrm{T}} & \boldsymbol{\theta}_1^{\mathrm{T}} & \boldsymbol{\theta}_2^{\mathrm{T}} & \boldsymbol{\theta}_3^{\mathrm{T}} & \boldsymbol{\eta}_{u1}^{\mathrm{T}} & \boldsymbol{\eta}_{\psi 1}^{\mathrm{T}} & \boldsymbol{\eta}_{u2}^{\mathrm{T}} & \boldsymbol{\eta}_{\psi 2}^{\mathrm{T}} & \boldsymbol{\eta}_{u3}^{\mathrm{T}} & \boldsymbol{\eta}_{\psi 3}^{\mathrm{T}} \end{bmatrix}^{\mathrm{T}} \tag{5.25}$$

下面基于分析力学的方法推导飞行器系统的运动方程。在分析力学中,首先需要求出系统的动能、势能和虚功表达式,然后运用变分原理得到系统的运动方程。

1. 动能模型

飞行器的动能可表示为

$$
\begin{aligned}
T &= \sum_{i=1}^{3} T_i = \sum_{i=1}^{3} \int_{D_i} \hat{T}_i \mathrm{d}D_i = \sum_{i=1}^{3} \int_{D_i} \frac{1}{2}\rho_i \boldsymbol{V}_i^{\mathrm{T}} \boldsymbol{V}_i \mathrm{d}D_i \\
&= \frac{1}{2}\sum_{i=1}^{3} \int_{D_i} \rho_i \big[\boldsymbol{V}_{oi} + (\tilde{\boldsymbol{r}}_i + \tilde{\boldsymbol{u}}_i)^{\mathrm{T}}(\boldsymbol{\Omega}_{ri} + \boldsymbol{\Omega}_{ei}) + \dot{\boldsymbol{u}}_i \big]^{\mathrm{T}} \big[\boldsymbol{V}_{oi} + (\tilde{\boldsymbol{r}}_i + \tilde{\boldsymbol{u}}_i)^{\mathrm{T}}(\boldsymbol{\Omega}_{ri} + \boldsymbol{\Omega}_{ei}) + \dot{\boldsymbol{u}}_i \big] \mathrm{d}D_i \\
&= \frac{1}{2}\sum_{i=1}^{3} \int_{D_i} \left(\begin{array}{l} \rho_i \boldsymbol{V}_{oi}^{\mathrm{T}} \boldsymbol{V}_{oi} + \boldsymbol{\Omega}_{ri}^{\mathrm{T}} \hat{\boldsymbol{J}}_{ti} \boldsymbol{\Omega}_{ri} + \rho_i \dot{\boldsymbol{u}}_i^{\mathrm{T}} \dot{\boldsymbol{u}}_i + \boldsymbol{\Omega}_{ei}^{\mathrm{T}} \hat{\boldsymbol{J}}_{ti} \boldsymbol{\Omega}_{ei} + 2\boldsymbol{\Omega}_{ri}^{\mathrm{T}} \hat{\boldsymbol{J}}_{ti} \boldsymbol{\Omega}_{ei} \\ + 2\boldsymbol{V}_{oi}^{\mathrm{T}} \tilde{\boldsymbol{S}}_i^{\mathrm{T}} \boldsymbol{\Omega}_{ri} + 2\boldsymbol{V}_{oi}^{\mathrm{T}} \tilde{\boldsymbol{S}}_i^{\mathrm{T}} \boldsymbol{\Omega}_{ei} + 2\rho_i \boldsymbol{V}_{oi}^{\mathrm{T}} \dot{\boldsymbol{u}}_i + 2\boldsymbol{\Omega}_{ri}^{\mathrm{T}} \tilde{\tilde{\boldsymbol{S}}}_i \dot{\boldsymbol{u}}_i + 2\boldsymbol{\Omega}_{ei}^{\mathrm{T}} \tilde{\tilde{\boldsymbol{S}}}_i \dot{\boldsymbol{u}}_i \end{array} \right) \mathrm{d}D_i
\end{aligned}
\tag{5.26}
$$

式中,$\hat{T}_i$ 为动能密度;D_i 为积分区域,机身 B_1 的积分区域 D_1 是从头部到尾部的一维线积分区域,机翼 $B_2(B_3)$ 的积分区域 $D_2(D_3)$ 是沿翼面的二维面积分区域;$\hat{\boldsymbol{S}}_i$ 和 $\hat{\boldsymbol{J}}_{ti}$ 分别为物体 B_i 的一阶惯性矩密度和二阶惯性矩(惯性张量)密度,它们的定义为

$$\hat{\boldsymbol{S}}_i = \rho_i(\boldsymbol{r}_i + \boldsymbol{u}_i), \quad \hat{\boldsymbol{J}}_{ti} = \rho_i(\tilde{\boldsymbol{r}}_i + \tilde{\boldsymbol{u}}_i)(\tilde{\boldsymbol{r}}_i + \tilde{\boldsymbol{u}}_i)^{\mathrm{T}}, \quad i = 1, 2, 3 \tag{5.27}$$

根据运动学关系,物体 B_i 的刚性运动速度 $\boldsymbol{V}_{oi}$ 和 $\boldsymbol{\Omega}_{ri}$ 可用其内接体的速度递推表示为

$$\boldsymbol{\Omega}_{ri} = \boldsymbol{C}_i^* (\boldsymbol{\Omega}_{r1} + \boldsymbol{\Omega}_{e1}^{h_i}) + \boldsymbol{\omega}_i, \quad \boldsymbol{\Omega}_{r1} = \boldsymbol{\omega}_1, \quad i = 2, 3 \tag{5.28}$$

$$\boldsymbol{V}_{oi} = \boldsymbol{C}_i^* [\boldsymbol{V}_{o1} + (\tilde{\boldsymbol{r}}_1^{h_i} + \tilde{\boldsymbol{u}}_1^{h_i})^{\mathrm{T}} (\boldsymbol{\Omega}_{r1} + \boldsymbol{\Omega}_{e1}^{h_i}) + \dot{\boldsymbol{u}}_1^{h_i}], \quad i = 2, 3 \tag{5.29}$$

而物体 B_i 的弹性变形速度和角速度可表示为

$$\dot{\boldsymbol{u}}_i = \boldsymbol{\Phi}_{ui} \dot{\boldsymbol{\eta}}_{ui}, \quad \boldsymbol{\Omega}_{ei} = \boldsymbol{\psi}_i = \boldsymbol{\Phi}_{\psi i} \dot{\boldsymbol{\eta}}_{\psi i}, \quad i = 2, 3 \tag{5.30}$$

定义伪速度向量:

$$\boldsymbol{w} = [\boldsymbol{V}_{o1}^{\mathrm{T}} \quad \boldsymbol{\omega}_1^{\mathrm{T}} \quad \boldsymbol{\omega}_2^{\mathrm{T}} \quad \boldsymbol{\omega}_3^{\mathrm{T}} \quad \dot{\boldsymbol{\eta}}_{u1}^{\mathrm{T}} \quad \dot{\boldsymbol{\eta}}_{\psi 1}^{\mathrm{T}} \quad \dot{\boldsymbol{\eta}}_{u2}^{\mathrm{T}} \quad \dot{\boldsymbol{\eta}}_{\psi 2}^{\mathrm{T}} \quad \dot{\boldsymbol{\eta}}_{u3}^{\mathrm{T}} \quad \dot{\boldsymbol{\eta}}_{\psi 3}^{\mathrm{T}}]^{\mathrm{T}} \tag{5.31}$$

则飞行器系统的动能可写成伪速度的二次型,即

$$T = T(\boldsymbol{w}) = \frac{1}{2} \boldsymbol{w}^{\mathrm{T}} \boldsymbol{M} \boldsymbol{w} \tag{5.32}$$

式中,广义质量矩阵 $\boldsymbol{M}$ 可写成分块矩阵形式:

$$\boldsymbol{M} = \begin{bmatrix} \boldsymbol{M}_{11} & \boldsymbol{M}_{12} & \cdots & \boldsymbol{M}_{19} & \boldsymbol{M}_{1a} \\ \boldsymbol{M}_{12}^{\mathrm{T}} & \boldsymbol{M}_{22} & \cdots & \boldsymbol{M}_{29} & \boldsymbol{M}_{2a} \\ \vdots & \vdots & & \vdots & \vdots \\ \boldsymbol{M}_{19}^{\mathrm{T}} & \boldsymbol{M}_{29}^{\mathrm{T}} & \cdots & \boldsymbol{M}_{99} & \boldsymbol{M}_{9a} \\ \boldsymbol{M}_{1a}^{\mathrm{T}} & \boldsymbol{M}_{2a}^{\mathrm{T}} & \cdots & \boldsymbol{M}_{9a}^{\mathrm{T}} & \boldsymbol{M}_{aa} \end{bmatrix} \tag{5.33}$$

式中,分块矩阵 $\boldsymbol{M}_{11}, \boldsymbol{M}_{12}, \cdots, \boldsymbol{M}_{aa}$ 的具体表达式见附录 A。

2. 引力势能模型

飞行器的势能由引力势能和弹性应变能两部分组成。本部分推导飞行器引力势能的表达式。根据式(5.3),飞行器的引力势能为

$$U_{\mathrm{g}} = \sum_{i=1}^{3} \int_{D_i} \frac{GM_E}{R_i} \left[1 - J_2 \left(\frac{R_e}{R_i} \right)^2 \frac{1}{2} (3\sin^2 \varphi_c - 1) \right] \rho_i \mathrm{d} D_i \tag{5.34}$$

首先求飞行器上任意质点的地心距表达式。由运动学关系,机身上任意质点的位置向量(在惯性参考系中表示)为

$$\boldsymbol{R}_1 = \boldsymbol{R}_{o1} + \boldsymbol{C}_1^{*\mathrm{T}} (\boldsymbol{r}_1 + \boldsymbol{u}_1) \tag{5.35}$$

而机翼上任意质点的位置向量(在惯性参考系中表示)为

$$\boldsymbol{R}_i = \boldsymbol{R}_{o1} + \boldsymbol{C}_1^{*\mathrm{T}}(\boldsymbol{r}_1^{h_i} + \boldsymbol{u}_1^{h_i}) + \boldsymbol{C}_1^{*\mathrm{T}}\boldsymbol{C}_i^{*\mathrm{T}}(\boldsymbol{r}_i + \boldsymbol{u}_i), \quad i = 2, 3 \tag{5.36}$$

因此,飞行器上任意质点的地心距可表示为

$$\begin{aligned}
R_i &= \big[\,(\boldsymbol{R}_{o1} + \boldsymbol{d}_i)^{\mathrm{T}}(\boldsymbol{R}_{o1} + \boldsymbol{d}_i)\,\big]^{1/2} \\
&= (\boldsymbol{R}_{o1}^{\mathrm{T}}\boldsymbol{R}_{o1} + 2\boldsymbol{R}_{o1}^{\mathrm{T}}\boldsymbol{d}_i + \boldsymbol{d}_i^{\mathrm{T}}\boldsymbol{d}_i)^{1/2} \\
&= R_{o1}\big[\,1 + (2\boldsymbol{R}_{o1}^{\mathrm{T}}\boldsymbol{d}_i + d_i^2)/R_{o1}^2\,\big]^{1/2}
\end{aligned} \tag{5.37}$$

利用幂级数展开公式:

$$\begin{aligned}
(1 + x)^n &= 1 + nx + \frac{n(n-1)}{2}x^2 + \frac{n(n-1)(n-2)}{6}x^3 + \cdots \\
&= 1 + nx + O(x^2), \quad x \to 0
\end{aligned} \tag{5.38}$$

式(5.37)中的地心距可近似为

$$R_i \approx R_{o1}\left(1 + \frac{\boldsymbol{R}_{o1}^{\mathrm{T}}\boldsymbol{d}_i}{R_{o1}^2} + \frac{d_i^2}{2R_{o1}^2}\right) \tag{5.39}$$

如果进一步忽略式(5.39)中表示高阶小量的第三项,可得到

$$R_i \approx R_{o1}(1 + \boldsymbol{R}_{o1}^{\mathrm{T}}\boldsymbol{d}_i/R_{o1}^2) \tag{5.40}$$

　　式(5.40)的近似具有明显的物理含义。如图 5.6 所示,飞行器上任意质点的位置向量可用根体基点的位置向量与该点相对基点的位置向量在前者方向上的投影之和来近似表示,即

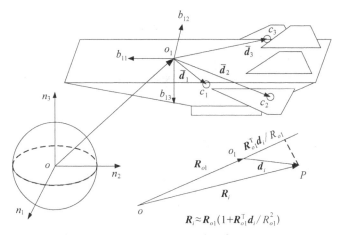

图 5.6　位置向量的简化表示

$$R_i \approx R_{o1}(1 + R_{o1}^{\mathrm{T}}d_i/R_{o1}^2) \tag{5.41}$$

下面求地球的引力势能。将式(5.40)代入式(5.34),可得飞行器的引力势能为

$$U_g \approx \frac{GM_E}{R_{o1}} \sum_{i=1}^{3} \int_{D_i} \frac{\rho_i}{1 + R_{o1}^{\mathrm{T}}d_i/R_{o1}^2} \mathrm{d}D_i$$

$$- \frac{GM_E}{R_{o1}} \left(\frac{R_e}{R_{o1}}\right)^2 \frac{J_2}{2} (3\sin^2\varphi_c - 1) \sum_{i=1}^{3} \int_{D_i} \frac{\rho_i}{(1 + R_{o1}^{\mathrm{T}}d_i/R_{o1}^2)^3} \mathrm{d}D_i \tag{5.42}$$

再次利用幂级数展开公式(5.38),得到

$$\frac{1}{1 + R_{o1}^{\mathrm{T}}d_i/R_{o1}^2} \approx 1 - R_{o1}^{\mathrm{T}}d_i/R_{o1}^2, \quad \frac{1}{(1 + R_{o1}^{\mathrm{T}}d_i/R_{o1}^2)^3} \approx 1 - R_{o1}^{\mathrm{T}}d_i/(3R_{o1}^2) \tag{5.43}$$

将式(5.43)代入式(5.42),得到

$$U_g \approx \frac{GM_E}{R_{o1}} \sum_{i=1}^{3} \int_{D_i} \rho_i(1 - R_{o1}^{\mathrm{T}}d_i/R_{o1}^2) \mathrm{d}D_i$$

$$- \frac{GM_E}{R_{o1}} \frac{J_2}{2} \left(\frac{R_e}{R_{o1}}\right)^2 (3\sin^2\varphi_c - 1) \sum_{i=1}^{3} \int_{D_i} \rho_i[1 - R_{o1}^{\mathrm{T}}d_i/(3R_{o1}^2)] \mathrm{d}D_i$$

$$= \frac{GM_E}{R_{o1}} \left[1 - \frac{J_2}{2}\left(\frac{R_e}{R_{o1}}\right)^2 (3\sin^2\varphi_c - 1)\right] \sum_{i=1}^{3} m_i$$

$$- \frac{GM_E}{R_{o1}^3} \left[1 - \frac{J_2}{6}\left(\frac{R_e}{R_{o1}}\right)^2 (3\sin^2\varphi_c - 1)\right] R_{o1}^{\mathrm{T}} \sum_{i=1}^{3} m_i \bar{d}_i \tag{5.44}$$

式中,

$$m_i = \int_{D_i} \rho_i \mathrm{d}D_i, \quad \bar{d}_i = \frac{\int_{D_i} \rho_i d_i \mathrm{d}D_i}{m_i}$$

其中,m_i 为物体 B_i 的质量;$\bar{d}_i$ 为物体 B_i 的质心相对根体基点的位置向量

（图 5.6）。如果将系统质心相对根体基点的位置向量记为 $\bar{\boldsymbol{d}}$，即

$$\bar{\boldsymbol{d}} = \sum_{i=1}^{3} m_i \, \bar{\boldsymbol{d}}_i \Big/ \sum_{i=1}^{3} m_i \tag{5.45}$$

将式（5.45）代入式（5.44），得到系统引力势能为

$$U_g \approx \left[\begin{array}{l} 1 - \dfrac{J_2}{2}\left(\dfrac{R_e}{R_{o1}}\right)^2 (3\sin^2\varphi_c - 1) - \dfrac{\boldsymbol{R}_{o1}^{\mathrm{T}} \, \bar{\boldsymbol{d}}}{R_{o1}^2} \\[3mm] + \dfrac{\boldsymbol{R}_{o1}^{\mathrm{T}} \, \bar{\boldsymbol{d}}}{R_{o1}^2} \dfrac{J_2}{6}\left(\dfrac{R_e}{R_{o1}}\right)^2 (3\sin^2\varphi_c - 1) \end{array} \right] \dfrac{GE_E}{R_{o1}} \sum_{i=1}^{3} m_i \tag{5.46}$$

忽略式（5.46）括号中表示二阶小量的最后一项，得到

$$U_g \approx \left[1 - \frac{J_2}{2}\left(\frac{R_e}{R_{o1}}\right)^2 (3\sin^2\varphi_c - 1) - \frac{\boldsymbol{R}_{o1}^{\mathrm{T}} \, \bar{\boldsymbol{d}}}{R_{o1}^2} \right] \frac{GM_E}{R_{o1}} \sum_{i=1}^{3} m_i \tag{5.47}$$

求出引力势能之后，地球的引力可表示为

$$\boldsymbol{F}_g = \frac{\partial U_g}{\partial \boldsymbol{R}_{o1}} = \left(-\frac{GM_E}{R_{o1}^3} \sum_{i=1}^{3} m_i \right) \left\{ \left[1 - 3\frac{J_2}{2}\left(\frac{R_e}{R_{o1}}\right)^2 (3\sin^2\varphi_c - 1) - 3\frac{\boldsymbol{R}_{o1}^{\mathrm{T}} \, \bar{\boldsymbol{d}}}{R_{o1}^2} \right] \boldsymbol{R}_{o1} + \bar{\boldsymbol{d}} \right\} \tag{5.48}$$

通常飞行器的连体参考系的原点选在飞行器的质心，此时式（5.48）中，包含 $\bar{\boldsymbol{d}}$ 的项都可以去掉，即

$$\boldsymbol{F}_g = \left(-\frac{GM_E}{R_{o1}^3} \sum_{i=1}^{3} m_i \right) \left[1 - 3\frac{J_2}{2}\left(\frac{R_e}{R_{o1}}\right)^2 (3\sin^2\varphi_c - 1) \right] \boldsymbol{R}_{o1} \tag{5.49}$$

如果进一步忽略地球扁率的影响，地球的引力可简化为

$$\boldsymbol{F}_g = \left(-\frac{GM_E}{R_{o1}^3} \sum_{i=1}^{3} m_i \right) \boldsymbol{R}_{o1} \tag{5.50}$$

地球引力势能可以在形式上表示成广义坐标的二次型，即

$$U_g \approx \frac{1}{2} \boldsymbol{q}^{\mathrm{T}} \boldsymbol{K}_g \boldsymbol{q} \tag{5.51}$$

式中，

$$\boldsymbol{K}_{\mathrm{g}} = \begin{bmatrix} \boldsymbol{K}_{\mathrm{g}11} & \boldsymbol{K}_{\mathrm{g}12} & \cdots & \boldsymbol{K}_{\mathrm{g}19} & \boldsymbol{K}_{\mathrm{g}1a} \\ \boldsymbol{K}_{\mathrm{g}12}^{\mathrm{T}} & \boldsymbol{K}_{\mathrm{g}22} & \cdots & \boldsymbol{K}_{\mathrm{g}29} & \boldsymbol{K}_{\mathrm{g}2a} \\ \vdots & \vdots & & \vdots & \vdots \\ \boldsymbol{K}_{\mathrm{g}19}^{\mathrm{T}} & \boldsymbol{K}_{\mathrm{g}29}^{\mathrm{T}} & \cdots & \boldsymbol{K}_{\mathrm{g}99} & \boldsymbol{K}_{\mathrm{g}9a} \\ \boldsymbol{K}_{\mathrm{g}1a}^{\mathrm{T}} & \boldsymbol{K}_{\mathrm{g}2a}^{\mathrm{T}} & \cdots & \boldsymbol{K}_{\mathrm{g}9a}^{\mathrm{T}} & \boldsymbol{K}_{\mathrm{g}aa} \end{bmatrix} \tag{5.52}$$

如果飞行器的基点总是与质心重合,则式(5.52)中的非零元素只有一个 $\boldsymbol{K}_{\mathrm{g}11}$,它可表示为

$$\boldsymbol{K}_{\mathrm{g}11} = \left(-\frac{GM_E}{R_{o1}^3} \sum_{i=1}^{3} m_i \right) \left[1 - 3\frac{J_2}{2} \left(\frac{R_e}{R_{o1}} \right)^2 (3\sin^2\varphi_c - 1) \right] \boldsymbol{I}_{3\times3} \tag{5.53}$$

式中, $\boldsymbol{I}_{3\times3}$ 为 3 行 3 列的单位阵。

3. 弹性应变能模型

如前所述,弹性应变能难以预先给出通用的表达式。本书将飞行器的机身当作一维弹性梁(图 5.7),梁的变形形式包括:绕纵轴 x 的扭转变形 ψ_{x1} ; y 方向的弯曲变形 ψ_{y1} 和剪切变形 β_{y1} ; z 方向的弯曲变形 ψ_{z1} 和剪切变形 β_{z1} 。如图 5.8 所示,根据材料力学变形表示的惯

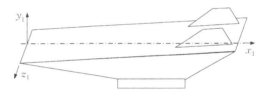

图 5.7   机身的一维弹性梁模型

例,弯曲变形 u_{y1} 和 u_{z1} 、弯曲角变形 ψ_{y1} 和 ψ_{z1} 及剪切变形 β_{y1} 和 β_{z1} 之间存在下面的关系:

$$u_{y1}' = \psi_{z1} + \beta_{z1} , \quad u_{z1}' = -\psi_{y1} - \beta_{y1} \tag{5.54}$$

式中, u_{y1}' 和 u_{z1}' 为弯曲变形 u_{y1} 、 u_{z1} 相对 x_1 的偏导数。由材料力学可知,扭矩 M_{x1} 和扭转角 ψ_{x1} 的关系为

$$M_{x1} = G_1 J_1 \psi_{x1}' \tag{5.55}$$

式中, $G_1 J_1$ 为扭转刚度, G_1 为剪切弹性模量; J_1 为截面极惯性矩或称为截面抗扭系数。弯矩和弯曲转角的关系为

$$M_{y1} = E_1 I_{y1} \psi_{y1}' , \quad M_{z1} = E_1 I_{z1} \psi_{z1}' \tag{5.56}$$

式中, $E_1 I_{y1}$ 和 $E_1 I_{z1}$ 为弯曲刚度, E_1 为杨氏弹性模量, I_{y1} 和 I_{z1} 为梁的横截面相对于

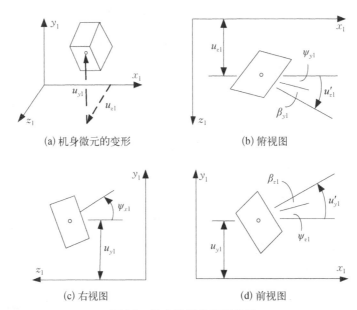

(a) 机身微元的变形

(b) 俯视图

(c) 右视图

(d) 前视图

图 5.8　机身微元的变形关系

通过形心并垂直于弯矩作用平面的主轴的面积惯性矩。剪力与剪切角变形的关系为

$$Q_{y1} = k_{y1}G_1A_1\beta_{z1}, \quad Q_{z1} = -k_{z1}G_1A_1\beta_{y1} \tag{5.57}$$

式中，G_1A_1 为剪切刚度，G_1 为剪切弹性模量，A_1 为横截面面积；k_{y1} 和 k_{z1} 称为剪切系数，它是由横截面形状和横截面上剪应力 τ 分布所确定的常数：

$$k_{y1} = \frac{\int \tau^2 A_1 \mathrm{d}A_1}{Q_{y1}^2}, \quad k_{z1} = \frac{\int \tau^2 A_1 \mathrm{d}A_1}{Q_{z1}^2}$$

机身的应变能可表示为

$$U_{e1} = \int_0^L \hat{U}_{e1} \mathrm{d}x_1$$

式中，L 为机身长度；$\hat{U}_{e1}$ 为应变能密度。它可表示为

$$
\begin{aligned}
\hat{U}_{e1} &= \frac{1}{2}(M_{x1}\psi'_{x1} + M_{y1}\psi'_{y1} + M_{z1}\psi'_{z1} + Q_{y1}\beta_{z1} - Q_{z1}\beta_{y1}) \\
&= \frac{1}{2}\left[\begin{aligned} &G_1J_1(\psi'_{x1})^2 + E_1I_{y1}(\psi'_{y1})^2 + E_1I_{z1}(\psi'_{z1})^2 \\ &+ k_{y1}G_1A_1(u'_{y1} - \psi_{z1})^2 + k_{z1}G_1A_1(u'_{z1} + \psi_{y1})^2 \end{aligned} \right]
\end{aligned}
\tag{5.58}
$$

将式(5.24)代入式(5.58),应变能密度 $\hat{U}_{e1}$ 可写成模态坐标 $\boldsymbol{\eta}$ 的二次型,即

$$\hat{U}_{e1} = \frac{1}{2}\boldsymbol{\eta}_1^{\mathrm{T}}\boldsymbol{K}_1\boldsymbol{\eta}_1 = \frac{1}{2}\begin{bmatrix}\boldsymbol{\eta}_{u1}^{\mathrm{T}} & \boldsymbol{\eta}_{\psi1}^{\mathrm{T}}\end{bmatrix}^{\mathrm{T}}\begin{bmatrix}\boldsymbol{KI}_{11} & \boldsymbol{KI}_{12} \\ \boldsymbol{KI}_{12}^{\mathrm{T}} & \boldsymbol{KI}_{22}\end{bmatrix}\begin{bmatrix}\boldsymbol{\eta}_{u1}^{\mathrm{T}} \\ \boldsymbol{\eta}_{\psi1}^{\mathrm{T}}\end{bmatrix} \tag{5.59}$$

式中,分块刚度矩阵的表达式如下:

$$\boldsymbol{KI}_{11} = (\boldsymbol{\Phi}_{u1}')^{\mathrm{T}}\begin{bmatrix}0 & 0 & 0 \\ 0 & k_{y1}G_1A_1 & 0 \\ 0 & 0 & k_{z1}G_1A_1\end{bmatrix}\boldsymbol{\Phi}_{u1}'$$

$$\boldsymbol{KI}_{12} = (\boldsymbol{\Phi}_{u1}')^{\mathrm{T}}\begin{bmatrix}0 & 0 & 0 \\ 0 & 0 & -k_{y1}G_1A_1 \\ 0 & k_{z1}G_1A_1 & 0\end{bmatrix}\boldsymbol{\Phi}_{\psi1}$$

$$\boldsymbol{KI}_{22} = (\boldsymbol{\Phi}_{\psi1}')^{\mathrm{T}}\begin{bmatrix}G_1J_1 & 0 & 0 \\ 0 & E_1I_{y1} & 0 \\ 0 & 0 & E_1I_{z1}\end{bmatrix}\boldsymbol{\Phi}_{\psi1}' + \boldsymbol{\Phi}_{\psi1}^{\mathrm{T}}\begin{bmatrix}0 & 0 & 0 \\ 0 & k_{z1}G_1A_1 & 0 \\ 0 & 0 & k_{y1}G_1A_1\end{bmatrix}\boldsymbol{\Phi}_{\psi1}$$

由于机身的长细比大,可进一步忽略剪切的影响,机身的变形可表示成绕 x_1 轴的扭转变形、绕 y_1 方向纯弯曲变形和绕 z_1 方向纯弯曲变形的叠加。根据式 (5.54),对于纯弯曲变形,弯曲转角完全由弯曲位移决定,即

$$\begin{aligned}\boldsymbol{\Phi}_{\psi y1}\boldsymbol{\eta}_{\psi y1} &= \psi_{y1} = -u_{z1}' = -\boldsymbol{\Phi}_{uz1}'\boldsymbol{\eta}_{uz1} \\ \boldsymbol{\Phi}_{\psi z1}\boldsymbol{\eta}_{\psi z1} &= \psi_{z1} = u_{y1}' = \boldsymbol{\Phi}_{uy1}'\boldsymbol{\eta}_{uy1}\end{aligned} \tag{5.60}$$

因此,模态坐标缩减为只有三个非零分量:

$$\boldsymbol{\eta}_1 = \begin{bmatrix}\boldsymbol{0} & \boldsymbol{\eta}_{uy1}^{\mathrm{T}} & \boldsymbol{\eta}_{uz1}^{\mathrm{T}} & \boldsymbol{\eta}_{\psi x1}^{\mathrm{T}} & \boldsymbol{0} & \boldsymbol{0}\end{bmatrix}^{\mathrm{T}}$$

式(5.59)中,分块刚度矩阵的表达式则成为

$$\boldsymbol{KI}_{11} = (\boldsymbol{\Phi}_{u1}'')^{\mathrm{T}}\begin{bmatrix}0 & 0 & 0 \\ 0 & E_1I_{z1} & 0 \\ 0 & 0 & E_1I_{y1}\end{bmatrix}\boldsymbol{\Phi}_{u1}''$$

$$\boldsymbol{KI}_{12} = \boldsymbol{0}_{3\times3}$$

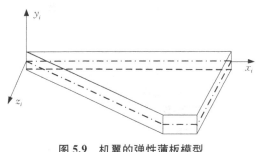

图 5.9 机翼的弹性薄板模型

$$KI_{22} = (\boldsymbol{\Phi}'_{\psi 1})^{\mathrm{T}} \begin{bmatrix} G_1 J_1 & 0 & 0 \\ 0 & 0 & 0 \\ 0 & 0 & 0 \end{bmatrix} \boldsymbol{\Phi}'_{\psi 1}$$

下面求机翼的弹性应变能。如图 5.9 所示,将机翼看作小挠度弹性薄板,其变形可用 u_{yi} 表示。机翼的弹性应变能可表示为

$$U_{ei} = \iint_{D_i} \hat{U}_{ei} \mathrm{d}x_i \mathrm{d}z_i, \quad i = 2, 3 \tag{5.61}$$

式中,D_i 为机翼 B_i 的面积;$\hat{U}_{ei}$ 为机翼 B_i 的弹性应变能密度,其表达式为

$$\hat{U}_{ei} = \frac{1}{2} \frac{E_i h_i^3}{12(1 - \mu_i^2)} \left[\begin{array}{l} \left(\dfrac{\partial^2 u_{yi}}{\partial x_i^2} \right)^2 + \left(\dfrac{\partial^2 u_{yi}}{\partial z_i^2} \right)^2 + 2\mu_i \dfrac{\partial^2 u_{yi}}{\partial x_i^2} \dfrac{\partial^2 u_{yi}}{\partial z_i^2} \\ + 2(1 - \mu_i) \left(\dfrac{\partial^2 u_{yi}}{\partial x_i \partial z_i} \right)^2 \end{array} \right], \quad i = 2, 3 \tag{5.62}$$

式中,E_i 为杨氏弹性模量;μ_i 为泊松比;h_i 为翼面的厚度。翼面的弹性位移可用模态坐标表示,即

$$u_{ui} = \boldsymbol{\Phi}_{uyi} \boldsymbol{\eta}_{uyi}, \quad i = 2, 3 \tag{5.63}$$

将式(5.63)代入式(5.62),并将弹性应变能密度 $\hat{U}_{ei}$ 写成模态坐标的二次型,即

$$\hat{U}_{ei} = \frac{1}{2} \boldsymbol{\eta}_i^{\mathrm{T}} \boldsymbol{K}_i \boldsymbol{\eta}_i = \frac{1}{2} \begin{bmatrix} \boldsymbol{\eta}_{ui}^{\mathrm{T}} & \boldsymbol{\eta}_{\psi i}^{\mathrm{T}} \end{bmatrix} \begin{bmatrix} KI_{11} & \boldsymbol{O} \\ \boldsymbol{O} & \boldsymbol{O} \end{bmatrix} \begin{bmatrix} \boldsymbol{\eta}_{ui} \\ \boldsymbol{\eta}_{\psi i} \end{bmatrix}, \quad i = 2, 3 \tag{5.64}$$

其中,刚度矩阵 $\boldsymbol{K}_i$ 仅有的一个非零分块矩阵 KI_{11} 可表示为

$$KI_{11} = \begin{bmatrix} 0 & 0 & 0 \\ 0 & K_i & 0 \\ 0 & 0 & 0 \end{bmatrix}$$

$$K_i = \frac{E_i h_i^3}{12(1-\mu_i^2)} \left[\left(\frac{\partial^2 \Phi_{uyi}}{\partial x_i^2} \right)^2 + \left(\frac{\partial^2 \Phi_{uyi}}{\partial z_i^2} \right)^2 + 2\mu_i \frac{\partial^2 \Phi_{uyi}}{\partial x_i^2} \frac{\partial^2 \Phi_{uyi}}{\partial z_i^2} \right.$$
$$\left. + 2(1-\mu_i) \left(\frac{\partial^2 \Phi_{uyi}}{\partial x_i \partial z_i} \right)^2 \right], \quad i = 2, 3$$

系统的总弹性应变能 U_e 可表示为

$$U_e = \int_0^L \hat{U}_{e1} \mathrm{d}x_1 + \sum_{i=2}^{3} \iint_{D_i} \hat{U}_{ei} \mathrm{d}x_i \mathrm{d}z_i \tag{5.65}$$

将弹性应变能密度的表达式(5.59)和式(5.64)代入式(5.65),总弹性应变能可写成广义坐标的二次型,即

$$U_e = \frac{1}{2} \boldsymbol{q}^\mathrm{T} \boldsymbol{K}_e \boldsymbol{q} \tag{5.66}$$

式中,广义弹性刚度矩阵 $\boldsymbol{K}_e$ 可写成分块矩阵形式:

$$\boldsymbol{K}_e = \begin{bmatrix} \boldsymbol{K}_{e11} & \boldsymbol{K}_{e12} & \cdots & \boldsymbol{K}_{e19} & \boldsymbol{K}_{e1a} \\ \boldsymbol{K}_{e12}^\mathrm{T} & \boldsymbol{K}_{e22} & \cdots & \boldsymbol{K}_{e29} & \boldsymbol{K}_{e2a} \\ \vdots & \vdots & & \vdots & \vdots \\ \boldsymbol{K}_{e19}^\mathrm{T} & \boldsymbol{K}_{e29}^\mathrm{T} & \cdots & \boldsymbol{K}_{e99} & \boldsymbol{K}_{e9a} \\ \boldsymbol{K}_{e1a}^\mathrm{T} & \boldsymbol{K}_{e2a}^\mathrm{T} & \cdots & \boldsymbol{K}_{e9a}^\mathrm{T} & \boldsymbol{K}_{eaa} \end{bmatrix}$$

分块矩阵 $\boldsymbol{K}_{e11}$, $\boldsymbol{K}_{e12}$, $\cdots$, $\boldsymbol{K}_{eaa}$ 的具体表达式见附录 A。

4. 伪速度形式的动力学方程

飞行器系统的动能与势能(引力势能和弹性应变能之和)的差称为拉格朗日函数 L,它可以写成如下的一般形式:

$$L = L(\boldsymbol{q}, \dot{\boldsymbol{q}}, t) \tag{5.67}$$

式中, $\boldsymbol{q}$ 为式(5.25)定义的广义坐标向量; $\dot{\boldsymbol{q}}$ 为广义坐标的时间导数,称为广义速度。

为了表示方便,引入式(5.31)定义伪速度 $\boldsymbol{w}$。伪速度 $\boldsymbol{w}$ 是广义速度 $\dot{\boldsymbol{q}}$ 的线性组合,即

$$\boldsymbol{w} = \boldsymbol{A}^\mathrm{T} \dot{\boldsymbol{q}}, \quad \dot{\boldsymbol{q}} = \boldsymbol{B} \boldsymbol{w} \tag{5.68}$$

式中,线性变换矩阵 $\boldsymbol{A}$ 和 $\boldsymbol{B}$ 都是广义坐标 $\boldsymbol{q}$ 的函数。

下面求矩阵 A 的具体形式。根体的速度向量 V_{o1}（连体参考系）和位置向量的时间导数 $\dot{R}_{o1}$（惯性参考系）之间有如下转换关系：

$$V_{o1} = C_1^* \dot{R}_{o1} \tag{5.69}$$

式中，矩阵 C_1^* 为从惯性参考系到根体 B_1 连体参考系的坐标变换矩阵。各物体相对于其内接铰的转动角速度向量 ω_i（连体参考系）与欧拉角的时间导数 $\dot{\theta}_i$（惯性参考系）之间的转换关系为

$$\omega_i = D_i \dot{\theta}_i, \quad i = 1, 2, 3 \tag{5.70}$$

式中，D_i 为给定的变换矩阵。因此，矩阵 A 和 B 都是对角矩阵，即

$$
\begin{aligned}
A &= \text{diag}\left(\begin{bmatrix} C_1^{*\,\mathrm{T}} & D_1^{\mathrm{T}} & D_2^{\mathrm{T}} & D_3^{\mathrm{T}} & I & I & I & I & I & I \end{bmatrix}\right) \\
B &= \text{diag}\left(\begin{bmatrix} C_1^{*\,\mathrm{T}} & D_1^{-1} & D_2^{-1} & D_3^{-1} & I & I & I & I & I & I \end{bmatrix}\right)
\end{aligned} \tag{5.71}
$$

将拉格朗日函数 L 中的广义速度 $\dot{q}$ 用伪速度 w 表示，称这种形式的拉格朗日函数为伪速度形式的拉格朗日函数 L^*，即

$$L = L(q, \dot{q}, t) = L^*(q, w, t) = L^* \tag{5.72}$$

由分析力学可知，飞行器系统的真实运动满足下面的广义哈密顿原理：

$$\int_{t_1}^{t_2} (\delta L + \delta W) \mathrm{d}t = 0, \quad \delta q(t_1) = \delta q(t_2) = 0 \tag{5.73}$$

式中，δL 为拉格朗日函数的变分；δW 为虚功。拉格朗日函数的变分 δL 可表示为

$$\delta L = \left(\frac{\partial L}{\partial q}\right)^{\mathrm{T}} \delta q + \left(\frac{\partial L}{\partial \dot{q}}\right)^{\mathrm{T}} \delta \dot{q} \tag{5.74}$$

虚功 δW 可写成

$$\delta W = Q^{\mathrm{T}} \delta q \tag{5.75}$$

式中，Q 称为广义力。将式（5.74）和式（5.75）代入式（5.73），并对时间进行分部积分，得到

$$\int_{t_1}^{t_2} \left[\frac{\mathrm{d}}{\mathrm{d}t}\left(\frac{\partial L}{\partial \dot{q}}\right) - \frac{\partial L}{\partial q} - Q\right]^{\mathrm{T}} \delta q \, \mathrm{d}t + \frac{\partial L}{\partial \dot{q}} \delta q \bigg|_{t_1}^{t_2} = 0$$

由此可得拉格朗日方程为

$$\frac{\mathrm{d}}{\mathrm{d}t}\left(\frac{\partial L}{\partial \dot{\boldsymbol{q}}}\right) - \frac{\partial L}{\partial \boldsymbol{q}} = \boldsymbol{Q} \tag{5.76}$$

虽然方程式(5.76)形式上非常简单,但是实际上它并不简单。这是因为它包含了飞行器的刚体运动和弹性运动。刚体运动可表示成刚性位移和角位移的常微分方程,弹性运动则表示成弹性位移和角位移的偏微分方程。在线性小变形的前提下,用模态展开法将弹性位移和角位移的偏微分方程(代表弹性运动的)转化为广义坐标的常微分方程。经过这样处理得到的常微分方程的系数是非常复杂的。另外一个问题是,系统的动能 T 是广义坐标 $\boldsymbol{q}$ 和广义速度 $\dot{\boldsymbol{q}}$ 的隐函数而不是显函数。系统的动能 T 更容易像式(5.32)那样表示成广义速度 $\boldsymbol{w}$ 的显函数。

下面将拉格朗日方程式(5.76)转换成用伪速度表示的形式。式(5.76)的第一项为

$$\frac{\mathrm{d}}{\mathrm{d}t}\left(\frac{\partial L}{\partial \dot{\boldsymbol{q}}}\right) = \frac{\mathrm{d}}{\mathrm{d}t}\left(\frac{\partial \boldsymbol{w}^{\mathrm{T}}}{\partial \dot{\boldsymbol{q}}}\frac{\partial L^*}{\partial \boldsymbol{w}}\right) = \frac{\mathrm{d}}{\mathrm{d}t}\left[\frac{\partial (\boldsymbol{A}^{\mathrm{T}}\dot{\boldsymbol{q}})^{\mathrm{T}}}{\partial \dot{\boldsymbol{q}}}\frac{\partial L^*}{\partial \boldsymbol{w}}\right] = \frac{\mathrm{d}}{\mathrm{d}t}\left(\boldsymbol{A}\frac{\partial L^*}{\partial \boldsymbol{w}}\right)$$
$$= \boldsymbol{A}\frac{\mathrm{d}}{\mathrm{d}t}\left(\frac{\partial L^*}{\partial \boldsymbol{w}}\right) + \dot{\boldsymbol{A}}\frac{\partial L^*}{\partial \boldsymbol{w}} \tag{5.77}$$

式(5.76)的第二项为

$$\frac{\partial L}{\partial \boldsymbol{q}} = \frac{\partial L^*}{\partial \boldsymbol{q}} + \frac{\partial \boldsymbol{w}^{\mathrm{T}}}{\partial \boldsymbol{q}}\frac{\partial L^*}{\partial \boldsymbol{w}} = \frac{\partial L^*}{\partial \boldsymbol{q}} + \frac{\partial (\boldsymbol{A}\dot{\boldsymbol{q}})^{\mathrm{T}}}{\partial \boldsymbol{q}}\frac{\partial L^*}{\partial \boldsymbol{w}}$$
$$= \frac{\partial L^*}{\partial \boldsymbol{q}} + \dot{\boldsymbol{q}}^{\mathrm{T}}\frac{\partial \boldsymbol{A}}{\partial \boldsymbol{q}}\frac{\partial L^*}{\partial \boldsymbol{w}} = \frac{\partial L^*}{\partial \boldsymbol{q}} + \boldsymbol{w}^{\mathrm{T}}\boldsymbol{B}^{\mathrm{T}}\frac{\partial \boldsymbol{A}}{\partial \boldsymbol{q}}\frac{\partial L^*}{\partial \boldsymbol{w}} \tag{5.78}$$

将式(5.77)和式(5.78)代入式(5.76),并在等式两端同乘以 $\boldsymbol{B}^{\mathrm{T}}$, 得到伪速度形式的拉格朗日方程为

$$\frac{\mathrm{d}}{\mathrm{d}t}\left(\frac{\partial L^*}{\partial \boldsymbol{w}}\right) + \boldsymbol{H}\frac{\partial L^*}{\partial \boldsymbol{w}} - \boldsymbol{B}^{\mathrm{T}}\frac{\partial L^*}{\partial \boldsymbol{q}} = \boldsymbol{B}^{\mathrm{T}}\boldsymbol{Q} \tag{5.79}$$

式中,

$$\boldsymbol{H} = \boldsymbol{B}^{\mathrm{T}}\left(\dot{\boldsymbol{A}} - \boldsymbol{w}^{\mathrm{T}}\boldsymbol{B}^{\mathrm{T}}\frac{\partial \boldsymbol{A}}{\partial \boldsymbol{q}}\right)$$

可以证明矩阵 $\boldsymbol{H}$ 可写成分块对角阵形式:

$$H = \begin{bmatrix} H_{11} & 0 \\ 0 & 0 \end{bmatrix}, \quad H_{11} = \begin{bmatrix} \widetilde{\omega}_1 & & & \\ \widetilde{V}_{o1} & \widetilde{\omega}_1 & & \\ & & \widetilde{\omega}_2 & \\ & & & \widetilde{\omega}_3 \end{bmatrix} \tag{5.80}$$

前面推导了吸气式高超声速飞行器的动能表达式(5.26)、引力势能表达式(5.51)和弹性应变能表达式(5.66),将它们代入伪速度形式的拉格朗日方程式(5.79)中便可得到系统的动力学方程为

$$\frac{\mathrm{d}}{\mathrm{d}t}(Mw) + HMw + B^{\mathrm{T}}(K_{\mathrm{g}} + K_{\mathrm{e}})q = B^{\mathrm{T}}Q \tag{5.81}$$

5.3 运动方程及简化

本节在式(5.81)的基础上讨论运动方程的几种简化形式。

5.3.1 多体空间运动方程

对于在三维空间中运动的组合动力飞行器,柔性机身与柔性全动翼是最复杂的情况。一般来说,全动翼面的刚度要比机身的刚度容易保证,此时可将飞行器看作由柔性机身与刚性全动翼组成。如果全动翼面和机身都具有足够的刚度,那么可以将飞行器看作由刚性机身与刚性全动翼组成。下面给出这三种条件下的运动方程。

1. 柔性机身与柔性全动翼面

整体平动:

$$\frac{\mathrm{d}}{\mathrm{d}t}\begin{pmatrix} M_{11}V_{o1} + M_{12}\omega_1 + M_{13}\omega_2 + M_{14}\omega_3 + M_{15}\dot{\eta}_{u1} \\ + M_{16}\dot{\eta}_{\psi 1} + M_{17}\dot{\eta}_{u2} + M_{18}\dot{\eta}_{\psi 2} + M_{19}\dot{\eta}_{u3} + M_{1a}\dot{\eta}_{\psi 3} \end{pmatrix}$$

$$+ \widetilde{\omega}_1 \begin{pmatrix} M_{11}V_{o1} + M_{12}\omega_1 + M_{13}\omega_2 + M_{14}\omega_3 + M_{15}\dot{\eta}_{u1} \\ + M_{16}\dot{\eta}_{\psi 1} + M_{17}\dot{\eta}_{u2} + M_{18}\dot{\eta}_{\psi 2} + M_{19}\dot{\eta}_{u3} + M_{1a}\dot{\eta}_{\psi 3} \end{pmatrix} + C_1^* F_{\mathrm{g}} = C_1^* F$$

$$\tag{5.82}$$

整体转动：

$$
\begin{aligned}
&\frac{\mathrm{d}}{\mathrm{d}t}\begin{pmatrix} M_{21}V_{o1} + M_{22}\boldsymbol{\omega}_1 + M_{23}\boldsymbol{\omega}_2 + M_{24}\boldsymbol{\omega}_3 + M_{25}\dot{\boldsymbol{\eta}}_{u1} \\ + M_{26}\dot{\boldsymbol{\eta}}_{\psi1} + M_{27}\dot{\boldsymbol{\eta}}_{u2} + M_{28}\dot{\boldsymbol{\eta}}_{\psi2} + M_{29}\dot{\boldsymbol{\eta}}_{u3} + M_{2a}\dot{\boldsymbol{\eta}}_{\psi3} \end{pmatrix} \\
&+ \widetilde{V}_{o1}\begin{pmatrix} M_{11}V_{o1} + M_{12}\boldsymbol{\omega}_1 + M_{13}\boldsymbol{\omega}_2 + M_{14}\boldsymbol{\omega}_3 + M_{15}\dot{\boldsymbol{\eta}}_{u1} \\ + M_{16}\dot{\boldsymbol{\eta}}_{\psi1} + M_{17}\dot{\boldsymbol{\eta}}_{u2} + M_{18}\dot{\boldsymbol{\eta}}_{\psi2} + M_{19}\dot{\boldsymbol{\eta}}_{u3} + M_{1a}\dot{\boldsymbol{\eta}}_{\psi3} \end{pmatrix} \\
&+ \widetilde{\boldsymbol{\omega}}_1\begin{pmatrix} M_{21}V_{o1} + M_{22}\boldsymbol{\omega}_1 + M_{23}\boldsymbol{\omega}_2 + M_{24}\boldsymbol{\omega}_3 + M_{25}\dot{\boldsymbol{\eta}}_{u1} \\ + M_{26}\dot{\boldsymbol{\eta}}_{\psi1} + M_{27}\dot{\boldsymbol{\eta}}_{u2} + M_{28}\dot{\boldsymbol{\eta}}_{\psi2} + M_{29}\dot{\boldsymbol{\eta}}_{u3} + M_{2a}\dot{\boldsymbol{\eta}}_{\psi3} \end{pmatrix} = D_1^{-\mathrm{T}}M
\end{aligned}
$$

$$(5.83)$$

左翼转动：

$$
\begin{aligned}
&\frac{\mathrm{d}}{\mathrm{d}t}\begin{pmatrix} M_{31}V_{o1} + M_{32}\boldsymbol{\omega}_1 + M_{33}\boldsymbol{\omega}_2 + M_{35}\dot{\boldsymbol{\eta}}_{u1} \\ + M_{36}\dot{\boldsymbol{\eta}}_{\psi1} + M_{37}\dot{\boldsymbol{\eta}}_{u2} + M_{38}\dot{\boldsymbol{\eta}}_{\psi2} \end{pmatrix} \\
&+ \widetilde{\boldsymbol{\omega}}_2\begin{pmatrix} M_{31}V_{o1} + M_{32}\boldsymbol{\omega}_1 + M_{33}\boldsymbol{\omega}_2 + M_{35}\dot{\boldsymbol{\eta}}_{u1} \\ + M_{36}\dot{\boldsymbol{\eta}}_{\psi1} + M_{37}\dot{\boldsymbol{\eta}}_{u2} + M_{38}\dot{\boldsymbol{\eta}}_{\psi2} \end{pmatrix} - D_2^{-\mathrm{T}}\frac{1}{2}w^{\mathrm{T}}\frac{\partial M}{\partial \boldsymbol{\theta}_2}w = D_2^{-\mathrm{T}}M_2
\end{aligned}
$$

$$(5.84)$$

右翼转动：

$$
\begin{aligned}
&\frac{\mathrm{d}}{\mathrm{d}t}\begin{pmatrix} M_{41}V_{o1} + M_{42}\boldsymbol{\omega}_1 + M_{44}\boldsymbol{\omega}_3 + M_{45}\dot{\boldsymbol{\eta}}_{u1} \\ + M_{46}\dot{\boldsymbol{\eta}}_{\psi1} + M_{49}\dot{\boldsymbol{\eta}}_{u3} + M_{4a}\dot{\boldsymbol{\eta}}_{\psi3} \end{pmatrix} \\
&+ \widetilde{\boldsymbol{\omega}}_3\begin{pmatrix} M_{41}V_{o1} + M_{42}\boldsymbol{\omega}_1 + M_{44}\boldsymbol{\omega}_3 + M_{45}\dot{\boldsymbol{\eta}}_{u1} \\ + M_{46}\dot{\boldsymbol{\eta}}_{\psi1} + M_{49}\dot{\boldsymbol{\eta}}_{u3} + M_{4a}\dot{\boldsymbol{\eta}}_{\psi3} \end{pmatrix} - D_3^{-\mathrm{T}}\frac{1}{2}w^{\mathrm{T}}\frac{\partial M}{\partial \boldsymbol{\theta}_3}w = D_3^{-\mathrm{T}}M_3
\end{aligned}
$$

$$(5.85)$$

机身弯曲：

$$
\begin{aligned}
&\frac{\mathrm{d}}{\mathrm{d}t}\begin{pmatrix} M_{51}V_{o1} + M_{52}\boldsymbol{\omega}_1 + M_{53}\boldsymbol{\omega}_2 + M_{54}\boldsymbol{\omega}_3 + M_{55}\dot{\boldsymbol{\eta}}_{u1} \\ + M_{56}\dot{\boldsymbol{\eta}}_{\psi1} + M_{57}\dot{\boldsymbol{\eta}}_{u2} + M_{58}\dot{\boldsymbol{\eta}}_{\psi2} + M_{59}\dot{\boldsymbol{\eta}}_{u3} + M_{5a}\dot{\boldsymbol{\eta}}_{\psi3} \end{pmatrix} \\
&- \frac{\partial}{\partial \boldsymbol{\eta}_{u1}}\left(\frac{1}{2}w^{\mathrm{T}}Mw\right) + \frac{\partial U_e}{\partial \boldsymbol{\eta}_{u1}} = \boldsymbol{Q}_{u1}
\end{aligned}
$$

$$(5.86)$$

机身扭转：

$$\frac{\mathrm{d}}{\mathrm{d}t}\begin{pmatrix} \boldsymbol{M}_{61}\boldsymbol{V}_{o1} + \boldsymbol{M}_{62}\boldsymbol{\omega}_1 + \boldsymbol{M}_{63}\boldsymbol{\omega}_2 + \boldsymbol{M}_{64}\boldsymbol{\omega}_3 + \boldsymbol{M}_{65}\dot{\boldsymbol{\eta}}_{u1} \\ + \boldsymbol{M}_{66}\dot{\boldsymbol{\eta}}_{\psi1} + \boldsymbol{M}_{67}\dot{\boldsymbol{\eta}}_{u2} + \boldsymbol{M}_{68}\dot{\boldsymbol{\eta}}_{\psi2} + \boldsymbol{M}_{69}\dot{\boldsymbol{\eta}}_{u3} + \boldsymbol{M}_{6a}\dot{\boldsymbol{\eta}}_{\psi3} \end{pmatrix} \tag{5.87}$$

$$- \frac{\partial}{\partial\boldsymbol{\eta}_{\psi1}}\left(\frac{1}{2}\boldsymbol{w}^{\mathrm{T}}\boldsymbol{M}\boldsymbol{w}\right) + \frac{\partial U_{\mathrm{e}}}{\partial\boldsymbol{\eta}_{\psi1}} = \boldsymbol{Q}_{\psi1}$$

左翼弯曲：

$$\frac{\mathrm{d}}{\mathrm{d}t}\begin{pmatrix} \boldsymbol{M}_{71}\boldsymbol{V}_{o1} + \boldsymbol{M}_{72}\boldsymbol{\omega}_1 + \boldsymbol{M}_{73}\boldsymbol{\omega}_2 + \boldsymbol{M}_{74}\boldsymbol{\omega}_3 \\ + \boldsymbol{M}_{75}\dot{\boldsymbol{\eta}}_{u1} + \boldsymbol{M}_{76}\dot{\boldsymbol{\eta}}_{\psi1} + \boldsymbol{M}_{77}\dot{\boldsymbol{\eta}}_{u2} + \boldsymbol{M}_{78}\dot{\boldsymbol{\eta}}_{\psi2} \end{pmatrix} - \frac{\partial}{\partial\boldsymbol{\eta}_{u2}}\left(\frac{1}{2}\boldsymbol{w}^{\mathrm{T}}\boldsymbol{M}\boldsymbol{w}\right) + \frac{\partial U_{\mathrm{e}}}{\partial\boldsymbol{\eta}_{u2}} = \boldsymbol{Q}_{u2}$$

$$\tag{5.88}$$

右翼弯曲：

$$\frac{\mathrm{d}}{\mathrm{d}t}\begin{pmatrix} \boldsymbol{M}_{91}\boldsymbol{V}_{o1} + \boldsymbol{M}_{92}\boldsymbol{\omega}_1 + \boldsymbol{M}_{93}\boldsymbol{\omega}_2 + \boldsymbol{M}_{94}\boldsymbol{\omega}_3 \\ + \boldsymbol{M}_{95}\dot{\boldsymbol{\eta}}_{u1} + \boldsymbol{M}_{96}\dot{\boldsymbol{\eta}}_{\psi1} + \boldsymbol{M}_{99}\dot{\boldsymbol{\eta}}_{u3} + \boldsymbol{M}_{9a}\dot{\boldsymbol{\eta}}_{\psi3} \end{pmatrix} - \frac{\partial}{\partial\boldsymbol{\eta}_{u3}}\left(\frac{1}{2}\boldsymbol{w}^{\mathrm{T}}\boldsymbol{M}\boldsymbol{w}\right) + \frac{\partial U_{\mathrm{e}}}{\partial\boldsymbol{\eta}_{u3}} = \boldsymbol{Q}_{u3}$$

$$\tag{5.89}$$

2. 柔性机身与刚性全动翼面

忽略柔性机身与柔性全动翼面运动方程中与全动翼面柔性有关的项（$\boldsymbol{\eta}_{u2}$、$\boldsymbol{\eta}_{\psi2}$、$\boldsymbol{\eta}_{u2}$、$\boldsymbol{\eta}_{\psi2}$），得到下列运动方程。

整体平动：

$$\frac{\mathrm{d}}{\mathrm{d}t}(\boldsymbol{M}_{11}\boldsymbol{V}_{o1} + \boldsymbol{M}_{12}\boldsymbol{\omega}_1 + \boldsymbol{M}_{13}\boldsymbol{\omega}_2 + \boldsymbol{M}_{14}\boldsymbol{\omega}_3 + \boldsymbol{M}_{15}\dot{\boldsymbol{\eta}}_{u1} + \boldsymbol{M}_{16}\dot{\boldsymbol{\eta}}_{\psi1})$$

$$+ \widetilde{\boldsymbol{\omega}}_1(\boldsymbol{M}_{11}\boldsymbol{V}_{o1} + \boldsymbol{M}_{12}\boldsymbol{\omega}_1 + \boldsymbol{M}_{13}\boldsymbol{\omega}_2 + \boldsymbol{M}_{14}\boldsymbol{\omega}_3 + \boldsymbol{M}_{15}\dot{\boldsymbol{\eta}}_{u1} + \boldsymbol{M}_{16}\dot{\boldsymbol{\eta}}_{\psi1}) + \boldsymbol{C}_1^*\boldsymbol{F}_{\mathrm{g}} = \boldsymbol{C}_1^*\boldsymbol{F}$$

$$\tag{5.90}$$

整体转动：

$$\frac{\mathrm{d}}{\mathrm{d}t}(\boldsymbol{M}_{21}\boldsymbol{V}_{o1} + \boldsymbol{M}_{22}\boldsymbol{\omega}_1 + \boldsymbol{M}_{23}\boldsymbol{\omega}_2 + \boldsymbol{M}_{24}\boldsymbol{\omega}_3 + \boldsymbol{M}_{25}\dot{\boldsymbol{\eta}}_{u1} + \boldsymbol{M}_{26}\dot{\boldsymbol{\eta}}_{\psi1})$$

$$+ \widetilde{\boldsymbol{V}}_{o1}(\boldsymbol{M}_{11}\boldsymbol{V}_{o1} + \boldsymbol{M}_{12}\boldsymbol{\omega}_1 + \boldsymbol{M}_{13}\boldsymbol{\omega}_2 + \boldsymbol{M}_{14}\boldsymbol{\omega}_3 + \boldsymbol{M}_{15}\dot{\boldsymbol{\eta}}_{u1} + \boldsymbol{M}_{16}\dot{\boldsymbol{\eta}}_{\psi1})$$

$$+ \widetilde{\boldsymbol{\omega}}_1(\boldsymbol{M}_{21}\boldsymbol{V}_{o1} + \boldsymbol{M}_{22}\boldsymbol{\omega}_1 + \boldsymbol{M}_{23}\boldsymbol{\omega}_2 + \boldsymbol{M}_{24}\boldsymbol{\omega}_3 + \boldsymbol{M}_{25}\dot{\boldsymbol{\eta}}_{u1} + \boldsymbol{M}_{26}\dot{\boldsymbol{\eta}}_{\psi1}) = \boldsymbol{D}_1^{-\mathrm{T}}\boldsymbol{M}$$

$$\tag{5.91}$$

左翼转动：

$$
\frac{\mathrm{d}}{\mathrm{d}t}(M_{31}V_{o1} + M_{32}\omega_1 + M_{33}\omega_2 + M_{35}\dot{\eta}_{u1} + M_{36}\dot{\eta}_{\psi1})
$$

$$
+ \widetilde{\omega}_2(M_{31}V_{o1} + M_{32}\omega_1 + M_{33}\omega_2 + M_{35}\dot{\eta}_{u1} + M_{36}\dot{\eta}_{\psi1}) \tag{5.92}
$$

$$
- D_2^{-\mathrm{T}}\frac{1}{2}w^{\mathrm{T}}\frac{\partial M}{\partial\theta_2}w = D_2^{-\mathrm{T}}M_2
$$

右翼转动：

$$
\frac{\mathrm{d}}{\mathrm{d}t}(M_{41}V_{o1} + M_{42}\omega_1 + M_{44}\omega_3 + M_{45}\dot{\eta}_{u1} + M_{46}\dot{\eta}_{\psi1})
$$

$$
+ \widetilde{\omega}_3(M_{41}V_{o1} + M_{42}\omega_1 + M_{44}\omega_3 + M_{45}\dot{\eta}_{u1} + M_{46}\dot{\eta}_{\psi1}) \tag{5.93}
$$

$$
- D_3^{-\mathrm{T}}\frac{1}{2}w^{\mathrm{T}}\frac{\partial M}{\partial\theta_3}w = D_3^{-\mathrm{T}}M_3
$$

机身弯曲：

$$
\frac{\mathrm{d}}{\mathrm{d}t}(M_{51}V_{o1} + M_{52}\omega_1 + M_{53}\omega_2 + M_{54}\omega_3 + M_{55}\dot{\eta}_{u1} + M_{56}\dot{\eta}_{\psi1})
$$

$$
- \frac{\partial}{\partial\eta_{u1}}\left(\frac{1}{2}w^{\mathrm{T}}Mw\right) + \frac{\partial U_{\mathrm{e}}}{\partial\eta_{u1}} = Q_{u1} \tag{5.94}
$$

机身扭转：

$$
\frac{\mathrm{d}}{\mathrm{d}t}(M_{61}V_{o1} + M_{62}\omega_1 + M_{63}\omega_2 + M_{64}\omega_3 + M_{65}\dot{\eta}_{u1} + M_{66}\dot{\eta}_{\psi1})
$$

$$
- \frac{\partial}{\partial\eta_{\psi1}}\left(\frac{1}{2}w^{\mathrm{T}}Mw\right) + \frac{\partial U_{\mathrm{e}}}{\partial\eta_{\psi1}} = Q_{\psi1} \tag{5.95}
$$

3. 刚性机身与刚性全动翼面

忽略柔性机身与刚性全动翼面运动方程中与机身柔性有关的项（η_{u1}、$\eta_{\psi1}$），得到下列运动方程。

整体平动：

$$
\frac{\mathrm{d}}{\mathrm{d}t}(M_{11}V_{o1} + M_{12}\omega_1 + M_{13}\omega_2 + M_{14}\omega_3)
$$

$$
+ \widetilde{\omega}_1(M_{11}V_{o1} + M_{12}\omega_1 + M_{13}\omega_2 + M_{14}\omega_3) + C_1^* F_{\mathrm{g}} = C_1^* F \tag{5.96}
$$

整体转动：

$$
\frac{\mathrm{d}}{\mathrm{d}t}(M_{21}V_{o1} + M_{22}\omega_1 + M_{23}\omega_2 + M_{24}\omega_3)
$$

$$
+ \widetilde{V}_{o1}(M_{11}V_{o1} + M_{12}\omega_1 + M_{13}\omega_2 + M_{14}\omega_3) \tag{5.97}
$$

$$
+ \widetilde{\omega}_1(M_{21}V_{o1} + M_{22}\omega_1 + M_{23}\omega_2 + M_{24}\omega_3) = D_1^{-\mathrm{T}}M
$$

左翼转动:

$$
\frac{\mathrm{d}}{\mathrm{d}t}(M_{31}V_{o1} + M_{32}\omega_1 + M_{33}\omega_2)
$$

$$
+ \widetilde{\omega}_2(M_{31}V_{o1} + M_{32}\omega_1 + M_{33}\omega_2) - D_2^{-\mathrm{T}}\frac{1}{2}w^{\mathrm{T}}\frac{\partial M}{\partial \theta_2}w = D_2^{-\mathrm{T}}M_2 \tag{5.98}
$$

右翼转动:

$$
\frac{\mathrm{d}}{\mathrm{d}t}(M_{41}V_{o1} + M_{42}\omega_1 + M_{44}\omega_3)
$$

$$
+ \widetilde{\omega}_3(M_{41}V_{o1} + M_{42}\omega_1 + M_{44}\omega_3) - D_3^{-\mathrm{T}}\frac{1}{2}w^{\mathrm{T}}\frac{\partial M}{\partial \theta_3}w = D_3^{-\mathrm{T}}M_3 \tag{5.99}
$$

5.3.2 多体纵向平面运动方程

推导组合动力飞行器的纵向平面运动方程是基于下面几个方面的考虑。首先,飞行器的质量和载荷分布具有纵向对称平面;其次,不论执行巡航任务还是入轨任务,组合动力飞行器都存在可近似为纵向平面运动的飞行轨迹;最后,组合动力对进气条件要求非常苛刻,应尽量抑制侧向运动对发动机进气产生的扰动。

1. 柔性机身与柔性全动舵面

平动:

$$
\frac{\mathrm{d}}{\mathrm{d}t}(M_{11}V_{o1} + M_{12}\omega_1 + 2M_{13}\omega_2 + M_{15}\dot{\eta}_{u1} + 2M_{17}\dot{\eta}_{u2} + 2M_{18}\dot{\eta}_{\psi2})
$$

$$
+ \widetilde{\omega}_1(M_{11}V_{o1} + M_{12}\omega_1 + 2M_{13}\omega_2 + M_{15}\dot{\eta}_{u1} + 2M_{17}\dot{\eta}_{u2} + 2M_{18}\dot{\eta}_{\psi2})
$$

$$
+ C_1^* F_g = C_1^* F \tag{5.100}
$$

整体转动:

$$\frac{\mathrm{d}}{\mathrm{d}t}(M_{21}V_{o1} + M_{22}\boldsymbol{\omega}_1 + 2M_{23}\boldsymbol{\omega}_2 + M_{25}\dot{\boldsymbol{\eta}}_{u1} + 2M_{27}\dot{\boldsymbol{\eta}}_{u2} + 2M_{28}\dot{\boldsymbol{\eta}}_{\psi2})$$

$$+ \tilde{V}_{o1}(M_{11}V_{o1} + M_{12}\boldsymbol{\omega}_1 + 2M_{13}\boldsymbol{\omega}_2 + M_{15}\dot{\boldsymbol{\eta}}_{u1} + 2M_{17}\dot{\boldsymbol{\eta}}_{u2} + 2M_{18}\dot{\boldsymbol{\eta}}_{\psi2})$$

$$+ \tilde{\boldsymbol{\omega}}_1(M_{21}V_{o1} + M_{22}\boldsymbol{\omega}_1 + 2M_{23}\boldsymbol{\omega}_2 + M_{25}\dot{\boldsymbol{\eta}}_{u1} + 2M_{27}\dot{\boldsymbol{\eta}}_{u2} + 2M_{28}\dot{\boldsymbol{\eta}}_{\psi2}) = D_1^{-T}M$$

$$(5.101)$$

翼面转动:

$$\frac{\mathrm{d}}{\mathrm{d}t}(M_{31}V_{o1} + M_{32}\boldsymbol{\omega}_1 + M_{33}\boldsymbol{\omega}_2 + M_{35}\dot{\boldsymbol{\eta}}_{u1} + M_{37}\dot{\boldsymbol{\eta}}_{u2} + M_{38}\dot{\boldsymbol{\eta}}_{\psi2})$$

$$+ \tilde{\boldsymbol{\omega}}_2(M_{31}V_{o1} + M_{32}\boldsymbol{\omega}_1 + M_{33}\boldsymbol{\omega}_2 + M_{35}\dot{\boldsymbol{\eta}}_{u1} + M_{37}\dot{\boldsymbol{\eta}}_{u2} + M_{38}\dot{\boldsymbol{\eta}}_{\psi2})$$

$$- D_2^{-T}\frac{\partial}{\partial\boldsymbol{\theta}_2}\left(\frac{1}{2}w^{T}Mw\right) = D_2^{-T}M_2$$

$$(5.102)$$

机身弯曲:

$$\frac{\mathrm{d}}{\mathrm{d}t}(M_{51}V_{o1} + M_{52}\boldsymbol{\omega}_1 + 2M_{53}\boldsymbol{\omega}_2 + M_{55}\dot{\boldsymbol{\eta}}_{u1} + 2M_{57}\dot{\boldsymbol{\eta}}_{u2} + 2M_{58}\dot{\boldsymbol{\eta}}_{\psi2})$$

$$- \frac{\partial}{\partial\boldsymbol{\eta}_{u1}}\left(\frac{1}{2}w^{T}Mw\right) + \frac{\partial U_e}{\partial\boldsymbol{\eta}_{u1}} = \boldsymbol{Q}_{u1}$$

$$(5.103)$$

翼面弯曲:

$$\frac{\mathrm{d}}{\mathrm{d}t}(M_{71}V_{o1} + M_{72}\boldsymbol{\omega}_1 + 2M_{73}\boldsymbol{\omega}_2 + M_{75}\dot{\boldsymbol{\eta}}_{u1} + M_{77}\dot{\boldsymbol{\eta}}_{u2} + M_{78}\dot{\boldsymbol{\eta}}_{\psi2})$$

$$- \frac{\partial}{\partial\boldsymbol{\eta}_{u2}}\left(\frac{1}{2}w^{T}Mw\right) + \frac{\partial U_e}{\partial\boldsymbol{\eta}_{u2}} = \boldsymbol{Q}_{u2}$$

$$(5.104)$$

2. 柔性机身与刚性全动翼面

整体平动:

$$\frac{\mathrm{d}}{\mathrm{d}t}(M_{11}V_{o1} + M_{12}\boldsymbol{\omega}_1 + 2M_{13}\boldsymbol{\omega}_2 + M_{15}\dot{\boldsymbol{\eta}}_{u1})$$

$$+ \tilde{\boldsymbol{\omega}}_1(M_{11}V_{o1} + M_{12}\boldsymbol{\omega}_1 + 2M_{13}\boldsymbol{\omega}_2 + M_{15}\dot{\boldsymbol{\eta}}_{u1}) + C_1^* F_g = C_1^* F$$

$$(5.105)$$

整体转动：

$$
\begin{aligned}
&\frac{\mathrm{d}}{\mathrm{d}t}(M_{21}V_{o1} + M_{22}\boldsymbol{\omega}_1 + 2M_{23}\boldsymbol{\omega}_2 + M_{25}\dot{\boldsymbol{\eta}}_{u1}) \\
&+ \widetilde{V}_{o1}(M_{11}V_{o1} + M_{12}\boldsymbol{\omega}_1 + 2M_{13}\boldsymbol{\omega}_2 + M_{15}\dot{\boldsymbol{\eta}}_{u1}) \\
&+ \widetilde{\boldsymbol{\omega}}_1(M_{21}V_{o1} + M_{22}\boldsymbol{\omega}_1 + 2M_{23}\boldsymbol{\omega}_2 + M_{25}\dot{\boldsymbol{\eta}}_{u1}) = D_1^{-\mathrm{T}}M
\end{aligned}
\tag{5.106}
$$

翼面转动：

$$
\begin{aligned}
&\frac{\mathrm{d}}{\mathrm{d}t}(M_{31}V_{o1} + M_{32}\boldsymbol{\omega}_1 + M_{33}\boldsymbol{\omega}_2 + M_{35}\dot{\boldsymbol{\eta}}_{u1}) \\
&+ \widetilde{\boldsymbol{\omega}}_2(M_{31}V_{o1} + M_{32}\boldsymbol{\omega}_1 + M_{33}\boldsymbol{\omega}_2 + M_{35}\dot{\boldsymbol{\eta}}_{u1}) - D_2^{-\mathrm{T}}\frac{\partial}{\partial\boldsymbol{\theta}_2}\left(\frac{1}{2}w^{\mathrm{T}}Mw\right) = D_2^{-\mathrm{T}}M_2
\end{aligned}
\tag{5.107}
$$

机身弯曲：

$$
\frac{\mathrm{d}}{\mathrm{d}t}(M_{51}V_{o1} + M_{52}\boldsymbol{\omega}_1 + 2M_{53}\boldsymbol{\omega}_2 + M_{55}\dot{\boldsymbol{\eta}}_{u1}) - \frac{\partial}{\partial\boldsymbol{\eta}_{u1}}\left(\frac{1}{2}w^{\mathrm{T}}Mw\right) + \frac{\partial U_{\mathrm{e}}}{\partial\boldsymbol{\eta}_{u1}} = \boldsymbol{Q}_{u1}
\tag{5.108}
$$

3. 刚性机身与刚性全动翼面

整体平动：

$$
\begin{aligned}
&\frac{\mathrm{d}}{\mathrm{d}t}(M_{11}V_{o1} + M_{12}\boldsymbol{\omega}_1 + 2M_{13}\boldsymbol{\omega}_2) \\
&+ \widetilde{\boldsymbol{\omega}}_1(M_{11}V_{o1} + M_{12}\boldsymbol{\omega}_1 + 2M_{13}\boldsymbol{\omega}_2) + C_1^* F_{\mathrm{g}} = C_1^* F
\end{aligned}
\tag{5.109}
$$

整体转动：

$$
\begin{aligned}
&\frac{\mathrm{d}}{\mathrm{d}t}(M_{21}V_{o1} + M_{22}\boldsymbol{\omega}_1 + 2M_{23}\boldsymbol{\omega}_2) + \widetilde{\boldsymbol{\omega}}_1(M_{21}V_{o1} + M_{22}\boldsymbol{\omega}_1 + 2M_{23}\boldsymbol{\omega}_2) \\
&+ \widetilde{V}_{o1}(M_{11}V_{o1} + M_{12}\boldsymbol{\omega}_1 + 2M_{13}\boldsymbol{\omega}_2) = D_1^{-\mathrm{T}}M
\end{aligned}
\tag{5.110}
$$

翼面转动：

$$\frac{\mathrm{d}}{\mathrm{d}t}(\boldsymbol{M}_{31}\boldsymbol{V}_{o1} + \boldsymbol{M}_{32}\boldsymbol{\omega}_1 + \boldsymbol{M}_{33}\boldsymbol{\omega}_2) + \widetilde{\boldsymbol{\omega}}_2(\boldsymbol{M}_{31}\boldsymbol{V}_{o1} + \boldsymbol{M}_{32}\boldsymbol{\omega}_1 + \boldsymbol{M}_{33}\boldsymbol{\omega}_2)$$

$$- \boldsymbol{D}_2^{-\mathrm{T}} \frac{\partial}{\partial \boldsymbol{\theta}_2}\left(\frac{1}{2}\boldsymbol{w}^{\mathrm{T}}\boldsymbol{M}\boldsymbol{w}\right) = \boldsymbol{D}_2^{-\mathrm{T}}\boldsymbol{M}_2 \tag{5.111}$$

5.3.3　单体纵向平面运动方程

前面讨论了将飞行器看作由机身和两全动翼面组成三体系统的运动方程。在多数情况下,吸气式高超声速飞行器的全动翼面质量要比机身质量小得多,此时全动翼面的相对运动对飞行器整体运动的影响可以忽略,这样就得到了单体纵向平面运动方程。推导单体纵向平面运动方程之前,先来考察一下翼面转动对飞行器整体运动的影响。

1. 翼面转动对整体运动的影响

下面考察翼面转动对飞行器整体运动的影响。为了简化分析,假设: ① 飞行器在纵向平面内运动;② 飞行器的机身和翼面都是刚性的;③ 翼面 B_2 的质心在其连体坐标系 $o_2 b_{21} b_{22} b_{23}$ 的 $b_{21} b_{23}$ 平面内;④ $o_2 b_{23}$ 轴与翼面 B_2 的转轴重合;⑤ 当翼面 B_2 无偏转时,其连体坐标系 $o_2 b_{21} b_{22} b_{23}$ 的三根坐标轴与机身 B_1 连体坐标系的三根坐标轴是平行的。由式(5.109)和式(5.110)可知,翼面转动对整体平动和整体转动的影响(附录 B)可表示为

$$\frac{\mathrm{d}}{\mathrm{d}t}(2\boldsymbol{M}_{13}\boldsymbol{\omega}_2) + \widetilde{\boldsymbol{\omega}}_1 2\boldsymbol{M}_{13}\boldsymbol{\omega}_2 = (m_2 + m_3)r_{cg23,\,x}\begin{bmatrix} -\dot{q}_2\sin\theta_2 + (q_2 q - q_2^2)\cos\theta_2 \\ 0 \\ \dot{q}_2\cos\theta_2 + (q_2 q - q_2^2)\sin\theta_2 \end{bmatrix}$$

$$\tag{5.112}$$

$$\frac{\mathrm{d}}{\mathrm{d}t}(2\boldsymbol{M}_{23}\boldsymbol{\omega}_2) + \widetilde{\boldsymbol{\omega}}_1 2\boldsymbol{M}_{23}\boldsymbol{\omega}_2 + \widetilde{\boldsymbol{V}}_{o1} 2\boldsymbol{M}_{13}\boldsymbol{\omega}_2$$

$$= \dot{q}_2\begin{bmatrix} J_{23,\,xz}\cos\theta_2 - J_{23,\,yz}\sin\theta_2 \\ -J_{23,\,zz} \\ J_{23,\,xz}\sin\theta_2 + J_{23,\,yz}\cos\theta_2 \end{bmatrix} + q_2^2\begin{bmatrix} -J_{23,\,xz}\sin\theta_2 - J_{23,\,yz}\cos\theta_2 \\ 0 \\ J_{23,\,xz}\cos\theta_2 - J_{23,\,yz}\sin\theta_2 \end{bmatrix}$$

$$+ qq_2\begin{bmatrix} J_{23,\,xz}\sin\theta_2 + J_{23,\,yz}\cos\theta_2 \\ 0 \\ -J_{23,\,xz}\cos\theta_2 + J_{23,\,yz}\sin\theta_2 \end{bmatrix}$$

$$+ (m_2 + m_3)r_{cg23, x} \left(\dot{q}_2 \begin{bmatrix} r_y^{h2}\cos\theta_2 \\ -(r_x^{h2}\cos\theta_2 + r_z^{h2}\sin\theta_2) \\ r_z^{h2}\sin\theta_2 \end{bmatrix} \right.$$

$$+ q_2^2 \begin{bmatrix} -r_y^{h2}\sin\theta_2 \\ r_x^{h2}\sin\theta_2 - r_z^{h2}\cos\theta_2 \\ r_z^{h2}\cos\theta_2 \end{bmatrix} + qq_2 \begin{bmatrix} r_z^{h2}\sin\theta_2 \\ 0 \\ -r_y^{h2}\cos\theta_2 \end{bmatrix} \right)$$

$$+ (m_2 + m_3)r_{cg23, x}q_2 \begin{bmatrix} 0 \\ -W\sin\theta_2 - U\cos\theta_2 \\ 0 \end{bmatrix} \qquad (5.113)$$

由式(5.112)可知: 如果全动翼 B_2 和 B_3 总和的质心不在它的转轴所在的直线上($r_{cg23, x} \neq 0$), 那么两全动翼同步转动将影响飞行器的整体平动; 反之, 如果全动翼 B_2 和 B_3 总的质心恰好在它的转轴所在的直线上($r_{cg23, x} = 0$), 那么两全动翼同步转动不会影响飞行器的整体平动。

由式(5.113)可知: 如果全动翼 B_2 和 B_3 总和的质心不在它的转轴所在的直线上($r_{cg23, x} \neq 0$), 那么两全动翼同步转动不仅影响整体绕 o_1b_{12} 轴的转动, 还会影响整体绕 o_1b_{11} 轴的转动和绕 o_1b_{13} 轴的转动; 反之, 如果全动翼 B_2 和 B_3 总和的质心恰好在它的转轴所在的直线上($r_{cg23, x} = 0$), 并且 B_2 连体坐标系的原点与 B_2 和 B_3 总和的质心重合($J_{23, xz} = J_{23, yz} = 0$), 那么两全动翼同步转动仅影响整体绕 o_1b_{12} 轴的转动。

在 $r_{cg23, x} = 0$ 和 $J_{23, xz} = J_{23, yz} = 0$ 的条件下, 飞行器整体转动运动可表示为

$$J_{yy}\dot{q} = M + J_{23, zz}\dot{q}_2 \qquad (5.114)$$

如果 $|J_{23, zz}\dot{q}_2| \gg |J_{yy}\dot{q}|$, 那么全动翼的转动对整体运动的影响可以忽略, 此时飞行器可看作单个物体。

2. 仿真算例与分析

为了考察全动翼面惯性的影响, 首先定义 $K = J_{23, zz}/J_{yy}$, 然后比较不同 K 值情况下的飞行器整体运动时域响应。在仿真过程中, 采用 Schmidt 给出的一个处于平衡状态的吸气式高超声速飞行器模型及相关参数, 全动翼面在平衡偏角基础上叠加一个正弦偏转。图 5.10 为在 Simulink 环境中建立的吸气式高超声速飞行器运动仿真模型, 数值仿真结果见图 5.11。

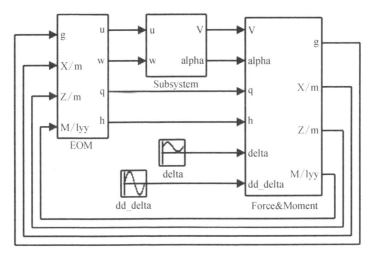

图 5.10　吸气式高超声速飞行器的 Simulink 运动仿真模型

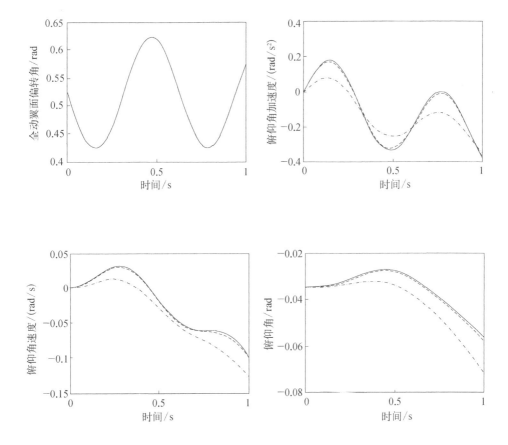

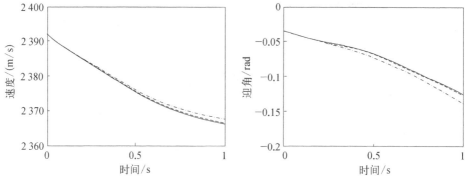

图 5.11   全动翼面正弦偏转情况下整体运动的时域响应
—— K=0   ---- K=0.001   - - - K=0.01

如图 5.11 所示，全动翼面的配平偏角为 0.523 9 rad，此后全动翼面按正弦规律变化，即

$$\delta_e = 0.1\sin(10t + \pi) + 0.523\,9, \quad \dot{q}_2 = -\ddot{\delta}_e = -10\sin(10t)$$

在此输入激励下，开始时全动翼面偏转角减小，产生正的俯仰角加速度和俯仰角速度，然而飞行器是不稳定的，当全动翼面偏转角增大时，运动状态偏离了原来的平衡值，在下一个周期中，俯仰角加速度明显低于前一周期的峰值。图 5.11 中的仿真曲线表明：在该仿真条件下，当全动翼面绕转轴的转动惯量与飞行器俯仰方向转动惯量的比值 K = 0.001 时，全动翼面转动产生的惯性力矩可以忽略；当比值 K = 0.01 时，全动翼面转动产生的惯性力矩对飞行器转动运动的影响已比较明显。

3. 单体纵向平面运动方程

从 5.3.2 节出发，忽略全动翼的相对运动自由度（$\boldsymbol{\omega}_2$、$\dot{\boldsymbol{\eta}}_{u2}$、$\dot{\boldsymbol{\eta}}_{\psi2}$）可以得到下列单体纵向平面运动方程。

整体平动：

$$\frac{\mathrm{d}}{\mathrm{d}t}(\boldsymbol{M}_{11}\boldsymbol{V}_{o1} + \boldsymbol{M}_{12}\boldsymbol{\omega}_1 + \boldsymbol{M}_{15}\dot{\boldsymbol{\eta}}_{u1}) + \widetilde{\boldsymbol{\omega}}_1(\boldsymbol{M}_{11}\boldsymbol{V}_{o1} + \boldsymbol{M}_{12}\boldsymbol{\omega}_{12} + \boldsymbol{M}_{15}\dot{\boldsymbol{\eta}}_{u1})$$
$$+ \boldsymbol{C}_1^*\boldsymbol{F}_g = \boldsymbol{C}_1^*\boldsymbol{F}$$

$$(5.115)$$

整体转动：

$$\frac{\mathrm{d}}{\mathrm{d}t}(\boldsymbol{M}_{21}\boldsymbol{V}_{o1} + \boldsymbol{M}_{22}\boldsymbol{\omega}_1 + \boldsymbol{M}_{25}\dot{\boldsymbol{\eta}}_{u1}) + \widetilde{\boldsymbol{\omega}}_1(\boldsymbol{M}_{21}\boldsymbol{V}_{o1} + \boldsymbol{M}_{22}\boldsymbol{\omega}_1 + \boldsymbol{M}_{25}\dot{\boldsymbol{\eta}}_{u1})$$

$$+ \widetilde{\boldsymbol{V}}_{o1}(\boldsymbol{M}_{11}\boldsymbol{V}_{o1} + \boldsymbol{M}_{12}\boldsymbol{\omega}_1 + \boldsymbol{M}_{15}\dot{\boldsymbol{\eta}}_{u1}) = \boldsymbol{D}_1^{-\mathrm{T}}\boldsymbol{M} \tag{5.116}$$

机身弯曲:

$$\frac{\mathrm{d}}{\mathrm{d}t}(\boldsymbol{M}_{51}\boldsymbol{V}_{o1} + \boldsymbol{M}_{52}\boldsymbol{\omega}_1 + \boldsymbol{M}_{55}\dot{\boldsymbol{\eta}}_{u1}) - \frac{\partial}{\partial \boldsymbol{\eta}_{u1}}\left(\frac{1}{2}\boldsymbol{w}^{\mathrm{T}}\boldsymbol{M}\boldsymbol{w}\right) + \frac{\partial U_e}{\partial \boldsymbol{\eta}_{u1}} = \boldsymbol{Q}_{u1} \tag{5.117}$$

当机身连体参考系 $o_1 b_{11} b_{12} b_{13}$ 的原点 o_1 在变形飞行器的质心时,在附录 B 中推导式(5.115)、式(5.116)和式(5.117)的具体形式如下:

$$m\dot{U} + mqW + \dot{q}\boldsymbol{I}_{m1}\boldsymbol{\eta} + 2q\boldsymbol{I}_{m1}\dot{\boldsymbol{\eta}} = F_x \tag{5.118}$$

$$m\dot{W} + mqU + \boldsymbol{I}_{m1}\ddot{\boldsymbol{\eta}} - q^2\boldsymbol{I}_{m1}\boldsymbol{\eta} = F_z \tag{5.119}$$

$$(J_{yy} + \boldsymbol{\eta}^{\mathrm{T}}\boldsymbol{I}_{m3}\boldsymbol{\eta})\dot{q} - \boldsymbol{I}_{m2}\ddot{\boldsymbol{\eta}} + (\dot{U} + qW)\boldsymbol{I}_{m1}\boldsymbol{\eta} + 2q\boldsymbol{\eta}^{\mathrm{T}}\boldsymbol{I}_{m3}\dot{\boldsymbol{\eta}} = M \tag{5.120}$$

$$(\dot{W} - qU)\boldsymbol{I}_{m1}^{\mathrm{T}} - \dot{q}\boldsymbol{I}_{m2}^{\mathrm{T}} + \boldsymbol{I}_{m3}[\ddot{\boldsymbol{\eta}} + 2\zeta\operatorname{diag}(\omega_i)\dot{\boldsymbol{\eta}} + \operatorname{diag}(\omega_i^2 - q^2)\boldsymbol{\eta}] = \boldsymbol{Q} \tag{5.121}$$

式中,

$$\boldsymbol{I}_{m1} = \int_B \boldsymbol{\phi}_z \mathrm{d}m, \quad \boldsymbol{I}_{m2} = \int_B r_x \boldsymbol{\phi}_z \mathrm{d}m, \quad \boldsymbol{I}_{m3} = \int_B \boldsymbol{\phi}_z^{\mathrm{T}} \boldsymbol{\phi}_z \mathrm{d}m$$

如果选择机身连体参考系 $o_1 b_{11} b_{12} b_{13}$,使其满足平均体轴系条件:

$$\boldsymbol{I}_{m1} = \int_B \boldsymbol{\phi}_z \mathrm{d}m \equiv \boldsymbol{0}, \quad \boldsymbol{I}_{m2} = \int_B r_x \boldsymbol{\phi}_z \mathrm{d}m \equiv \boldsymbol{0}$$

那么式(5.118)~式(5.121)简化为

$$m\dot{U} + mqW = F_x \tag{5.122}$$

$$m\dot{W} + mqU = F_z \tag{5.123}$$

$$(J_{yy} + \boldsymbol{\eta}^{\mathrm{T}}\boldsymbol{I}_{m3}\boldsymbol{\eta})\dot{q} + 2q\boldsymbol{\eta}^{\mathrm{T}}\boldsymbol{I}_{m3}\dot{\boldsymbol{\eta}} = M \tag{5.124}$$

$$\boldsymbol{I}_{m3}[\ddot{\boldsymbol{\eta}} + 2\zeta\operatorname{diag}(\omega_i)\dot{\boldsymbol{\eta}} + \operatorname{diag}(\omega_i^2 - q^2)\boldsymbol{\eta}] = \boldsymbol{Q} \tag{5.125}$$

在平均体轴系下,飞行器的整体平动与整体转动、弹性弯曲是惯性解耦的,但是整体转动与弹性弯曲之间仍存在微弱的惯性耦合。在飞行器的俯仰角速度 q 和弹性变形都比较小的情况下,可以忽略整体转动与弹性弯曲之间的弱惯性耦合项,这样可得到整体平动、整体转动和弹性运动之间完全惯性解耦的方程组。值得注意的是,方程右端的作用力、力矩和广义力仍然依赖三组运动变量,三组方程只是形式上解耦,并不是真正解耦的。

参考文献

[1] 黄文虎,邵成勋.多柔体系统动力学[M].北京: 科学出版社,1996.

[2] Kane T R, Levinson D A. Formulation of equations of motion for complex spacecraft [J]. Journal of Guidance and Control, 1980, 3: 99 - 112.

[3] Meirovitch L, Stemple T. Hybrid equations of motion for flexible multibody systems using quasicoordinates [J]. Journal of Guidance, Control, and Dynamics, 1995, 18 (4): 678 - 688.

[4] Meirovitch L. Hybrid state equations of motion for flexible bodies in terms of quasi-coordinates [J]. Journal of Guidance, Control, and Dynamics, 1991, 14(5): 1008 - 1013.

[5] Meirovitch L, Nelson H D. On the high-spin motion of a satellite containing elastic parts [J]. Journal of Spacecraft and Rockets, 1966, 3(11): 1597 - 1602.

第6章
宽速域建模理论与方法的典型应用

前面建立的组合动力飞行器气动/推进模型能够实现超声速/高超声速范围内飞行器气动学科和推进学科的气动特性分析、受力输出、耦合特性分析与输出,其应用范围主要由以下几方面组成:

(1) 飞行器飞行马赫数 $Ma \geqslant 2$;

(2) 飞行器采用冲压组合发动机;

(3) 飞行器采用一体化设计构型,机体和发动机存在强耦合特性,即机体和发动机的性能受到相互之间的强烈影响;

(4) 本书建立的耦合模型独立于特定飞行器,对于不同的超声速/高超声速飞行器均适用,包括升力体、类乘波体等一体化构型;

(5) 模型适用于超声速/高超声速爬升/巡航飞行器概念设计阶段和初步设计阶段的构型遴选、性能分析与优化。

典型的组合动力飞行器气动/推进模型与其他学科之间协同应用示例如图6.1所示。对于组合动力飞行器,其中的耦合不只体现在气动/推进模型之间的耦合,还包括与弹道、控制等学科之间的耦合,任何一个学科都有可能严重影响其他学科的性能表现,如前面所述飞行环境对飞行器气动特性的影响,因而组合动力飞行器的设计与分析需要多个学科之间的协同作用。

首先,根据概念设计指标和初始参数(存储于飞行器性能特性数据库中),使用书中所建立的气动/推进一体化耦合模型对飞行器进行宽速域飞行包线范围内的气动和推进性能快速计算(快速估算平台计算耗时远少于 CFD 计算),并将计算所得结果存入飞行器性能特性数据库并构建宽速域受力数学模型。其次,弹道学科接收基于气动/推进一体化耦合模型的计算结果建立的宽速域受力数学模型,结合飞行器的初始特性,进行弹道的仿真和优化,弹道和控制学科能够形成学科之间的相互作用,可共同分析设计方案的可行性和特性表现,并将结

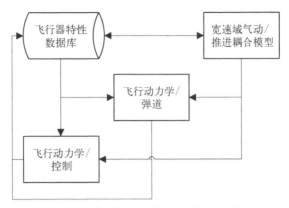

图 6.1 耦合模型与其他学科之间协同应用示例

论输出到飞行器特性数据库。

6.1 理论模型应用的框架

6.1.1 前处理模块和后处理模块

前处理模块通过接收各种用户输入数据来建立一个具体飞行器的参数化模型。用户输入数据包括几何参数、质量与刚度参数、弹道参数、推进参数、分析类型、精度级别等类别。通过变动参数化模型的相关参数可以研究参数对系统特性的影响。飞行器参数化模型的输出形式由后续分析需求决定,它有多种形式,既可以是简单的几个设计参数,也可以是稍复杂的线框图,还可以是非常复杂的装配图。

后处理模块主要用于输出各种分析结果,包括用表格或图形表示计算结果、生成结果报告等。

6.1.2 分析模块

分析模块由下列模块组成。

1. 结构模块

结构模块用于确定飞行器结构的固有振动特性和结构的动响应。从目前来看,为了保证超燃冲压发动机的性能,吸气式高超声速飞行器的结构变形不宜过大。因此,飞行器结构弹性变形可以限定在线性范围内考虑,并应用模态截断方法只需保留飞行器的前几个低阶模态。

结构模块可按计算结果的精度分为三级。第一级采用高精度的有限元分析软件(如 ANSYS、NASTRAN、MARC 等)。它的优点是通用性强、分析精度高;缺点是有限元模型非常复杂,计算代价大。由于大气动载荷和防热等需求,吸气式高超声速飞行器的结构非常复杂,精确的有限元模型很难获得。第二级和第三级分别采用传递矩阵法和假设模态法。

2. 气动模块

气动模块用于确定作用于飞行器的定常或非定常气动载荷。气动模块按计算结果的精度也分为三级。第一级采用高精度的计算流体动力学软件(如 FLUENT、FASTRAN 等)。第二级采用基于面元法的各种工程算法计算无黏和黏性气动力。第三级应用解析气动力计算方法。

3. 发动机模块

发动机模块用于分析发动机流道内的流动参数。发动机模块按精度分为三级。第一级是能够计算燃烧化学反应的计算流体动力学软件(如 FLUENT、SRGULL 等)。第二级和第三级分别用准一维流分析和解析公式。

4. 气动/推进/结构耦合模块

组合动力飞行器的气动、推进和弹性结构之间存在明显的耦合特征。推进系统对空气的压缩效率、燃料能量的释放及剪切层的位置和形状都受飞行迎角和动压的影响。组合动力安装在飞行器重心下方,发动机的推力会产生绕重心的抬头俯仰力矩。具有较高压强的发动机尾气作用于飞行器机身后体下表面可以产生附加的推进升力和绕质心的低头俯仰力矩。机身的弹性变形直接影响飞行器头部激波的强度,而细长机身在气动载荷和外喷管高压作用力下容易发生弹性弯曲振动。

对于耦合问题,本书采用松耦合的解决方法。假设已经获得飞行器结构的模态形状和频率,它们可以通过解析方法、假设模态法或更复杂的有限元方法求解,可以包含或不包含温度对结构模态的影响。利用结构模态参数建立结构动力学的方程,气动作用力和推力被包含在结构动力学方程的广义力中。通过求解结构动力学方程,可以得到结构的变形,这导致气动力和推力的变化,它们反馈到结构动力学方程中就形成了闭合的耦合关系。结构、气动、推进分析模块及其耦合关系见图6.2。

5. 运动方程模块

分析组合动力飞行器的动力学特性需要建立恰当的运动方程。在第 5 章推导了飞行器多种形式的运动方程。根据飞行器的实际任务和弹道,可以选择合适的运动方程形式。图 6.3 为运动方程模块及其输入输出关系。

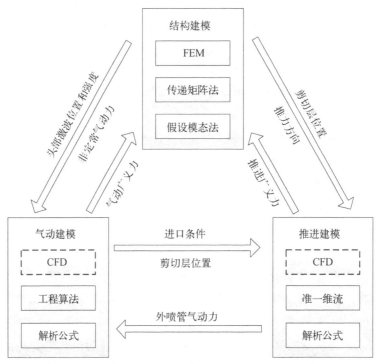

图 6.2　结构、气动、推进分析模块及其耦合关系

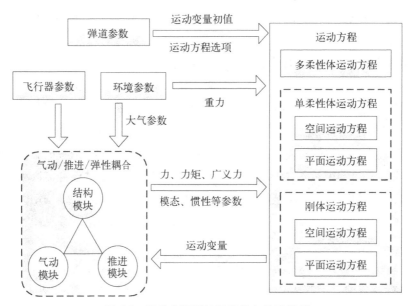

图 6.3　运动方程模块及其输入输出关系

6. 动态特性分析模块

组合动力飞行器的运动方程是复杂的时变非线性方程,不仅包括惯性耦合,还包括气动/推进/弹性耦合引起的力耦合。对运动方程的数值求解与仿真难以分析出一般规律。动态特性分析是传统飞行力学中非常有用的分析方法。对飞行器运动方程在基准运动附近进行变分运算,可以得到飞行器的扰动运动方程。一般来讲,飞行器在控制系统作用下不会偏离基准运动太远,一阶变分就可达到足够的精度。在某些情况下,可能需要高阶变分,这样得到的扰动方程是非线性的。如果基准运动是定态巡航飞行,那么扰动运动方程是常系数微分方程。

6.2　应用于耦合特性分析

组合动力飞行器前体在产生气动力及力矩的同时还起着进气道的作用,为组合动力燃烧室提供合适的进口气流参数;后体在使燃烧室高温高压燃气进一步膨胀加速产生推力及其力矩的同时还伴随升力及其力矩的产生。所以,该飞行器与传统飞行器有本质区别,需要进行基于内外流场一体化计算的飞行动力学耦合特性分析。具体而言,气动/推进一体化力和力矩的主要影响因素、作用形式及其重要性测度等静态耦合尚待研究;气动/推进耦合作用对飞行动态特性的作用机制有待明确;飞行状态变量、控制变量和运动模态间的动态耦合需要测度。

当组合动力飞行器飞行时,首先,由前体-进气道将来流通过弱激波系压缩而减速增压,为燃烧室提供合适的进口气流参数;然后,在燃烧室中经过燃料的燃烧获得兼顾高温和高压的燃气气流;最后,超声速的燃气气流经过后体-尾喷管的进一步膨胀而减压增速,在其出口基本获得完全膨胀状态的气流参数。另外,当燃烧室中的气流存在分离或热力学喉道时,隔离段起作用,产生激波链,通过调整激波链长度来改变燃烧室的进口气流参数以匹配不同程度的气流分离和热力学喉道情况;当激波链长度超出隔离段的几何长度时,发动机外罩唇口前会产生弓形激波,发动机处于不启动状态。此外,需要注意飞行条件是否在前体-进气道的自启动范围内,否则发动机的工作性能可能会急剧恶化导致灾难性的飞行后果。

可见,气动对推进系统的影响作用主要体现在不同攻角或马赫数条件下,经过前体-进气道激波系压缩后获得不同燃烧室进口气流参数,进而影响燃烧室中高温高压气流的产生,并且燃气气流在后体-尾喷管的膨胀也不同;最终燃气气流参数的不同体现在发动机燃烧室产生的推力、开力及其力矩和后体-尾喷管产生的推力、升力及其力矩的不同;此外,马赫数和攻角还通过后体-尾喷管剪切层对气流的膨胀起作用。推进系统对气动影响作用主要体现在不同当量比的燃料燃烧后,在燃烧室出口获得不同的高温高压燃气,进而燃气气流在后体-尾喷管中的膨胀程度不同,最终后体-尾喷管产生不同的升力及其力矩。

6.2.1 飞行动态耦合特性

飞行器飞行动态特性主要是指其稳定性、操纵性、机动性、伺服气动弹性和飞行动力学耦合等分析,方法主要有时域、频域和复数域方法。由于非线性系统的复杂性,目前只是针对某些特殊问题应用相关的非线性理论,如自激振荡的描述函数法、二阶系统的相平面法、分叉突变理论分析稳定性和针对非线性系统控制的反馈线性化、动态逆及反演控制等。在动态特性分析与综合中,经典控制理论和现代控制理论得到广泛深入的应用,但其缺点是只针对局部小扰动线性化区域。

采用球面地心坐标系、弹道坐标系和飞行器体坐标系分别建立质心运动学方程、质心动力学方程和绕质心转动的动力学方程更佳。此外,为了能直接得到运动方程中所必需的攻角、侧滑角和倾侧角,可根据地心坐标系-北偏东坐标系-弹道坐标系-速度坐标系-飞行器体坐标系的变换关系推导出攻角、侧滑角和倾侧角三个角的导数与在弹体坐标系中飞行器转动角速度的关系,即绕质心转动的运动学、纵向运动方程,如式(6.1)所示。

$$
\begin{cases}
\dot{r} = V\sin\theta \\
\dot{\phi} = \dfrac{V\cos\theta}{r} \\
\dot{V} = \dfrac{P\cos\alpha}{m} - \dfrac{X}{m} - \dfrac{GM}{r^2}\left[1 - \dfrac{3}{2}J_2\left(\dfrac{R_a}{r}\right)^2(5\sin^2\phi - 1)\right]\sin\theta \\
\qquad - 3J_2\dfrac{GM}{r^2}\left(\dfrac{R_a}{r}\right)^2\sin\phi(\cos\theta\cos\phi + \sin\theta\sin\phi) \\
\qquad - \omega_E^2 r\cos\phi(\sin\phi\cos\theta - \cos\phi\sin\theta)
\end{cases}
\tag{6.1}
$$

$$\dot{\theta} = \frac{1}{V} \left\{ \begin{array}{l} \left[\dfrac{P\sin\alpha}{m} + \dfrac{Y}{m} - \dfrac{GM}{r^2} \left[1 - \dfrac{3}{2}J_2 \left(\dfrac{R_a}{r} \right)^2 (5\sin^2\phi - 1) \right] \right] \cos\theta \\[4mm] + 3J_2 \dfrac{GM}{r^2} \left(\dfrac{R_a}{r} \right)^2 \sin\phi(\sin\theta\cos\phi - \cos\theta\sin\phi) \\[4mm] + \omega_E^2 r\cos\phi(\sin\phi\sin\theta + \cos\phi\cos\theta) + \dfrac{V^2\cos\theta}{r} \end{array} \right\}$$

$$\dot{\omega}_z = \frac{M_z}{I_z}$$

$$\dot{\alpha} = \omega_z - \dot{\theta}$$

式中,

$$X = C_x qS,\ Y = C_y qS,\ P = C_T qS$$

$$M_z = m_z qSL,\ q = \frac{1}{2}\rho V^2$$

$$C_x = C_x(\alpha,\ Ma,\ Re,\ \delta),\ C_y = C_y(\alpha,\ Ma,\ \delta,\ Re,\ f_{st})$$

$$C_T = C_T(\alpha,\ Ma,\ Re,\ f_{st}),\ M_z = m_z(\alpha,\ Ma,\ \omega_z,\ Re,\ \delta,\ f_{st})$$

式中,C_x 和 C_y 分别为速度坐标系下的阻力和升力无量纲比例因数;C_T 和 m_z 分别为飞行器体坐标系下的推力和力矩无量纲比例因数;S 为参考面积;L 为特征长度。

组合动力飞行器高度气动/推进一体化设计导致纵向扰动运动与传统飞行器有所不同,这主要体现在推力与飞行速度、攻角等弹道特性和当量比(油门)密切相关,并且气动力既是攻角、舵偏角和速度的函数,又是当量比(油门)的函数;力矩除了与传统飞行器的攻角、角速度、飞行速度和舵偏角相关外,还与超燃冲压发动机当量比(油门)密切相关。

建立便于飞行器动态特性分析的小扰动线性化模型,利用动力学系数可将纵向扰动运动模型整理为标准形式:

$$\Delta\dot{x} = A\Delta x + B\Delta u \tag{6.2}$$

式中,

$$\Delta x = \begin{bmatrix} \Delta V & \Delta\omega_z & \Delta\theta & \Delta\alpha & \Delta r \end{bmatrix}^T$$

$$\Delta u = \begin{bmatrix} \Delta\delta & \Delta f_{st} \end{bmatrix}^T$$

$$
A = \begin{bmatrix}
-a_{11} & 0 & -a_{13} & -a_{14} & 0 \\
-a_{21} & -a_{22} & 0 & -a_{24} & 0 \\
-a_{31} & 0 & -a_{33} & a_{34} & -a_{37} \\
a_{31} & 1 & a_{33} & -a_{34} & a_{37} \\
a_{41} & 0 & a_{43} & 0 & 0
\end{bmatrix}
$$

$$
B = \begin{bmatrix}
0 & a_{16} \\
-a_{25} & -a_{26} \\
a_{35} & a_{36} \\
-a_{35} & -a_{36} \\
0 & 0
\end{bmatrix}
$$

以某典型的组合动力飞行器为研究对象,机体上表面采用直线构型,与发动机轴线夹角为 2°,全动舵面积为 0.225 m²,在飞行器体坐标系中的位置为 (−1.32 m, 0.15 m),参考长度为 4.397 m,参考面积为 0.059 m²,巡航条件为飞行高度 25 km、速度 $Ma = 6$。巡航平衡点的配平问题,即是寻求舵偏角、当量比、攻角和角速度的取值使纵向运动方程的导数项为 0,且状态变量飞行高度为 25 km、速度 $Ma = 6$ 和弹道倾角及角速度为 0 的求解过程。求解算法采用改进的布谷鸟优化算法,设置迭代次数为 150,其求解结果如表 6.1 所示。

表 6.1 飞行器的平衡点参数

符 号	无 黏	黏 性	描 述	单 位
H	25 000	25 000	高度	m
V	1 790.34	1 790.34	速度	m/s
ω_z	0	0	俯仰角速度	rad/s
ϕ	35	35	弹下点纬度	(°)
θ	0	0	当地弹道倾角	(°)
α	4.115	3.429	迎角	(°)
φ	0.068	0.165	燃油当量比	—
δ_e	−14.172	−15.084	升降舵偏角	(°)

为了检验小扰动线性化的有效性,在弹道平衡条件下给定攻角和弹道倾角周期扰动 $\Delta\alpha = -\Delta\theta = 2°\sin(20\pi t)$,其他参数为弹道平衡基准值时,分别对攻

角、弹道倾角和角速度的小扰动线性解和使用四阶经典 Runge-Kutta 直接求解非线性微分方程的解进行对比分析,仿真结果如图 6.4~图 6.6 所示。由图 6.4~图 6.6 可知,在仿真的 0.1 s 内小扰动线性化解与非线性微分方程解基本一致,如果考虑到一个控制周期内二者的差别很小,可以由控制系统消除,小扰动线性化完全可以用于飞行器的动态特性分析与综合;之所以不会完全重合是因为运动方程中含有较弱的非线性项,如动压为速度的平方项等。此外,由飞行器运动的线性扰动解和非线性数值解对比分析,进一步验证了巡航点配平的正确性。

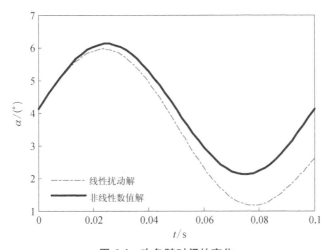

图 6.4 攻角随时间的变化

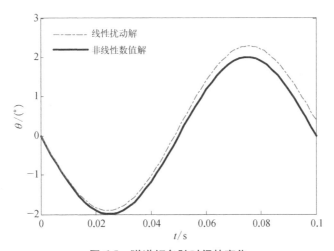

图 6.5 弹道倾角随时间的变化

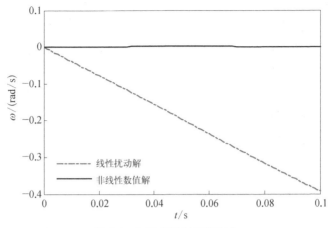

图 6.6　角速度随时间的变化

6.2.2　气动/推进耦合对飞行动态特性的影响

气动/推进耦合作用、力及力矩的交互作用和推进系统作用对飞行动态特性的影响可以分别从时域和频域两方面针对扰动后的状态方程进行描述。针对扰动后的状态方程除了利用时域、频域分析方法外,在时域内还可以利用矩阵特征值扰动理论估计矩阵扰动所引起的特征值变化的上限。

对于状态方程式(6.2)中的系统矩阵 A,设其某一特征值为 s,与该特征值对应的右特征向量为 p、左特征向量为 q^T,矩阵 A 受到扰动后变为 $A' = A + \delta A$,相应的特征值变为 $s' = s + \delta s$,如果 $\| \delta A \|$ 比较小,则特征值的一阶摄动解为

$$\delta s = \frac{q^T \delta A p}{q^T p} + o(\| \delta A \|^2) \tag{6.3}$$

由范数的相容性定理可得

$$| \delta s | \leqslant \text{cond}(s) \| \delta A \| + o(\| \delta A \|^2) \tag{6.4}$$

式中,

$$\text{cond}(s) = \frac{\| q^T \| \cdot \| p \|}{| q^T p |}$$

由式(6.3)可以得到矩阵 A 受到扰动后的一阶摄动解;由式(6.4)可以得到一阶摄动解变化的上限,此外还可得出矩阵 A 特征值变化的上限是由 $\text{cond}(s)$

和 $\|\delta A\|$ 共同决定的;矩阵扰动后特征值的变化由原矩阵特征值对应的左右特征向量(固有特性)和扰动作用共同决定;此外,$\mathrm{cond}(s)$ 可以看作特征值对于外界扰动作用的灵敏度度量指标。

由前面相关章节可知,飞行攻角和马赫数的变化会导致超燃冲压发动机燃烧室进口气流参数的改变,进而引起推进系统推力的变化,并且推进系统当量比的变化会导致燃烧室出口气流参数的改变,进而引起后体-尾喷管气流参数的变化,最终影响后体-尾喷管力及力矩的变化。总之,飞行攻角和马赫数在产生气动力及力矩的同时对推力有影响,并且当量比在产生推力的同时对后体-尾喷管的升力及力矩有影响。气动/推进耦合的飞行动态特性分析就是研究气动与推进间的相互作用对飞行动态特性的影响,具体如下所述:

(1)气动对推进的耦合作用对飞行动态特性的影响,对于纵向扰动运动,即对 P^α、$P\cos\alpha$、$P\sin\alpha$ 和 P^V 等参数的影响分析;

(2)推进对气动的耦合作用对飞行动态特性的影响,即对 Y^ϕ 和 M^ϕ 等参数的影响分析;

(3)当量比对飞行动态特性的影响,即对 P^ϕ、Y^ϕ 和 M^ϕ 等参数的影响分析;

(4)超燃冲压发动机相关作用对飞行动力学特性的影响,即对上述所有参数的影响分析。

气动/推进耦合时域飞行动态特性分析主要研究气动和推进作用对系统矩阵特征值的影响、特征值对气动/推进耦合的灵敏度及变化上限,气动对推进、推进对气动、当量比和超燃冲压发动机相关作用的时域飞行动态特性如表 6.2 所示。

表 6.2　气动/推进耦合的纵向扰动运动时域分析

原始特征值		短周期模态		高度模态		长周期模态	
		$-1.167\,1$	$1.118\,6$	$0.001\,2$	$-0.006\,5+0.043\,5\mathrm{i}$	$-0.006\,5-0.043\,5\mathrm{i}$	
气动 对推进	特征值	$-1.165\,6$	$1.119\,8$	$-0.004\,4$	$-0.006\,6+0.042\,3\mathrm{i}$	$-0.006\,6-0.042\,3\mathrm{i}$	
	灵敏度	55.839	57.249	$1.314\,6\times10^4$	$2.182\,0\times10^4$	$2.182\,0\times10^4$	
	上限	81.938	84.006	$1.929\,1\times10^4$	$3.201\,9\times10^4$	$3.201\,9\times10^4$	
推进 对气动	特征值	$-1.167\,1$	$1.118\,6$	$0.001\,2$	$-0.006\,5+0.043\,5\mathrm{i}$	$-0.006\,5-0.043\,5\mathrm{i}$	
	灵敏度	58.873	60.555	$1.184\,5\times10^4$	$2.045\,7\times10^4$	$2.045\,7\times10^4$	
	上限	0	0	0	0	0	

（续表）

原始特征值		短周期模态		高度模态		长周期模态
		−1.167 1	1.118 6	0.001 2	−0.006 5+0.043 5i	−0.006 5−0.043 5i
当量比	特征值	−1.167 1	1.118 6	0.001 2	−0.006 5+0.043 5i	−0.006 5−0.043 5i
	灵敏度	58.873	60.555	$1.184\,5\times10^{4}$	$2.045\,7\times10^{4}$	$2.045\,7\times10^{4}$
	上限	0	0	0	0	0
超燃冲	特征值	−1.165 6	1.119 8	−0.004 4	−0.006 6+0.042 3i	−0.006 6−0.042 3i
压发动	灵敏度	55.839	57.249	$1.314\,6\times10^{4}$	$2.182\,0\times10^{4}$	$2.182\,0\times10^{4}$
机相关	上限	81.938	84.006	$1.929\,1\times10^{4}$	$3.201\,9\times10^{4}$	$3.201\,9\times10^{4}$

由表 6.2 可知,短周期模态与高度模态和长周期模态对系统矩阵扰动的灵敏度相比低两个数量级,即长周期模态对于系统矩阵扰动的鲁棒性最差,这正好与其相应特征值的变化程度一致;由于气动对推进的影响和超燃冲压发动机相关的影响改变了系统矩阵,所以其对应的特征值发生变化;模态变化的上限估计远远大于其实际改变量,实际意义不大。

气动对推进、推进对气动、当量比和超燃冲压发动机相关作用的频域飞行动态特性如图 6.7～图 6.18 所示,其中,图 6.7～图 6.12 为弹道参数对当量比的频域响应特性,图 6.13～图 6.18 为弹道参数对舵偏角的频域响应特性。

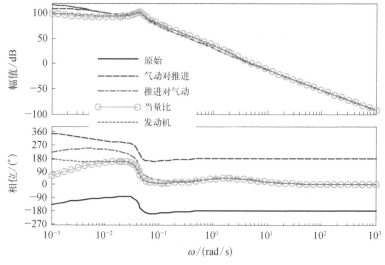

图 6.7　飞行高度对当量比扰动运动的频率特性

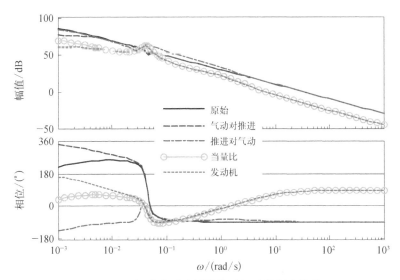

图 6.8　飞行速度对当量比扰动运动的频率特性

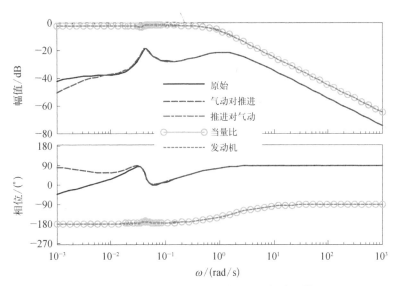

图 6.9　角速度对当量比扰动运动的频率特性

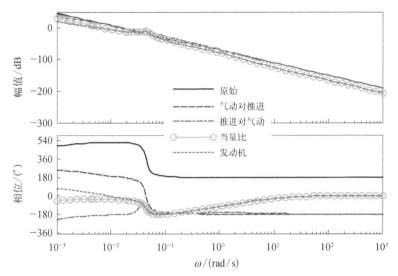

图 6.10　弹下点纬度对当量比扰动运动的频率特性

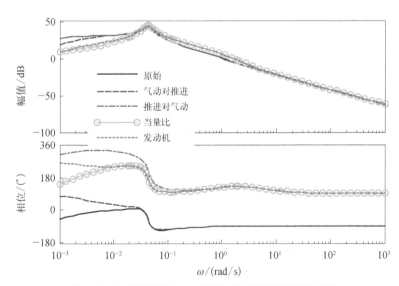

图 6.11　飞行弹道倾角对当量比扰动运动的频率特性

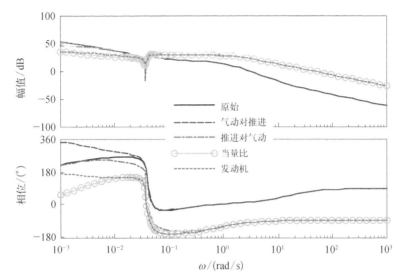

图 6.12　飞行攻角对当量比扰动运动的频率特性

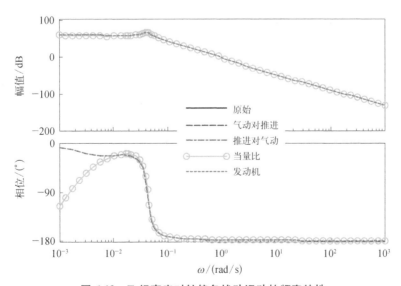

图 6.13　飞行高度对舵偏角扰动运动的频率特性

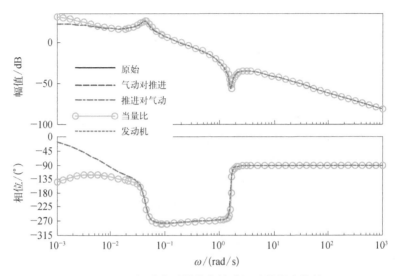

图 6.14　飞行速度对舵偏角扰动运动的频率特性

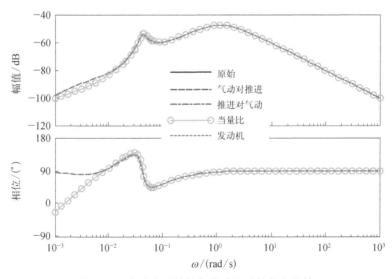

图 6.15　角速度对舵偏角扰动运动的频率特性

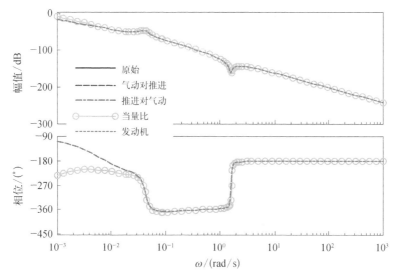

图 6.16　弹下点纬度对舵偏角扰动运动的频率特性

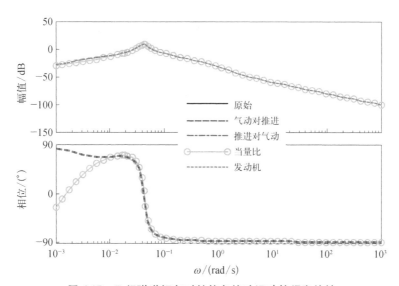

图 6.17　飞行弹道倾角对舵偏角扰动运动的频率特性

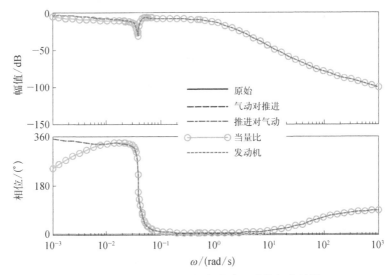

图 6.18 飞行攻角对舵偏角扰动运动的频率特性

由图 6.7~图 6.12 可知,气动对推进的作用对飞行动态特性除了高度和纬度的相频特性不同外,对于其他的幅相频特性在高频基本没影响,在较低的低频具有较大影响,由此可知进行动态特性分析时可以完全忽略气动对推进的影响。推进对气动的作用除了对角速度和攻角有显著影响外,对其他弹道参数幅频特性基本一致,只是在相频特性上有影响;当量比的影响与发动机相关作用的影响非常一致,除了对高度和纬度的相频特性有很大影响外,还对飞行速度、弹道倾角、角速度和攻角的动态特性具有显著的影响。由图 6.13~图 6.18 可知,对于舵偏,飞行动态特性基本与气动/推进的耦合作用无关。总之,气动/推进的耦合作用主要通过当量比对飞行动态特性产生影响,对以舵面为输入的动态特性无影响。

6.3 应用于飞行动力学控制

6.3.1 运动方程

1. 一般运动方程

当飞行器在纵向平面内运动时,平动速度 V_{o1}、转动速度 ω_1 和弹性振动的振型 Φ_{u1} 可表示为

$$\boldsymbol{V}_{o1} = \begin{bmatrix} V_\infty \cos \alpha \\ 0 \\ V_\infty \sin \alpha \end{bmatrix}, \quad \boldsymbol{\omega}_1 = \begin{bmatrix} 0 \\ q \\ 0 \end{bmatrix}, \quad \boldsymbol{\Phi}_{u1} = \begin{bmatrix} \mathbf{0}_{1 \times n} \\ \mathbf{0}_{1 \times n} \\ -\boldsymbol{\Phi}(x) \end{bmatrix} \tag{6.5}$$

在机翼机身质量比很小和连体坐标系选在飞行器的瞬时质心的情况下，5.3.3 节给出了飞行器纵向运动的动力学方程，为式（5.114）~ 式（5.116）。将式（6.5）代入式（5.114）~ 式（5.116）并化简得到平动方程、转动方程和弹性振动方程分别为

$$m\left[\dot{V}_\infty \cos \alpha + V_\infty(q - \dot{\alpha})\sin \alpha\right] - q\boldsymbol{I}_{m1}\,\dot{\boldsymbol{\eta}} = F_x \tag{6.6}$$

$$m\left[\dot{V}_\infty \sin \alpha - V_\infty(q - \dot{\alpha})\cos \alpha\right] - \boldsymbol{I}_{m1}\,\ddot{\boldsymbol{\eta}} = F_z \tag{6.7}$$

$$J_{yy}\,\dot{q} + \boldsymbol{I}_{m2}\,\ddot{\boldsymbol{\eta}} + V_\infty \cos \alpha \boldsymbol{I}_{m1}\,\dot{\boldsymbol{\eta}} = M_y \tag{6.8}$$

$$\boldsymbol{I}_{m3}\,\ddot{\boldsymbol{\eta}} + \boldsymbol{I}_{m4}\boldsymbol{\eta} - (\dot{V}_\infty \sin \alpha + \dot{\alpha} V_\infty \cos \alpha)\boldsymbol{I}_{m1}^{\mathrm{T}} + \dot{q}\boldsymbol{I}_{m2}^{\mathrm{T}} = \boldsymbol{Q} \tag{6.9}$$

式中，

$$\boldsymbol{I}_{m1} = \int_a^b m(x)\boldsymbol{\Phi}(x)\,\mathrm{d}x, \quad \boldsymbol{I}_{m2} = \int_a^b m(x)x\boldsymbol{\Phi}(x)\,\mathrm{d}x$$

$$\boldsymbol{I}_{m3} = \int_a^b m(x)\boldsymbol{\Phi}^{\mathrm{T}}\boldsymbol{\Phi}(x)\,\mathrm{d}x, \quad \boldsymbol{I}_{m4} = \int_a^b EI_y(x)(\boldsymbol{\Phi}'')^{\mathrm{T}}\boldsymbol{\Phi}''(x)\,\mathrm{d}x$$

式中，$\boldsymbol{I}_{m3}$ 称为广义质量；$\boldsymbol{I}_{m4}$ 称为广义刚度；第 i 阶振型函数 $\boldsymbol{\Phi}_i(x)$ 沿连体坐标系 z 轴的负向为正。如果振型 $\boldsymbol{\Phi}(x)$ 是飞行器弯曲振动的固有振型，那么根据固有振型的正交性，广义质量 $\boldsymbol{I}_{m3}$ 和广义刚度 $\boldsymbol{I}_{m4}$ 都是对角矩阵，并且有

$$\boldsymbol{I}_{m4} = \mathrm{diag}(\omega_i^2)\boldsymbol{I}_{m3} = \begin{bmatrix} \omega_1^2 & 0 & \cdots & 0 \\ 0 & \omega_2^2 & \cdots & 0 \\ \vdots & \vdots & & \vdots \\ 0 & 0 & \cdots & \omega_n^2 \end{bmatrix} \boldsymbol{I}_{m3} \tag{6.10}$$

式中，ω_i 为第 i 阶弯曲固有频率。考虑到飞行器存在结构阻尼，在式（6.9）中，引入结构阻尼项得到

$$\begin{aligned} &\boldsymbol{I}_{m3}\,\ddot{\boldsymbol{\eta}} + \mathrm{diag}(2\zeta\omega_i)\boldsymbol{I}_{m3}\,\dot{\boldsymbol{\eta}} + \mathrm{diag}(\omega_i^2)\boldsymbol{I}_{m3}\boldsymbol{\eta} \\ &- (\dot{V}_\infty \sin \alpha + \dot{\alpha} V_\infty \cos \alpha)\boldsymbol{I}_{m1}^{\mathrm{T}} + \dot{q}\boldsymbol{I}_{m2}^{\mathrm{T}} = \boldsymbol{Q} \end{aligned} \tag{6.11}$$

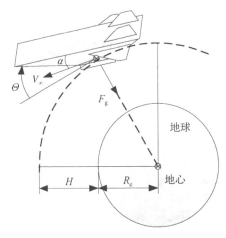

图 6.19 吸气式高超声速巡航飞行器
运动学关系示意图

式中,ζ 为结构阻尼系数,其值通常小于 0.1,具体数值可通过结构振动实验得到。根据图 6.19,再补充运动学方程:

$$\dot{H} = V_\infty \sin(\Theta - \alpha) \tag{6.12}$$

$$\dot{\Theta} = q + \frac{V_\infty \cos(\Theta - \alpha)}{R_e + H} \tag{6.13}$$

式中,Θ 为当地俯仰角。综上所述,式 (6.6)~式(6.8)、式(6.11)~式(6.13)构成了飞行器的纵向运动方程组。

如果通过适当选择连体坐标系的原点使下列条件成立:

$$\begin{aligned}
\boldsymbol{I}_{m1} &= \int_a^b m(x)\boldsymbol{\Phi}(x)\,\mathrm{d}x \approx \boldsymbol{0}_{n\times 1} \\
\boldsymbol{I}_{m2} &= \int_a^b m(x)x\boldsymbol{\Phi}(x)\,\mathrm{d}x \approx \boldsymbol{0}_{n\times 1}
\end{aligned} \tag{6.14}$$

那么可以得到飞行器刚体平动、转动和弹性运动之间相互无惯性耦合的方程组。式(6.14)实际上就是平均体轴系条件:弹性运动线动量和角动量为零。如果只考虑飞行器较短时间内的飞行,那么可忽略当地俯仰角和实际俯仰角之间的差别,巡航飞行的弹道可看作平直的。在上述两个条件下,飞行器的运动方程可简化为

$$\dot{V}_\infty \cos\alpha + V_\infty(q - \dot{\alpha})\sin\alpha = F_x/m \tag{6.15}$$

$$\dot{V}_\infty \sin\alpha - V_\infty(q - \dot{\alpha})\cos\alpha = F_z/m \tag{6.16}$$

$$\dot{q} = M_y/J_{yy} \tag{6.17}$$

$$\ddot{\boldsymbol{\eta}} + \mathrm{diag}(2\zeta\omega_i)\,\dot{\boldsymbol{\eta}} + \mathrm{diag}(\omega_i^2)\boldsymbol{\eta} = \boldsymbol{I}_{m3}^{-1}\boldsymbol{Q} \tag{6.18}$$

$$\dot{H} = V_\infty \sin(\Theta - \alpha) \tag{6.19}$$

$$\dot{\Theta} = q \tag{6.20}$$

2. 扰动运动方程

根据李雅普诺夫稳定性理论,非线性系统在平衡点邻域的稳定性可用系统

在平衡点的线性化近似系统来判断。飞行器的运动方程组可以写成状态空间的形式,即

$$\dot{x}(t) = f[x(t), u(t)], \quad x(0) = x_0 \tag{6.21}$$

式中,

$$x = \begin{bmatrix} \Theta & H & Ma_\infty & \alpha & q & \eta^{\mathrm{T}} & \dot{\eta}^{\mathrm{T}} \end{bmatrix}^{\mathrm{T}}, \quad u = \begin{bmatrix} \delta_e & A_d & \phi & A_n \end{bmatrix}^{\mathrm{T}}$$

系统的平衡点就是指系统状态和控制量 (x_e, u_e) 满足:

$$\dot{x}_e = f(x_e, u_e) = 0 \tag{6.22}$$

当飞行器处于平衡时,当地俯仰角 Θ、高度 H、马赫数 Ma_∞、迎角 α、俯仰角速度 q 和弹性广义坐标 η 都为常值。这就是说,在平衡点飞行器仅发生静弹性变形,并作定高、定速巡航飞行。飞行器在平衡点满足如下方程:

$$F_x - V_\infty q \sin \alpha = 0 \tag{6.23}$$

$$F_z + V_\infty q \cos \alpha = 0 \tag{6.24}$$

$$M_y = 0 \tag{6.25}$$

$$Q - \mathrm{diag}(\omega_i^2) I_{m3} \eta = 0_{n \times 1} \tag{6.26}$$

$$\Theta - \alpha = 0 \tag{6.27}$$

$$q + \frac{V_\infty}{R_e + H} = 0 \tag{6.28}$$

求解非线性方程组式(6.23)~式(6.28)可得到平衡点。这样得到的平衡点没有考虑状态量和控制量的实际约束。吸气式高超声速飞行器受到下列约束:

(1) 动压为 20~90 kPa;

(2) 不发生热壅塞;

(3) 当量比不超过 1;

(4) 扩压段面积比不能过小;

(5) 舵面偏角的绝对值应尽可能小;

(6) 迎角存在上下限;

(7) 静弹性变形不能太大。

考虑到上述约束,将非线性方程求解问题转换为下面的优化问题:

$$\min \dot{\boldsymbol{x}}^{\mathrm{T}} \boldsymbol{Q} \dot{\boldsymbol{x}} + \boldsymbol{u}^{\mathrm{T}} \boldsymbol{R} \boldsymbol{u} \tag{6.29}$$

式中，$\boldsymbol{Q}$ 和 $\boldsymbol{R}$ 分别为状态导数和控制量的加权矩阵。

为了获得飞行器在平衡点的线性化近似系统，对飞行器的运动方程进行变分运算得到扰动运动方程如下：

$$
\left(Ma_{\infty} \frac{\mathrm{d} a_{\infty}}{\mathrm{d} H} \cos \alpha \right) \Delta \dot{H} + (a_{\infty} \cos \alpha) \Delta \dot{Ma}_{\infty} + (-V_{\infty} \sin \alpha) \Delta \dot{\alpha} + \left(-q \frac{\boldsymbol{I}_{m1}}{m} \right) \Delta \dot{\boldsymbol{\eta}}
$$

$$
+ \left[Ma_{\infty} \frac{\mathrm{d} a_{\infty}}{\mathrm{d} H} (q - \dot{\alpha}) \sin \alpha + \dot{Ma}_{\infty} \frac{\mathrm{d} a_{\infty}}{\mathrm{d} H} \cos \alpha + Ma_{\infty} \dot{H} \frac{\mathrm{d} a_{\infty}}{\mathrm{d} H^2} \cos \alpha \right] \Delta H
$$

$$
+ a_{\infty} (q - \dot{\alpha}) \sin \alpha \Delta Ma_{\infty} + \left[V_{\infty} (q - \dot{\alpha}) \cos \alpha - \dot{V}_{\infty} \sin \alpha \right] \Delta \alpha
$$

$$
+ \left[V_{\infty} \sin \alpha - \left(\frac{\boldsymbol{I}_{m1}}{m} \right) \dot{\boldsymbol{\eta}} \right] \Delta q = \Delta F_x / m \tag{6.30}
$$

$$
Ma_{\infty} \frac{\mathrm{d} a_{\infty}}{\mathrm{d} H} \sin \alpha \Delta \dot{H} + a_{\infty} \sin \alpha \Delta \dot{Ma}_{\infty} + (V_{\infty} \cos \alpha) \Delta \dot{\alpha} - \left(\frac{\boldsymbol{I}_{m1}}{m} \right) \Delta \ddot{\boldsymbol{\eta}}
$$

$$
+ \left[\dot{Ma}_{\infty} \frac{\mathrm{d} a_{\infty}}{\mathrm{d} H} \sin \alpha + Ma_{\infty} \dot{H} \frac{\mathrm{d} a_{\infty}}{\mathrm{d} H^2} \sin \alpha - Ma_{\infty} \frac{\mathrm{d} a_{\infty}}{\mathrm{d} H} (q - \dot{\alpha}) \cos \alpha \right] \Delta H \tag{6.31}
$$

$$
+ \left[-a_{\infty} (q - \dot{\alpha}) \cos \alpha \right] \Delta Ma_{\infty} + \left[V_{\infty} (q - \dot{\alpha}) \sin \alpha + \dot{V}_{\infty} \cos \alpha \right] \Delta \alpha
$$

$$
+ (-V_{\infty} \cos \alpha) \Delta q = \Delta F_z / m
$$

$$
\Delta \dot{q} + \left(\frac{\boldsymbol{I}_{m2}}{J_{yy}} \right) \Delta \ddot{\boldsymbol{\eta}} + V_{\infty} \cos \alpha \left(\frac{\boldsymbol{I}_{m1}}{J_{yy}} \right) \Delta \dot{\boldsymbol{\eta}} + Ma_{\infty} (a_{\infty})_H \cos \alpha \left(\frac{\boldsymbol{I}_{m1}}{J_{yy}} \right) \dot{\boldsymbol{\eta}} \Delta H \tag{6.32}
$$

$$
+ a_{\infty} \cos \alpha \left(\frac{\boldsymbol{I}_{m1}}{J_{yy}} \right) \dot{\boldsymbol{\eta}} \Delta Ma_{\infty} - V_{\infty} \sin \alpha \left(\frac{\boldsymbol{I}_{m1}}{J_{yy}} \right) \dot{\boldsymbol{\eta}} \Delta \alpha = \frac{\Delta Ma_y}{J_{yy}}
$$

$$
\boldsymbol{I}_{m3} \Delta \ddot{\boldsymbol{\eta}} + \mathrm{diag}(2 \zeta \omega_i) \boldsymbol{I}_{m3} \Delta \dot{\boldsymbol{\eta}} + \mathrm{diag}(\omega_i^2) \boldsymbol{I}_{m3} \Delta \boldsymbol{\eta} + \Delta \dot{q} \boldsymbol{I}_{m2}^{\mathrm{T}}
$$

$$
- a_{\infty} \sin \alpha \boldsymbol{I}_{m1}^{\mathrm{T}} \Delta \dot{Ma}_{\infty} - V_{\infty} \cos \alpha \boldsymbol{I}_{m1}^{\mathrm{T}} \Delta \dot{\alpha}
$$

$$
- \left[\left(\dot{Ma}_{\infty} \frac{\mathrm{d} a_{\infty}}{\mathrm{d} H} + Ma_{\infty} \dot{H} \frac{\mathrm{d} a_{\infty}}{\mathrm{d} H^2} \right) \sin \alpha + Ma_{\infty} \frac{\mathrm{d} a_{\infty}}{\mathrm{d} H} \dot{\alpha} \cos \alpha \right] \boldsymbol{I}_{m1}^{\mathrm{T}} \Delta h \tag{6.33}
$$

$$
- a_{\infty} \dot{\alpha} \cos \alpha \boldsymbol{I}_{m1}^{\mathrm{T}} \Delta Ma_{\infty} - (\dot{V}_{\infty} \cos \alpha - V_{\infty} \dot{\alpha} \sin \alpha) \boldsymbol{I}_{m1}^{\mathrm{T}} \Delta \alpha = \Delta \boldsymbol{Q}
$$

$$
\Delta \dot{H} = Ma_{\infty} (a_{\infty})_H \sin(\Theta - \alpha) \Delta H + a_{\infty} \sin(\Theta - \alpha) \Delta Ma_{\infty} \tag{6.34}
$$

$$
+ V_{\infty} \cos(\Theta - \alpha) \Delta (\Theta - \alpha)
$$

$$\Delta\dot{\Theta} = \Delta q + \frac{a_\infty \cos(\Theta - \alpha)}{R_e + H}\Delta Ma_\infty - \frac{V_\infty \sin(\Theta - \alpha)}{R_e + H}\Delta(\Theta - \alpha)$$

$$+ \left[\frac{Ma_\infty(a_\infty)_H \cos(\Theta - \alpha)}{R_e + H} - \frac{V_\infty \cos(\Theta - \alpha)}{(R_e + H)^2}\right]\Delta H \tag{6.35}$$

一般来说,在基准运动任意的条件下,上述关于变分量(扰动量)的方程是变系数的微分方程。如果基准运动是(平衡点)巡航飞行,那么上述方程中的系数是常系数微分方程。将平衡点的状态参数及其导数值代入扰动方程式(6.30)~式(6.35),并写成状态空间的形式为

$$A_1\Delta\dot{x} = A_2\Delta x + \Delta F \tag{6.36}$$

式中,

$$\Delta x = \begin{bmatrix} \Delta\Theta & \Delta H & \Delta Ma_\infty & \Delta\alpha & \Delta q & \Delta\eta & \Delta\dot{\eta} \end{bmatrix}^T$$

$$\Delta F = \begin{bmatrix} 0 & 0 & \Delta F_x/m & \Delta F_z/m & \Delta M_y/J_{yy} & \mathbf{0}_{1\times n} & (\Delta Q)^T \end{bmatrix}^T$$

$$A_1 = \begin{bmatrix}
1 & 0 & 0 & 0 & 0 & \mathbf{0}_{1\times n} & \mathbf{0}_{1\times n} \\
0 & 1 & 0 & 0 & 0 & \mathbf{0}_{1\times n} & \mathbf{0}_{1\times n} \\
0 & Ma_\infty \cos\alpha \dfrac{da_\infty}{dH} & a_\infty \cos\alpha & -V_\infty \sin\alpha & 0 & -q\dfrac{I_{m1}}{m} & \mathbf{0}_{1\times n} \\
0 & Ma_\infty \sin\alpha \dfrac{da_\infty}{dH} & a_\infty \sin\alpha & V_\infty \cos\alpha & 0 & \mathbf{0}_{1\times n} & -\dfrac{I_{m1}}{m} \\
0 & 0 & 0 & 0 & 1 & V_\infty \cos\alpha \dfrac{I_{m1}}{J_{yy}} & \dfrac{I_{m2}}{J_{yy}} \\
\mathbf{0}_{n\times 1} & \mathbf{0}_{n\times 1} & \mathbf{0}_{n\times 1} & \mathbf{0}_{n\times 1} & \mathbf{0}_{n\times 1} & I_{n\times n} & \mathbf{0}_{n\times n} \\
\mathbf{0}_{n\times 1} & -Ma_\infty \sin\alpha \dfrac{da_\infty}{dH}I_{m1}^T & -a_\infty \sin\alpha I_{m1}^T & -V_\infty \cos\alpha I_{m1}^T & I_{m2}^T & \mathrm{diag}(2\zeta_i\omega_i)I_{m3} & I_{m3}
\end{bmatrix}$$

$$A_2 = \begin{bmatrix}
0 & \left[\dfrac{Ma_\infty}{R_e + H}\dfrac{da_\infty}{dH} - \dfrac{V_\infty}{(R_e + H)^2}\right] & \dfrac{a_\infty}{R_e + H} & 0 & 1 & \mathbf{0}_{1\times n} & \mathbf{0}_{1\times n} \\
V_\infty & 0 & 0 & -V_\infty & 0 & \mathbf{0}_{1\times n} & \mathbf{0}_{1\times n} \\
0 & -Ma_\infty \dfrac{da_\infty}{dH}q\sin\alpha & -a_\infty q\sin\alpha & -V_\infty q\cos\alpha & -V_\infty \sin\alpha & \mathbf{0}_{1\times n} & \mathbf{0}_{1\times n} \\
0 & Ma_\infty \dfrac{da_\infty}{dH}q\cos\alpha & a_\infty q\cos\alpha & -V_\infty q\sin\alpha & V_\infty \cos\alpha & \mathbf{0}_{1\times n} & \mathbf{0}_{1\times n} \\
0 & 0 & 0 & 0 & 0 & \mathbf{0}_{1\times n} & \mathbf{0}_{1\times n} \\
\mathbf{0}_{n\times 1} & \mathbf{0}_{n\times 1} & \mathbf{0}_{n\times 1} & \mathbf{0}_{n\times 1} & \mathbf{0}_{n\times 1} & O_{n\times n} & I_{n\times n} \\
\mathbf{0}_{n\times 1} & \mathbf{0}_{n\times 1} & \mathbf{0}_{n\times 1} & \mathbf{0}_{n\times 1} & \mathbf{0}_{n\times 1} & -\mathrm{diag}(\omega_i^2)I_{m3} & O_{n\times n}
\end{bmatrix}$$

由式(5.50)和图6.19,地球引力在体轴系中可表示为

$$
F_g = \frac{GM_E m}{(R_e + H)^2} \begin{bmatrix} -\sin\Theta \\ 0 \\ \cos\Theta \end{bmatrix}
\tag{6.37}
$$

高超声速飞行器的离心力影响比较显著,它抵消了一部分地球的引力作用。本书将离心力和引力合在一起称为表观引力,根据图6.19,它可表示为

$$
\hat{F}_g = m \left[\frac{GM_E}{(R_e + H)^2} - \frac{V_\infty^2 \cos^2(\Theta - \alpha)}{R_e + H} \right] \begin{bmatrix} -\sin\Theta \\ 0 \\ \cos\Theta \end{bmatrix}
\tag{6.38}
$$

对式(6.38)进行变分运算得到

$$
\frac{\Delta \hat{F}_g}{m} = \left[-2\frac{GM_E}{(R_e + H)^3} + \frac{V_\infty^2 \cos^2(\Theta - \alpha)}{(R_e + H)^2} - \frac{2Ma_\infty (a_\infty)_H V_\infty \cos^2(\Theta - \alpha)}{R_e + H} \right] \begin{bmatrix} -\sin\Theta \\ 0 \\ \cos\Theta \end{bmatrix} \Delta H
$$

$$
+ \left[-\frac{2V_\infty a_\infty \cos^2(\Theta - \alpha)}{R_e + H} \right] \begin{bmatrix} -\sin\Theta \\ 0 \\ \cos\Theta \end{bmatrix} \Delta Ma_\infty + \left\{ -\frac{V_\infty^2 \sin[2(\Theta - \alpha)]}{R_e + H} \right\} \begin{bmatrix} -\sin\Theta \\ 0 \\ \cos\Theta \end{bmatrix} \Delta\alpha
$$

$$
+ \left\{ \left[\frac{GM_E}{(R_e + H)^2} - \frac{V_\infty^2 \cos^2(\Theta - \alpha)}{R_e + H} \right] \begin{bmatrix} -\cos\Theta \\ 0 \\ -\sin\Theta \end{bmatrix} + \frac{V_\infty^2 \sin[2(\Theta - \alpha)]}{R_e + H} \begin{bmatrix} -\sin\Theta \\ 0 \\ \cos\Theta \end{bmatrix} \right\} \Delta\Theta
\tag{6.39}
$$

在平衡点,式(6.39)可简化为

$$
\frac{\Delta \hat{F}_g}{m} = \left[-2\frac{GM_E}{(R_e + H)^3} + \frac{V_\infty^2}{(R_e + H)^2} - \frac{2V_\infty Ma_\infty}{R_e + H} \frac{da_\infty}{dH} \right] \begin{bmatrix} -\sin\alpha \\ 0 \\ \cos\alpha \end{bmatrix} \Delta H
$$

$$
+ \left(-\frac{2V_\infty a_\infty}{R_e + H} \right) \begin{bmatrix} -\sin\alpha \\ 0 \\ \cos\alpha \end{bmatrix} \Delta Ma_\infty + \left[\frac{GM_E}{(R_e + H)^2} - \frac{V_\infty^2}{R_e + H} \right] \begin{bmatrix} -\cos\alpha \\ 0 \\ -\sin\alpha \end{bmatrix} \Delta\Theta
\tag{6.40}
$$

至此,得到了全部作用力、力矩和广义力变分项的解析表达式,同样可以将它们写成状态空间表达式:

$$\Delta F = A_3 \Delta x + A_4 \Delta u \tag{6.41}$$

式中, $\Delta u = \begin{bmatrix} \delta_e & A_d & \phi & A_n \end{bmatrix}^T$; A_3 和 A_4 的表达式比较复杂,不便在此列出。由式(6.36)和式(6.41)可得扰动状态量 Δx 的状态空间表达式为

$$\Delta \dot{x} = A \Delta x + B \Delta u \tag{6.42}$$

式中, $A = A_1^{-1}(A_2 + A_3)$; $B = A_1^{-1} A_4$ 。

6.3.2　运动模态分析

对扰动线性化系统矩阵求出特征值和特征向量分别列于表 6.3 和表 6.4。系统的特征值(极点)在复平面的分布见图 6.20。吸气式高超声速飞行器的纵向动力学不同于传统低速飞机。吸气式高超声速飞行器有一个高度模态(对应表 6.3 中特征值−0.008 5),高度模态依赖推力对马赫数、高度的导数。传统低速飞机动力学忽略了高度模态的影响。吸气式高超声速飞行器具有类似经典定义的长周期模态和短周期模态。传统低速飞机的长周期模态表示在平衡点附近动能与势能之间的转化,而短周期模态则是在速度几乎不变条件下的大阻尼短周期振荡。对于本章模型,长周期模态和短周期模态的极点不是复共轭对,取代它们的是稳定和不稳定的极点对。吸气式高超声速飞行器需要考虑结构的柔性模态,虽然在平衡点附近柔性模态的影响很小,但是一阶弹性模态频率很低对短周期模态存在一定影响。

表 6.3　扰动线性化系统矩阵特征值

特征值	阻尼比	自然圆频率/(rad/s)	模　态
−0.008 5	1.00	0.008 5	高度
−0.165 8	1.00	0.165 8	稳定长周期
0.181 7	−1.00	0.181 7	不稳定长周期
−5.354 1	1.00	5.354 1	稳定短周期
5.022 1	−1.00	5.022 1	不稳定短周期
−0.486 1±19.403 2i	0.025 0	19.409 3	一阶弹性
−1.025 3±49.654 3i	0.020 6	49.664 9	二阶弹性
−2.112 0±101.30i	0.020 8	101.326 5	三阶弹性

表 6.4 扰动线性化系统矩阵特征向量

状 态	高度模态	长周期模态 稳定	长周期模态 不稳定	短周期模态 稳定	短周期模态 不稳定	单 位
Θ	$-1.865\,6\times10^{-5}$	$9.912\,5\times10^{-5}$	$2.740\,1\times10^{-4}$	$-0.106\,5$	$0.103\,8$	rad
H	$-1.000\,0$	$0.999\,9$	$0.999\,8$	$-0.771\,0$	$0.816\,0$	m
M	$-0.003\,0$	$-0.016\,2$	$-0.020\,0$	$0.014\,0$	$-0.014\,8$	—
α	$-2.219\,8\times10^{-5}$	$1.685\,6\times10^{-4}$	$1.979\,2\times10^{-4}$	$-0.108\,2$	$0.102\,1$	rad
q	$1.143\,8\times10^{-6}$	$-1.652\,1\times10^{-5}$	$4.986\,6\times10^{-5}$	$0.570\,0$	$0.521\,1$	rad/s
η_1	$-6.781\,0\times10^{-5}$	$-3.199\,6\times10^{-4}$	$-3.965\,3\times10^{-4}$	$-0.044\,0$	$0.039\,6$	—
η_2	$2.347\,7\times10^{-6}$	$1.334\,0\times10^{-5}$	$1.644\,7\times10^{-5}$	$0.001\,4$	$-0.001\,2$	—
η_3	$-6.256\,9\times10^{-8}$	$-2.164\,0\times10^{-7}$	$-2.717\,8\times10^{-7}$	$5.359\,7\times10^{-6}$	$-6.598\,9\times10^{-6}$	—
$\dot{\eta}_1$	$5.733\,5\times10^{-7}$	$5.304\,1\times10^{-5}$	$-7.203\,4\times10^{-5}$	$0.235\,5$	$0.199\,1$	s^{-1}
$\dot{\eta}_2$	$-1.985\,1\times10^{-8}$	$-2.211\,4\times10^{-6}$	$2.987\,8\times10^{-6}$	$-0.007\,4$	$-0.006\,2$	s^{-1}
$\dot{\eta}_3$	$5.290\,4\times10^{-10}$	$3.587\,3\times10^{-8}$	$-4.937\,3\times10^{-8}$	$-2.869\,7\times10^{-5}$	$-3.314\,0\times10^{-5}$	s^{-1}

状 态	弹性模态 一阶	弹性模态 二阶	弹性模态 三阶	单 位
Θ	$0.000\,3\pm0.003\,0$i	$-0.031\,0\times10^{-3}\pm0.157\,5\times10^{-3}$i	$0.011\,5\times10^{-3}\pm0.161\,0\times10^{-3}$i	rad
H	$0.269\,6\times10^{-3}\pm0.514\,0\times10^{-3}$i	$-0.000\,2\pm0.003\,9$i	$-0.155\,4\times10^{-4}\pm0.553\,1\times10^{-4}$i	m
M	$-0.181\,0\times10^{-3}\pm0.005\,8\times10^{-3}$i	$-0.352\,8\times10^{-3}\pm0.091\,6\times10^{-3}$i	$0.594\,6\times10^{-4}\pm0.014\,7\times10^{-4}$i	—
α	$0.000\,2\pm0.003\,0$i	$-0.112\,2\times10^{-3}\pm0.154\,1\times10^{-3}$i	$0.013\,8\times10^{-3}\pm0.161\,7\times10^{-3}$i	rad
q	$-0.058\,1\pm0.003\,5$i	$0.007\,9\pm0.001\,4$i	$-0.016\,3\pm0.000\,8$i	rad/s
η_1	$-0.001\,3\pm0.051\,3$i	$-0.000\,3\pm0.004\,5$i	$0.027\,9\times10^{-3}\pm0.345\,5\times10^{-3}$i	—
η_2	$0.010\,9\times10^{-3}\pm0.206\,0\times10^{-3}$i	$-0.000\,4\pm0.019\,6$i	$-0.023\,6\times10^{-3}\pm0.162\,8\times10^{-3}$i	—
η_3	$-0.041\,3\times10^{-3}\pm0.190\,9\times10^{-5}$i	$0.064\,8\times10^{-4}\pm0.594\,0\times10^{-4}$i	$-0.000\,2\pm0.009\,9$i	—
$\dot{\eta}_1$	$0.997\,0$	$0.224\,9\pm0.010\,0$i	$-0.035\,1\pm0.002\,1$i	s^{-1}
$\dot{\eta}_2$	$-0.004\,0\pm0.000\,1$i	$0.974\,1$	$0.016\,5\pm0.002\,0$i	s^{-1}
$\dot{\eta}_3$	$-0.368\,5\times10^{-4}\pm0.089\,3\times10^{-4}$i	$0.002\,9\pm0.000\,4$i	$0.999\,1$	s^{-1}

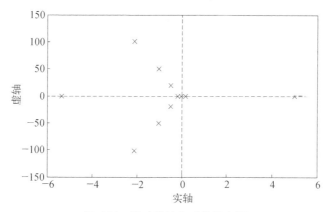

图 6.20 扰动线性化系统极点图

6.3.3 控制特性分析

针对某典型的组合动力飞行器,对其在引射模态到亚燃模态的模态转换点的控制性能进行分析,由弹道优化结果取模态转换时的平衡状态为 $V_0 = 737.762\,1$ m/s, $H_0 = 13\,222.14$ m, $\theta_0 = 2.487\,797°$, $\alpha_0 = 3.993\,589°$, $\omega_0 = -0.199\,393\,639°$/s, $t_0 = 0$ s,即 $\boldsymbol{x}_0 = [V_0, H_0, \theta_0, \alpha_0, \omega_0, t_0]^{\mathrm{T}}$,取被跟踪参考输出为 $\boldsymbol{y}_{\mathrm{ref}} = [V_0 + 10, H_0 + 50]^{\mathrm{T}}$ 的阶跃指令,即速度在初始速度的基础上增加 10 m/s,高度增加 50 m。

首先根据给定的初值条件求解对应的 Riccati 方程;其次将气动/推进模型和动力学方程组构成的控制方程及控制率进行积分求解,求解结束的判断条件为时间超过给定限制且跟踪状态量跟踪稳定,控制仿真框架与流程如图 6.21 所示。其仿真结果如图 6.22 和图 6.23 所示,图 6.22 中依次为状态量速度、高度、弹道倾角、攻角和俯仰角速度。

根据图 6.22 可知,基于线性二次型调节器(linear quadratic regulator,LQR)的控制律对引射模态到亚燃模态转换点的控制是有效的,速度跟踪在 15 s 之后已趋于平缓,且稳定在 747.7 m/s 附近,如图 6.22(a)所示。高度指令虽未达到指定的参考值,但已经非常接近参考值,且最终稳定在稍小于参考值的位置,如图 6.22(b)所示。在到达稳定状态的时域范围内,飞行器控制系统状态量弹道倾角和攻角分别如图 6.22(c)和图 6.22(d)所示,弹道倾角和对应的攻角分别从 2.5° 和 4° 的初始值很快达到稳态值:弹道倾角稳定在 0° 附近,即飞行器稳定在平飞状态;攻角稳定在 -0.724° 附近,即飞行器以小幅度的负攻角平飞;弹道倾角和攻

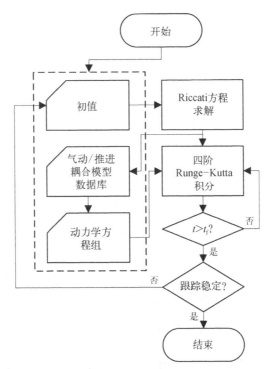

图 6.21 控制仿真框架与流程

角的超调量不大于 0.5°,说明控制系统的控制能力较强,不仅能够在较短的时间内跟踪到参考指令,还能够保证系统的状态量都趋于稳态。需要注意的是,弹道倾角和攻角的初值并不在最终的稳态值附近,从这一点上来说,控制律跟踪参考指令的能力较强。另外,气动/推进耦合使得发动机产生可观的升力贡献,引起零升迎角向负轴方向偏移,因而虽然仿真计算所得的攻角最终稳定在负值,却获得了稳定的弹道倾角和足够的升力。飞行器的俯仰角速度变化如图 6.22(e)所示,俯仰角速度最终稳定在 0(°)/s,且其超调量约为 0.3(°)/s,说明设计的控制律对于引射模态到亚燃模态转换时的状态跟踪控制是非常有效的。

　　控制量变化曲线如图 6.23 所示,其中,发动机燃料当量比最终稳定在 0.32 附近,而飞行器攻角稳定在较小的负值,对应一定的低头力矩,因而飞行器俯仰舵偏角最终稳定在 27.5°,以平衡低头力矩。由于控制量的初值并不在最终的稳态值附近,且俯仰舵偏角的超调量最大不超过 2°,所以从图 6.23 可以得出,本书中基于小扰动线性化设计的控制律在飞行器引射模态到亚燃模态的转换点附近有较强的速度和位置跟踪能力及系统稳定能力。

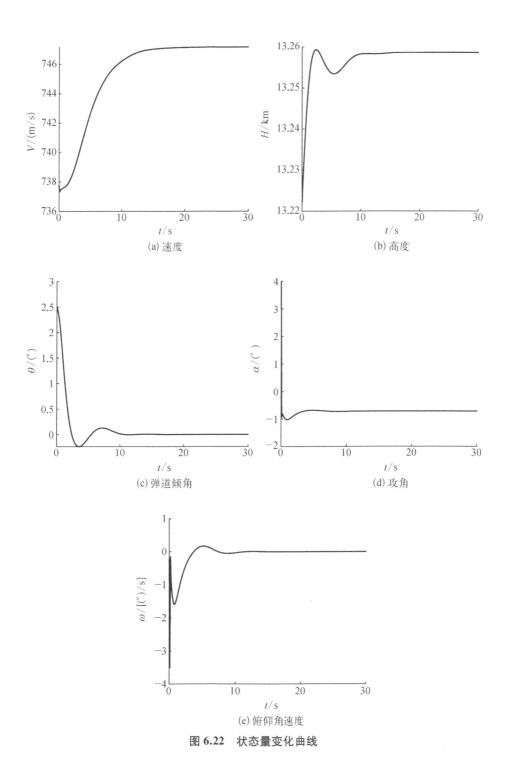

图 6.22　状态量变化曲线

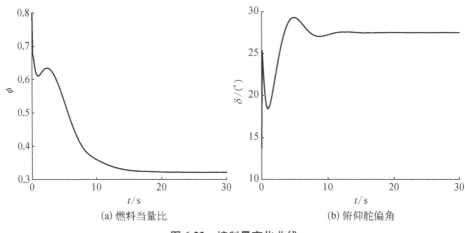

图 6.23　控制量变化曲线

　　综上所述,根据对某典型 RBCC 动力运载器的引射模态到亚燃模态转换点指令跟踪控制,吸气式高超声速飞行器气动/推进一体化耦合模型能够与飞行动力学/控制学科进行协同仿真,作为控制系统输入,其所反映的物理参数变化规律能在一定程度上指导控制律的设计。

6.4　应用于动力学/弹道特性分析

　　对于气动/推进模型与飞行动力学/弹道学的协同应用,需要建立合理的坐标系和动力学方程组,并应用经过验证的理论算法,基于所得到的气动/推进数据库进行飞行器的弹道优化,然后分析所得到的结果。

6.4.1　动力学方程及坐标系

　　考虑到飞行器的飞行特性,可以将气动/推进模型与弹道优化的协同仿真简化为将飞行器作为质点模型进行仿真,一方面降低了弹道优化的难度;另一方面有助于后面单独研究与控制学科之间的协同应用。实际上,这种简化对于在概念设计阶段和初步设计阶段研究飞行器的特性有重要意义。另外,完成这种简化需要采用瞬时平衡假设,飞行器的舵面等作动系统具有一定的时间滞后性,并不能瞬间完成控制系统的要求,导致并非在所有时间内飞行器都处于平衡状态,而瞬时平衡假设不考虑这一时间延迟,对于飞行器的初步性能评估有很大帮助。

假设地球为非旋转均质球体,对于某典型的两级入轨运载系统的第一级飞行器,其主要设计目标是能够在满足约束的范围内使用最少的燃料或时间达到一二级分离的飞行条件,因而可以忽略飞行器的侧向机动,认为飞行器只在竖直平面内飞行。图 6.24 为飞行器飞行动力学/弹道学所采用的坐标系示意图。考虑到飞行器的大空域、大速域特性,可推导获得两级入轨运载系统的质点运动方程如式(6.43)所示。

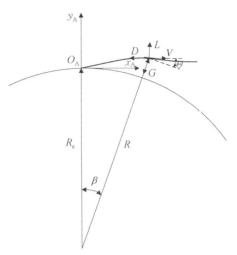

图 6.24　飞行器飞行动力学/弹道学所采用的坐标系示意图

$$\begin{cases} m\,\dot{V} = P\cos\alpha - D - G\sin\theta \\ mV\,\dot{\theta} = P\sin\alpha + L - G\cos\theta \\ \dot{x} = V\cos\theta \\ \dot{y} = V\sin\theta \\ \dot{m} = -\,\dot{m}_f \\ \dot{\beta} = V\cos\Theta / R \\ \Theta = \theta + \beta \\ G = m(Gm_e / R^2 - \dot{\beta}^2 R) \\ R = \sqrt{x^2 + (y + R_e)^2} \\ H = R - R_e \end{cases} \tag{6.43}$$

式中,m 为飞行器质量,kg;V 为飞行器速度,m/s;P 为飞行器推力,N;L、D 分别为飞行器的升力和阻力,N;α 为飞行器攻角;θ 为航迹角;G 为重力,N;x、y 为地面坐标系下的飞行器位置,m;β 为航程角;Θ 为当地航迹角;R 为地心距,m;R_e 为地球半径,m;Gm_e 为地球引力常数,m³/s²;H 为飞行器飞行高度,m。

弹道优化的目的是通过优化算法在满足约束的条件下获取一条参考弹道,可描述为一般的最优控制问题,即在时间域 $[t_0, t_e]$ 内,寻找最优控制变量 $u(t) \in R^m$,使得如式(6.44)所示性能指标最小化,一般以终点的状态量或时间为约束。

$$j = \Phi\big[x(t_0),\, t_0,\, x(t_e),\, t_e\big] + \int_{t_0}^{t_e} G\big[x(t),\, u(t),\, t\big]\mathrm{d}t \qquad (6.44)$$

假设初始状态已知,则飞行器的运动满足运动微分方程:

$$\dot{x}(t) = f\big[x(t),\, u(t),\, t\big], \quad t \in \big[t_0,\, t_e\big] \qquad (6.45)$$

以及边界条件和过程约束:

$$\varphi\big[x(t_0),\, t_0,\, x(t_e),\, t_e\big] = 0 \qquad (6.46)$$

$$\omega_L \leqslant \omega\big[x(t),\, u(t),\, t\big] \leqslant \omega_U, \quad t \in \big[t_0,\, t_e\big] \qquad (6.47)$$

6.4.2 弹道特性分析

对于两级入轨大空域、大速域飞行器,其初始状态、分离状态、入轨状态、约束及优化目标如表 6.5 所示。在优化过程中以速度、航迹角、高度、航程角和质量为状态变量,攻角作为控制变量,入轨质量最大作为优化目标。

表 6.5 弹道优化参数

参 数 分 类	参 数 名 称	值/范围
起飞状态	起飞总质量	145 t
	一级飞行器空重	37 t
	起飞高度	5 m
	起飞攻角	0°
	起飞航迹角	0°
分离状态	分离高度	50 km
	分离速度	2 640 m/s
入轨状态	入轨速度	7 904 m/s
	入轨高度	200 km
	入轨航迹角	0°
控制量	攻角	−4° ~ 15°
优化目标	入轨质量	>5.2 t

基于 Python 的伪谱法弹道优化软件包,使用气动/推进模型求得的飞行包线内的气动/推进参数,对满足以上约束和动力学方程的两级入轨运载系统进行弹道优化,优化所得结果如图 6.25 和图 6.26 所示。需要说明的是,为了简化优

化过程,保证收敛性能,在弹道优化过程中并未考虑发动机燃料当量比的变化,而将攻角作为唯一的控制量,且假设攻角和俯仰舵偏角是一一对应的,即攻角的变化对应俯仰舵偏角的变化,这样虽然有失一定精度但依然能反映此飞行器的飞行特性及气动/推进模型与飞行动力学/弹道学的协同应用能力。

1. 一级 RBCC 飞行器全程弹道

图 6.25 为运载系统一级飞行器从起飞到一二级分离(二级飞行器分离点质量为 20 t),再到一级飞行器返回降落全程弹道沿程参数变化。如图中曲线所示,为了最省燃料,爬升段在满足动压和过载约束的条件下,几乎一直按最大爬升率爬升,特别是在引射模态和纯火箭模态阶段,爬升过程消耗燃料占一级飞行器总燃料量的约 87.3%[图 6.25(c)],整个飞行过程耗时为 1 694 s。在不考虑原场返回的条件下,横向航程达到 12 493 km,其中,分离后返回降落过程的航程为 9 105 km,由此可见,如果要求一级飞行器原场返回,设计上是可以满足要求的。

对图 6.25 进行深入分析发现,上升段的弹道结果较为平滑,可以很明显地看出吸气式发动机和火箭发动机转换之后弹道高度的快速上升[图 6.25(a)中高度 30 km 以上]。在返回段初始($575\ \text{s} < t < 1\ 000\ \text{s}$)一级飞行器高度下降较大,速度也有相当的落差,这主要是由于上升段 30 km 以上是由火箭推进,不存在大气密度的约束,而返回时更倾向于节省燃料的吸气式发动机,所以这段弹道有类似于再入飞行器的特征,对应攻角的较小负值[图 6.25(d)]。在这之后($1\ 000\ \text{s} < t$),高度下降梯度变缓,而速度接近阶梯式下降,这是因为飞行器需要满足一定的升阻比,而升阻力又受动压的限制:较小的动压带来较小的升力和阻力;而较大的动压需要较大的速度,这段时间攻角变化较小且保持在 0° 附近。当速度减到一定程度后飞行器开始快速降低高度,实现在剩余燃料约束范围内尽快着陆,最终在接近着陆时拉起攻角以满足弹道倾角与地面平行的要求。

值得注意的是,一方面,在研究耦合模型与弹道优化学科的协同应用时,采取了瞬时平衡假设,且在优化过程中没有对攻角采取限幅和限频;另一方面,飞行器爬升时需要通过不断调整攻角来满足升阻力、发动机、动压和过载的约束,且在仿真计算时假设攻角与舵偏角是绑定的,攻角的变化实际上直接反映了舵偏角的变化。因而,图 6.25(d)中攻角在爬升段变化较为剧烈,特别是在一二级分离点附近。从实际上来说,这种变化是超出系统能力的,但作为耦合模型与弹道学科的协同应用,虽然采用了瞬时平衡假设和攻角与舵偏角的绑定,但验证了气动/推进耦合模型与弹道学科的协同应用能力,这为以后实际应用的深入研究

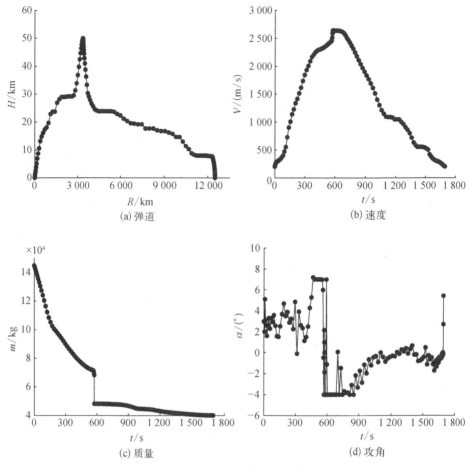

图 6.25　运载系统一级飞行器弹道参数变化

奠定了基础。

　　考虑到一级飞行器的任务是将载荷运送到指定速度和高度,且保证分离时的剩余质量不小于规定值,因而绝大部分上升段实际上是最大推力飞行段,在优化时并没有考虑发动机燃料当量比的变化对推力的影响,只考虑将攻角作为唯一控制量,这导致在返回过程中某些条件下的推力会有剩余,造成燃料消耗增大,换句话说,一级运载器的运载能力有被低估的可能。

　　2. 入轨弹道

　　图 6.26 为两级入轨运载系统从起飞到一二级分离,再到二级入轨的弹道参数沿程变化,在入轨弹道的优化过程中,二级入轨器的分离质量不依赖运载系统整体分离时的质量,且以二级入轨器的入轨质量最大作为整个弹道的优化目标。

整个入轨过程的飞行时间(不考虑一级运载器返回)为 1 120 s,其中,分离点位于起飞后 575 s 左右。如图 6.26 的弹道优化结果所示,在吸气式 RBCC 工作阶段,运载系统的推力有限,爬升较为缓慢,耗时较长;二级入轨器分离后以纯火箭作为动力,爬升率明显提升,在约 575 s 内从 50 km 爬升到入轨高度 200 km,这一方面是由于 50 km 以上大气非常稀薄,空气阻力几乎可以忽略;另一方面是由于二级入轨器的推重比远大于一级运载器的平均推重比。

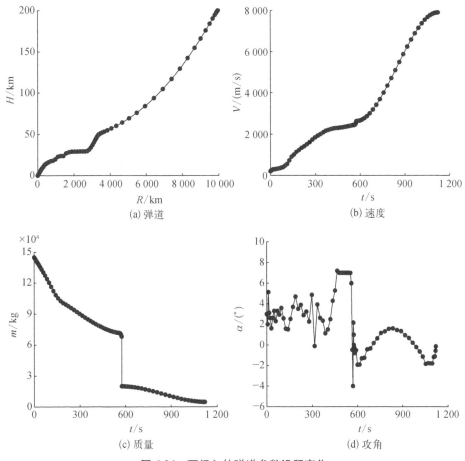

图 6.26　两级入轨弹道参数沿程变化

值得注意的是,发动机模态转换点的状态,在整个一级飞行器上升过程中依次经历了引射模态、亚燃冲压模态、超燃冲压模态和纯火箭模态。其中,引射模态自起飞一直工作到 125 s,之后发动机由亚燃冲压模态接管,在图 6.26(b)的速度曲线中可以看到,速度曲线的梯度变化。亚燃冲压模态向超燃冲压模态的转换发生在 297 s 左右,在这之前,随着高度的上升,亚燃冲压模态的进气量逐渐减小,爬升率和速度梯度有逐渐减小的趋势。当燃烧模态由超燃冲压模态接管后,速度和高度又继续爬升。但由于高度的限制,超燃冲压发动机在工作一段时间后便转换为纯火箭模态。在运载系统一二级分离之后($t > 575\ \mathrm{s}$),二级入轨器在火箭的推动下飞行速度和高度迅速上升[图 6.26(a)和图 6.26(b)],这段飞行模式类似于火箭空射入轨模式,而表征吸气式运载器特征的时间段位于分离点之前。

事实上,由于不同模态之间发动机的性能差异较大,在设计时为了保证模态转换的平缓性,并不是将所有发动机模块的模态在同一时间进行转换。而在协同仿真优化中,为了简化其复杂性,认为模态转换过程是发动机所有模块在同一时间完成的,因而也导致一定的失真性,这主要体现在攻角的变化上。为了满足发动机的进气量和飞行器阻力之间的平衡,在模态转换点附近,攻角值出现了明显的变化。由于瞬时平衡假设和攻角与舵偏角绑定假设的存在,攻角的变化速率为无穷大,再加上优化过程中配点选取不够密集,从而导致攻角的变化在吸气式飞行段不够平滑,但整体保持在较小的正攻角范围($2° \sim 4°$)。在分离点之后,由于高度较高,攻角对气动和推进的意义并不特别明显。

另外,由图 6.27(a)和图 6.27(b)对比可以发现,一级飞行器和二级飞行器的分离仅发生在一级飞行器切入纯火箭模态后不久,分离之后,一级飞行器继续以纯火箭模态运行一段时间,依次转换为超燃模态、亚燃模态和引射模态直到降落,而二级飞行器以纯火箭模态完成入轨任务。由于弹道优化过程中分离点是

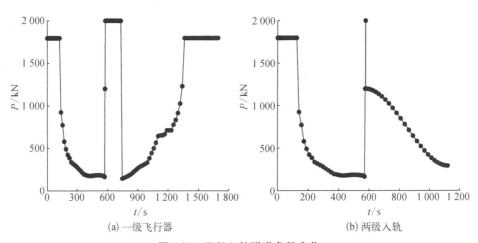

(a) 一级飞行器   (b) 两级入轨

图 6.27　两级入轨弹道参数变化

预先指定的,而仅从图 6.27 可以看出,一二级分离点还需要进一步优化选取。

通过对书中所研究的两级入轨运载系统弹道优化过程和结果的分析可知,所建立的组合动力飞行器气动/推进数学模型及与弹道学的应用框架和流程能够在初步设计阶段用于飞行器弹道性能的分析和任务能力的评估,为初步设计阶段的多学科分析奠定了基础。

附录 A 广义质量阵和广义刚度阵中的分块矩阵

飞行器的动能被表示成伪速度的二次型,该二次型的权矩阵为广义质量阵。广义质量阵是对称矩阵,其分块矩阵的具体表达式如下:

$$\boldsymbol{M}_{11} = \sum_{i=1}^{3} \int_{D_i} \rho_i \mathrm{d}D_i = m$$

$$\boldsymbol{M}_{12} = \int_{D_1} \hat{\boldsymbol{S}}_1^{\mathrm{T}} \mathrm{d}D_1 + \sum_{i=2}^{3} \int_{D_i} \boldsymbol{C}_i^{*\mathrm{T}} \hat{\boldsymbol{S}}_i^{\mathrm{T}} \mathrm{d}D_i = \tilde{\boldsymbol{S}}_1^{\mathrm{T}} + \sum_{i=2}^{3} \boldsymbol{C}_i^{*\mathrm{T}} \tilde{\boldsymbol{S}}_i^{\mathrm{T}}$$

$$\boldsymbol{M}_{13} = \int_{D_2} \boldsymbol{C}_2^{*\mathrm{T}} \hat{\boldsymbol{S}}_2^{\mathrm{T}} \mathrm{d}D_2 = \boldsymbol{C}_2^{*\mathrm{T}} \tilde{\boldsymbol{S}}_2^{\mathrm{T}}$$

$$\boldsymbol{M}_{14} = \int_{D_3} \boldsymbol{C}_3^{*\mathrm{T}} \hat{\boldsymbol{S}}_3^{\mathrm{T}} \mathrm{d}D_3 = \boldsymbol{C}_3^{*\mathrm{T}} \tilde{\boldsymbol{S}}_3^{\mathrm{T}}$$

$$\boldsymbol{M}_{15} = \int_{D_1} \rho_1 \boldsymbol{\Phi}_{u1} \mathrm{d}D_1 + \sum_{i=2}^{3} \int_{D_i} \rho_i \boldsymbol{\Phi}_{u1}^{h_i} \mathrm{d}D_i = \int_{D_1} \rho_1 \boldsymbol{\Phi}_{u1} \mathrm{d}D_1 + \sum_{i=2}^{3} m_i \boldsymbol{\Phi}_{u1}^{h_i}$$

$$\boldsymbol{M}_{16} = \int_{D_1} \hat{\boldsymbol{S}}_1^{\mathrm{T}} \boldsymbol{\Phi}_{\psi1} \mathrm{d}D_1 + \sum_{i=2}^{3} \int_{D_i} \left[(\hat{\boldsymbol{S}}_1^{h_i})^{\mathrm{T}} + \boldsymbol{C}_i^{*\mathrm{T}} \hat{\boldsymbol{S}}_i^{\mathrm{T}} \boldsymbol{C}_i^{*} \right] \boldsymbol{\Phi}_{\psi1}^{h_i} \mathrm{d}D_i$$

$$= \int_{D_1} \hat{\boldsymbol{S}}_1^{\mathrm{T}} \boldsymbol{\Phi}_{\psi1} \mathrm{d}D_1 + \sum_{i=2}^{3} \left[(\tilde{\boldsymbol{S}}_1^{h_i})^{\mathrm{T}} + \boldsymbol{C}_i^{*\mathrm{T}} \tilde{\boldsymbol{S}}_i^{\mathrm{T}} \boldsymbol{C}_i^{*} \right] \boldsymbol{\Phi}_{\psi1}^{h_i}$$

$$\boldsymbol{M}_{17} = \int_{D_2} \boldsymbol{C}_2^{*\mathrm{T}} \rho_2 \boldsymbol{\Phi}_{u2} \mathrm{d}D_2 = \boldsymbol{C}_2^{*\mathrm{T}} \int_{D_2} \rho_2 \boldsymbol{\Phi}_{u2} \mathrm{d}D_2$$

$$\boldsymbol{M}_{18} = \int_{D_2} \boldsymbol{C}_2^{*\mathrm{T}} \hat{\boldsymbol{S}}_2^{\mathrm{T}} \boldsymbol{\Phi}_{\psi2} \mathrm{d}D_2 = \boldsymbol{C}_2^{*\mathrm{T}} \int_{D_2} \hat{\boldsymbol{S}}_2^{\mathrm{T}} \boldsymbol{\Phi}_{\psi2} \mathrm{d}D_2$$

$$\boldsymbol{M}_{19} = \int_{D_3} \boldsymbol{C}_3^{*\mathrm{T}} \rho_3 \boldsymbol{\Phi}_{u3} \mathrm{d}D_3 = \boldsymbol{C}_3^{*\mathrm{T}} \int_{D_3} \rho_3 \boldsymbol{\Phi}_{u3} \mathrm{d}D_3$$

$$\boldsymbol{M}_{1a} = \int_{D_3} \boldsymbol{C}_3^{*\mathrm{T}} \hat{\boldsymbol{S}}_3^{\mathrm{T}} \boldsymbol{\Phi}_{\psi3} \mathrm{d}D_3 = \boldsymbol{C}_3^{*\mathrm{T}} \int_{D_3} \hat{\boldsymbol{S}}_3^{\mathrm{T}} \boldsymbol{\Phi}_{\psi3} \mathrm{d}D_3$$

$$\boldsymbol{M}_{22} = \int_{D_1} \hat{\boldsymbol{J}}_{t1} \mathrm{d}D_1 + \sum_{i=2}^{3} \int_{D_i} \left[\hat{\boldsymbol{J}}_1^{h_i} + \boldsymbol{C}_i^{*\mathrm{T}} \hat{\boldsymbol{J}}_{ti} \boldsymbol{C}_i^{*} + 2(\tilde{\boldsymbol{r}}_1^{h_i} + \tilde{\boldsymbol{u}}_1^{h_i}) \boldsymbol{C}_i^{*\mathrm{T}} \hat{\boldsymbol{S}}_i^{\mathrm{T}} \boldsymbol{C}_i^{*} \right] \mathrm{d}D_i$$

$$= \boldsymbol{J}_{t1} + \sum_{i=2}^{3} \left[\boldsymbol{J}_1^{h_i} + \boldsymbol{C}_i^{*\mathrm{T}} \boldsymbol{J}_{ti} \boldsymbol{C}_i^* + 2 (\tilde{\boldsymbol{r}}_1^{h_i} + \tilde{\boldsymbol{u}}_1^{h_i}) \boldsymbol{C}_i^{*\mathrm{T}} \tilde{\boldsymbol{S}}_i^{\mathrm{T}} \boldsymbol{C}_i^* \right]$$

$$\boldsymbol{M}_{23} = \int_{D_2} \left[\boldsymbol{C}_2^{*\mathrm{T}} \hat{\boldsymbol{J}}_{t2} + (\tilde{\boldsymbol{r}}_1^{h_2} + \tilde{\boldsymbol{u}}_1^{h_2}) \boldsymbol{C}_2^{*\mathrm{T}} \hat{\boldsymbol{S}}_2^{\mathrm{T}} \right] \mathrm{d}D_2 = \boldsymbol{C}_2^{*\mathrm{T}} \boldsymbol{J}_{t2} + (\tilde{\boldsymbol{r}}_1^{h_2} + \tilde{\boldsymbol{u}}_1^{h_2}) \boldsymbol{C}_2^{*\mathrm{T}} \tilde{\boldsymbol{S}}_2^{\mathrm{T}}$$

$$\boldsymbol{M}_{24} = \int_{D_3} \left[\boldsymbol{C}_3^{*\mathrm{T}} \hat{\boldsymbol{J}}_{t3} + (\tilde{\boldsymbol{r}}_1^{h_3} + \tilde{\boldsymbol{u}}_1^{h_3}) \boldsymbol{C}_3^{*\mathrm{T}} \hat{\boldsymbol{S}}_3^{\mathrm{T}} \right] \mathrm{d}D_3 = \boldsymbol{C}_3^{*\mathrm{T}} \boldsymbol{J}_{t3} + (\tilde{\boldsymbol{r}}_1^{h_3} + \tilde{\boldsymbol{u}}_1^{h_3}) \boldsymbol{C}_3^{*\mathrm{T}} \tilde{\boldsymbol{S}}_3^{\mathrm{T}}$$

$$\boldsymbol{M}_{25} = \int_{D_1} \hat{\boldsymbol{S}}_1 \boldsymbol{\Phi}_{u1} \mathrm{d}D_1 + \sum_{i=2}^{3} \int_{D_i} (\hat{\boldsymbol{S}}_1^{h_i} + \boldsymbol{C}_i^{*\mathrm{T}} \hat{\boldsymbol{S}}_i \boldsymbol{C}_i^*) \boldsymbol{\Phi}_{u1}^{h_i} \mathrm{d}D_i$$

$$= \int_{D_1} \hat{\boldsymbol{S}}_1 \boldsymbol{\Phi}_{u1} \mathrm{d}D_1 + \sum_{i=2}^{3} (\tilde{\boldsymbol{S}}_1^{h_i} + \boldsymbol{C}_i^{*\mathrm{T}} \tilde{\boldsymbol{S}}_i \boldsymbol{C}_i^*) \boldsymbol{\Phi}_{u1}^{h_i}$$

$$\boldsymbol{M}_{26} = \int_{D_1} \hat{\boldsymbol{J}}_{t1} \boldsymbol{\Phi}_{\psi 1} \mathrm{d}D_1 + \sum_{i=2}^{3} \int_{D_i} \left[\hat{\boldsymbol{J}}_1^{h_i} + \boldsymbol{C}_i^{*\mathrm{T}} \hat{\boldsymbol{J}}_{ti} \boldsymbol{C}_i^* + 2(\tilde{\boldsymbol{r}}_1^{h_i} + \tilde{\boldsymbol{u}}_1^{h_i}) \boldsymbol{C}_i^{*\mathrm{T}} \hat{\boldsymbol{S}}_i^{\mathrm{T}} \boldsymbol{C}_i^* \right] \boldsymbol{\Phi}_{\psi 1}^{h_i} \mathrm{d}D_i$$

$$= \int_{D_1} \hat{\boldsymbol{J}}_{t1} \boldsymbol{\Phi}_{\psi 1} \mathrm{d}D_1 + \sum_{i=2}^{3} \left[\boldsymbol{J}_1^{h_i} + \boldsymbol{C}_i^{*\mathrm{T}} \boldsymbol{J}_{ti} \boldsymbol{C}_i^* + 2(\tilde{\boldsymbol{r}}_1^{h_i} + \tilde{\boldsymbol{u}}_1^{h_i}) \boldsymbol{C}_i^{*\mathrm{T}} \tilde{\boldsymbol{S}}_i^{\mathrm{T}} \boldsymbol{C}_i^* \right] \boldsymbol{\Phi}_{\psi 1}^{h_i}$$

$$\boldsymbol{M}_{27} = \int_{D_2} (\hat{\boldsymbol{S}}_1^{h_2} \boldsymbol{C}_2^{*\mathrm{T}} + \boldsymbol{C}_2^{*\mathrm{T}} \hat{\boldsymbol{S}}_2) \boldsymbol{\Phi}_{u2} \mathrm{d}D_2$$

$$\boldsymbol{M}_{28} = \int_{D_2} \left[\boldsymbol{C}_2^{*\mathrm{T}} \hat{\boldsymbol{J}}_{t2} + (\tilde{\boldsymbol{r}}_1^{h_2} + \tilde{\boldsymbol{u}}_1^{h_2}) \boldsymbol{C}_2^{*\mathrm{T}} \hat{\boldsymbol{S}}_2^{\mathrm{T}} \right] \boldsymbol{\Phi}_{\psi 2} \mathrm{d}D_2$$

$$\boldsymbol{M}_{29} = \int_{D_3} (\hat{\boldsymbol{S}}_1^{h_3} \boldsymbol{C}_3^{*\mathrm{T}} + \boldsymbol{C}_3^{*\mathrm{T}} \hat{\boldsymbol{S}}_3) \boldsymbol{\Phi}_{u3} \mathrm{d}D_3$$

$$\boldsymbol{M}_{2a} = \int_{D_3} \left[\boldsymbol{C}_3^{*\mathrm{T}} \hat{\boldsymbol{J}}_{t3} + (\tilde{\boldsymbol{r}}_1^{h_3} + \tilde{\boldsymbol{u}}_1^{h_3}) \boldsymbol{C}_3^{*\mathrm{T}} \hat{\boldsymbol{S}}_3^{\mathrm{T}} \right] \boldsymbol{\Phi}_{\psi 3} \mathrm{d}D_3$$

$$\boldsymbol{M}_{33} = \int_{D_2} \hat{\boldsymbol{J}}_{t2} \mathrm{d}D_2 = \boldsymbol{J}_{t2}$$

$$\boldsymbol{M}_{34} = \boldsymbol{0}_{3 \times 3}$$

$$\boldsymbol{M}_{35} = \int_{D_2} \hat{\boldsymbol{S}}_2 \boldsymbol{C}_2^* \boldsymbol{\Phi}_{u1}^{h_2} \mathrm{d}D_2 = \tilde{\boldsymbol{S}}_2 \boldsymbol{C}_2^* \boldsymbol{\Phi}_{u1}^{h_2}$$

$$\boldsymbol{M}_{36} = \int_{D_2} \left[\hat{\boldsymbol{J}}_{t2} \boldsymbol{C}_2^* + \hat{\boldsymbol{S}}_2 \boldsymbol{C}_2^* (\tilde{\boldsymbol{r}}_1^{h_2} + \tilde{\boldsymbol{u}}_1^{h_2})^{\mathrm{T}} \right] \boldsymbol{\Phi}_{\psi 1}^{h_2} \mathrm{d}D_2$$

$$= \left[\boldsymbol{J}_{t2} \boldsymbol{C}_2^* + \tilde{\boldsymbol{S}}_2 \boldsymbol{C}_2^* (\tilde{\boldsymbol{r}}_1^{h_2} + \tilde{\boldsymbol{u}}_1^{h_2})^{\mathrm{T}} \right] \boldsymbol{\Phi}_{\psi 1}^{h_2}$$

$$\boldsymbol{M}_{37} = \int_{D_2} \hat{\boldsymbol{S}}_2 \boldsymbol{\Phi}_{u2} \mathrm{d}D_2$$

$$\boldsymbol{M}_{38} = \int_{D_2} \hat{\boldsymbol{J}}_{t2} \boldsymbol{\Phi}_{\psi 2} \mathrm{d}D_2$$

$$\boldsymbol{M}_{39} = \boldsymbol{0}_{3 \times n_{u3}}$$

$$\boldsymbol{M}_{3a} = \boldsymbol{0}_{3 \times n_{\psi 3}}$$

$$M_{44} = \int_{D_3} \hat{\boldsymbol{J}}_{t3} \mathrm{d}D_3 = \boldsymbol{J}_{t3}$$

$$M_{45} = \int_{D_3} \hat{\boldsymbol{S}}_3 \, \boldsymbol{C}_3^* \, \boldsymbol{\Phi}_{u1}^{h_3} \mathrm{d}D_3 = \tilde{\boldsymbol{S}}_3 \, \boldsymbol{C}_3^* \, \boldsymbol{\Phi}_{u1}^{h_3}$$

$$M_{46} = \int_{D_3} \left[\hat{\boldsymbol{J}}_{t3} \, \boldsymbol{C}_3^* + \hat{\boldsymbol{S}}_3 \, \boldsymbol{C}_3^* \, (\tilde{\boldsymbol{r}}_1^{h_3} + \tilde{\boldsymbol{u}}_1^{h_3})^{\mathrm{T}} \right] \boldsymbol{\Phi}_{\psi1}^{h_3} \mathrm{d}D_3$$

$$= \left[\boldsymbol{J}_{t3} \, \boldsymbol{C}_3^* + \tilde{\boldsymbol{S}}_3 \, \boldsymbol{C}_3^* \, (\tilde{\boldsymbol{r}}_1^{h_3} + \tilde{\boldsymbol{u}}_1^{h_3})^{\mathrm{T}} \right] \boldsymbol{\Phi}_{\psi1}^{h_3}$$

$$M_{47} = \boldsymbol{0}_{3 \times n_{u2}}$$

$$M_{48} = \boldsymbol{0}_{3 \times n_{\psi2}}$$

$$M_{49} = \int_{D_3} \hat{\boldsymbol{S}}_3 \, \boldsymbol{\Phi}_{u3} \mathrm{d}D_3$$

$$M_{4a} = \int_{D_3} \hat{\boldsymbol{J}}_{t3} \, \boldsymbol{\Phi}_{\psi3} \mathrm{d}D_3$$

$$M_{55} = \int_{D_1} \rho_1 \, \boldsymbol{\Phi}_{u1}^{\mathrm{T}} \, \boldsymbol{\Phi}_{u1} \mathrm{d}D_1 + \sum_{i=2}^{3} \int_{D_i} (\boldsymbol{\Phi}_{u1}^{h_i})^{\mathrm{T}} \rho_i \, \boldsymbol{\Phi}_{u1}^{h_i} \mathrm{d}D_i$$

$$= \int_{D_1} \rho_1 \, \boldsymbol{\Phi}_{u1}^{\mathrm{T}} \, \boldsymbol{\Phi}_{u1} \mathrm{d}D_1 + \sum_{i=2}^{3} m_i \, (\boldsymbol{\Phi}_{u1}^{h_i})^{\mathrm{T}} \, \boldsymbol{\Phi}_{u1}^{h_i}$$

$$M_{56} = \int_{D_1} \boldsymbol{\Phi}_{u1}^{\mathrm{T}} \hat{\boldsymbol{S}}_1^{\mathrm{T}} \, \boldsymbol{\Phi}_{\psi1} \mathrm{d}D_1 + \sum_{i=2}^{3} \int_{D_i} (\boldsymbol{\Phi}_{u1}^{h_i})^{\mathrm{T}} \left[(\hat{\boldsymbol{S}}_1^{h_i})^{\mathrm{T}} + \boldsymbol{C}_i^{*\,\mathrm{T}} \hat{\boldsymbol{S}}_i^{\mathrm{T}} \, \boldsymbol{C}_i^* \right] \boldsymbol{\Phi}_{\psi1}^{h_i} \mathrm{d}D_i$$

$$= \int_{D_1} \boldsymbol{\Phi}_{u1}^{\mathrm{T}} \hat{\boldsymbol{S}}_1^{\mathrm{T}} \, \boldsymbol{\Phi}_{\psi1} \mathrm{d}D_1 + \sum_{i=2}^{3} (\boldsymbol{\Phi}_{u1}^{h_i})^{\mathrm{T}} \left[(\tilde{\boldsymbol{S}}_1^{h_i})^{\mathrm{T}} + \boldsymbol{C}_i^{*\,\mathrm{T}} \tilde{\boldsymbol{S}}_i^{\mathrm{T}} \, \boldsymbol{C}_i^* \right] \boldsymbol{\Phi}_{\psi1}^{h_i}$$

$$M_{57} = \int_{D_2} \rho_2 \, (\boldsymbol{\Phi}_{u1}^{h_2})^{\mathrm{T}} \, \boldsymbol{C}_2^{*\,\mathrm{T}} \, \boldsymbol{\Phi}_{u2} \mathrm{d}D_2 = (\boldsymbol{\Phi}_{u1}^{h_2})^{\mathrm{T}} \, \boldsymbol{C}_2^{*\,\mathrm{T}} \int_{D_2} \rho_2 \, \boldsymbol{\Phi}_{u2} \mathrm{d}D_2$$

$$M_{58} = \int_{D_2} (\boldsymbol{\Phi}_{u1}^{h_2})^{\mathrm{T}} \, \boldsymbol{C}_2^{*\,\mathrm{T}} \hat{\boldsymbol{S}}_2^{\mathrm{T}} \, \boldsymbol{\Phi}_{\psi2} \mathrm{d}D_2 = (\boldsymbol{\Phi}_{u1}^{h_2})^{\mathrm{T}} \, \boldsymbol{C}_2^{*\,\mathrm{T}} \int_{D_2} \hat{\boldsymbol{S}}_2^{\mathrm{T}} \, \boldsymbol{\Phi}_{\psi2} \mathrm{d}D_2$$

$$M_{59} = \int_{D_3} \rho_3 \, (\boldsymbol{\Phi}_{u1}^{h_3})^{\mathrm{T}} \, \boldsymbol{C}_3^{*\,\mathrm{T}} \, \boldsymbol{\Phi}_{u3} \mathrm{d}D_3 = (\boldsymbol{\Phi}_{u1}^{h_3})^{\mathrm{T}} \, \boldsymbol{C}_3^{*\,\mathrm{T}} \int_{D_3} \rho_3 \, \boldsymbol{\Phi}_{u3} \mathrm{d}D_3$$

$$M_{5a} = \int_{D_3} (\boldsymbol{\Phi}_{u1}^{h_3})^{\mathrm{T}} \, \boldsymbol{C}_3^{*\,\mathrm{T}} \hat{\boldsymbol{S}}_3^{\mathrm{T}} \, \boldsymbol{\Phi}_{\psi3} \mathrm{d}D_3 = (\boldsymbol{\Phi}_{u1}^{h_3})^{\mathrm{T}} \, \boldsymbol{C}_3^{*\,\mathrm{T}} \int_{D_3} \hat{\boldsymbol{S}}_3^{\mathrm{T}} \, \boldsymbol{\Phi}_{\psi3} \mathrm{d}D_3$$

$$M_{66} = \int_{D_1} \boldsymbol{\Phi}_{\psi1}^{\mathrm{T}} \hat{\boldsymbol{J}}_{t1} \, \boldsymbol{\Phi}_{\psi1} \mathrm{d}D_1 + \sum_{i=2}^{3} \int_{D_i} (\boldsymbol{\Phi}_{\psi1}^{h_i})^{\mathrm{T}} \left[\hat{\boldsymbol{J}}_1^{h_i} + \boldsymbol{C}_i^{*\,\mathrm{T}} \hat{\boldsymbol{J}}_{ti} \, \boldsymbol{C}_i^* \right.$$

$$\left. + 2 (\tilde{\boldsymbol{r}}_1^{h_i} + \tilde{\boldsymbol{u}}_1^{h_i}) \, \boldsymbol{C}_i^{*\,\mathrm{T}} \hat{\boldsymbol{S}}_i^{\mathrm{T}} \, \boldsymbol{C}_i^* \right] \boldsymbol{\Phi}_{\psi1}^{h_i} \mathrm{d}D_i$$

$$= \int_{D_1} \boldsymbol{\Phi}_{\psi1}^{\mathrm{T}} \hat{\boldsymbol{J}}_{t1} \, \boldsymbol{\Phi}_{\psi1} \mathrm{d}D_1 + \sum_{i=2}^{3} (\boldsymbol{\Phi}_{\psi1}^{h_i})^{\mathrm{T}} \left[\boldsymbol{J}_1^{h_i} + \boldsymbol{C}_i^{*\,\mathrm{T}} \boldsymbol{J}_{ti} \, \boldsymbol{C}_i^* \right.$$

$$\left. + 2 (\tilde{\boldsymbol{r}}_1^{h_i} + \tilde{\boldsymbol{u}}_1^{h_i}) \, \boldsymbol{C}_i^{*\,\mathrm{T}} \tilde{\boldsymbol{S}}_i^{\mathrm{T}} \, \boldsymbol{C}_i^* \right] \boldsymbol{\Phi}_{\psi1}^{h_i}$$

$$M_{67} = \int_{D_2} (\boldsymbol{\Phi}_{\psi1}^{h_2})^{\mathrm{T}} (\hat{\boldsymbol{S}}_1^{h_2} \, \boldsymbol{C}_2^{*\,\mathrm{T}} + \boldsymbol{C}_2^{*\,\mathrm{T}} \hat{\boldsymbol{S}}_2) \, \boldsymbol{\Phi}_{u2} \mathrm{d}D_2 = (\boldsymbol{\Phi}_{\psi1}^{h_2})^{\mathrm{T}} \int_{D_2} (\hat{\boldsymbol{S}}_1^{h_2} \, \boldsymbol{C}_2^{*\,\mathrm{T}} + \boldsymbol{C}_2^{*\,\mathrm{T}} \hat{\boldsymbol{S}}_2) \, \boldsymbol{\Phi}_{u2} \mathrm{d}D_2$$

$$M_{68} = \int_{D_2} (\boldsymbol{\Phi}_{\psi 1}^{h_2})^{\mathrm{T}} [\boldsymbol{C}_2^{*\mathrm{T}} \hat{\boldsymbol{J}}_{t2} + (\tilde{\boldsymbol{r}}_1^{h_2} + \tilde{\boldsymbol{u}}_1^{h_2}) \boldsymbol{C}_2^{*\mathrm{T}} \hat{\boldsymbol{S}}_2^{\mathrm{T}}] \boldsymbol{\Phi}_{\psi 2} \mathrm{d}D_2$$

$$= (\boldsymbol{\Phi}_{\psi 1}^{h_2})^{\mathrm{T}} \int_{D_2} [\boldsymbol{C}_2^{*\mathrm{T}} \hat{\boldsymbol{J}}_{t2} + (\tilde{\boldsymbol{r}}_1^{h_2} + \tilde{\boldsymbol{u}}_1^{h_2}) \boldsymbol{C}_2^{*\mathrm{T}} \hat{\boldsymbol{S}}_2^{\mathrm{T}}] \boldsymbol{\Phi}_{\psi 2} \mathrm{d}D_2$$

$$M_{69} = \int_{D_3} (\boldsymbol{\Phi}_{\psi 1}^{h_3})^{\mathrm{T}} (\hat{\boldsymbol{S}}_1^{h_3} \boldsymbol{C}_3^{*\mathrm{T}} + \boldsymbol{C}_3^{*\mathrm{T}} \hat{\boldsymbol{S}}_3) \boldsymbol{\Phi}_{u3} \mathrm{d}D_3 = (\boldsymbol{\Phi}_{\psi 1}^{h_3})^{\mathrm{T}} \int_{D_3} (\hat{\boldsymbol{S}}_1^{h_3} \boldsymbol{C}_3^{*\mathrm{T}} + \boldsymbol{C}_3^{*\mathrm{T}} \hat{\boldsymbol{S}}_3) \boldsymbol{\Phi}_{u3} \mathrm{d}D_3$$

$$M_{6a} = \int_{D_3} (\boldsymbol{\Phi}_{\psi 1}^{h_3})^{\mathrm{T}} [\boldsymbol{C}_3^{*\mathrm{T}} \hat{\boldsymbol{J}}_{t3} + (\tilde{\boldsymbol{r}}_1^{h_3} + \tilde{\boldsymbol{u}}_1^{h_3}) \boldsymbol{C}_3^{*\mathrm{T}} \hat{\boldsymbol{S}}_3^{\mathrm{T}}] \boldsymbol{\Phi}_{\psi 3} \mathrm{d}D_3$$

$$M_{77} = \int_{D_2} \rho_2 \boldsymbol{\Phi}_{u2}^{\mathrm{T}} \boldsymbol{\Phi}_{u2} \mathrm{d}D_2$$

$$M_{78} = \int_{D_2} \boldsymbol{\Phi}_{u2}^{\mathrm{T}} \hat{\boldsymbol{S}}_2^{\mathrm{T}} \boldsymbol{\Phi}_{\psi 2} \mathrm{d}D_2$$

$$M_{79} = \boldsymbol{0}_{n_{u2} \times n_{u3}}$$

$$M_{7a} = \boldsymbol{0}_{n_{u2} \times n_{\psi 3}}$$

$$M_{88} = \int_{D_2} \boldsymbol{\Phi}_{\psi 2}^{\mathrm{T}} \hat{\boldsymbol{J}}_{t2} \boldsymbol{\Phi}_{\psi 2} \mathrm{d}D_2$$

$$M_{89} = \boldsymbol{0}_{n_{\psi 2} \times n_{u3}}$$

$$M_{8a} = \boldsymbol{0}_{n_{\psi 2} \times n_{\psi 3}}$$

$$M_{99} = \int_{D_3} \rho_3 \boldsymbol{\Phi}_{u3}^{\mathrm{T}} \boldsymbol{\Phi}_{u3} \mathrm{d}D_3$$

$$M_{9a} = \int_{D_3} \boldsymbol{\Phi}_{u3}^{\mathrm{T}} \hat{\boldsymbol{S}}_3^{\mathrm{T}} \boldsymbol{\Phi}_{\psi 3} \mathrm{d}D_3$$

$$M_{aa} = \int_{D_3} \boldsymbol{\Phi}_{\psi 3}^{\mathrm{T}} \hat{\boldsymbol{J}}_{t3} \boldsymbol{\Phi}_{\psi 3} \mathrm{d}D_3$$

飞行器的弹性应变能被表示成伪速度的二次型,该二次型的加权矩阵为广义刚度阵。广义刚度阵是对称矩阵,其分块矩阵的具体表达式如下:

$$K_{e11} = K_{e12} = K_{e13} = K_{e14} = K_{e22} = K_{e23} = K_{e24} = K_{e33} = K_{e34} = K_{e44} = \boldsymbol{0}_{3 \times 3}$$

$$K_{e15} = K_{e25} = K_{e35} = K_{e45} = \boldsymbol{0}_{3 \times n_{u1}}$$

$$K_{e16} = K_{e26} = K_{e36} = K_{e46} = \boldsymbol{0}_{3 \times n_{\psi 1}}$$

$$K_{e17} = K_{e27} = K_{e37} = K_{e47} = \boldsymbol{0}_{3 \times n_{u2}}$$

$$K_{e18} = K_{e28} = K_{e38} = K_{e48} = \boldsymbol{0}_{3 \times n_{\psi 2}}$$

$$K_{e19} = K_{e29} = K_{e39} = K_{e49} = \boldsymbol{0}_{3 \times n_{u3}}$$

$$K_{e1a} = K_{e2a} = K_{e3a} = K_{e4a} = \boldsymbol{0}_{3 \times n_{\psi 3}}$$

$$K_{e55} = \int_0^L (\boldsymbol{\Phi}_{u1}')^{\mathrm{T}} \begin{bmatrix} 0 & 0 & 0 \\ 0 & k_{y1} G_1 A_1 & 0 \\ 0 & 0 & k_{z1} G_1 A_1 \end{bmatrix} \boldsymbol{\Phi}_{u1}' \mathrm{d}x_1$$

$$K_{e56} = \int_0^L (\boldsymbol{\Phi}'_{u1})^{\mathrm{T}} \begin{bmatrix} 0 & 0 & 0 \\ 0 & 0 & -k_{y1}G_1A_1 \\ 0 & k_{z1}G_1A_1 & 0 \end{bmatrix} \boldsymbol{\Phi}_{\psi1} \mathrm{d}x_1$$

$$K_{e57} = \mathbf{0}_{n_{u1} \times n_{u2}}$$

$$K_{e58} = \mathbf{0}_{n_{u1} \times n_{\psi2}}$$

$$K_{e59} = \mathbf{0}_{n_{u1} \times n_{u3}}$$

$$K_{e5a} = \mathbf{0}_{n_{u1} \times n_{\psi3}}$$

$$K_{e66} = \int_0^L \left\{ (\boldsymbol{\Phi}'_{\psi1})^{\mathrm{T}} \begin{bmatrix} G_1J_1 & 0 & 0 \\ 0 & E_1I_{y1} & 0 \\ 0 & 0 & E_1I_{z1} \end{bmatrix} \boldsymbol{\Phi}'_{\psi1} + \boldsymbol{\Phi}^{\mathrm{T}}_{\psi1} \begin{bmatrix} 0 & 0 & 0 \\ 0 & k_{z1}G_1A_1 & 0 \\ 0 & 0 & k_{y1}G_1A_1 \end{bmatrix} \boldsymbol{\Phi}_{\psi1} \right\} \mathrm{d}x_1$$

$$K_{e67} = \mathbf{0}_{n_{\psi1} \times n_{u2}}$$

$$K_{e68} = \mathbf{0}_{n_{\psi1} \times n_{\psi2}}$$

$$K_{e69} = \mathbf{0}_{n_{\psi1} \times n_{u3}}$$

$$K_{e6a} = \mathbf{0}_{n_{\psi1} \times n_{\psi3}}$$

$$K_{e77} = \frac{E_2 h_2^3}{12(1-\mu_2^2)} \iint_{D_2} \left[\frac{\partial^2 \boldsymbol{\Phi}^{\mathrm{T}}_{u2}}{\partial x_2^2} \frac{\partial^2 \boldsymbol{\Phi}_{u2}}{\partial x_2^2} + \frac{\partial^2 \boldsymbol{\Phi}^{\mathrm{T}}_{u2}}{\partial z_2^2} \frac{\partial^2 \boldsymbol{\Phi}_{u2}}{\partial z_2^2} + 2\mu_2 \frac{\partial^2 \boldsymbol{\Phi}^{\mathrm{T}}_{u2}}{\partial x_2^2} \frac{\partial^2 \boldsymbol{\Phi}_{u2}}{\partial z_2^2} \right.$$
$$\left. + 2(1-\mu_2) \frac{\partial^2 \boldsymbol{\Phi}^{\mathrm{T}}_{u2}}{\partial x_2 \partial z_2} \frac{\partial^2 \boldsymbol{\Phi}_{u2}}{\partial x_2 \partial z_2} \right] \mathrm{d}x_2 \mathrm{d}z_2$$

$$K_{e78} = \mathbf{0}_{n_{u2} \times n_{\psi2}}$$

$$K_{e79} = \mathbf{0}_{n_{u2} \times n_{u3}}$$

$$K_{e7a} = \mathbf{0}_{n_{u2} \times n_{\psi3}}$$

$$K_{e88} = \mathbf{0}_{n_{\psi2} \times n_{\psi2}}$$

$$K_{e89} = \mathbf{0}_{n_{\psi2} \times n_{u3}}$$

$$K_{e8a} = \mathbf{0}_{n_{\psi2} \times n_{\psi3}}$$

$$K_{e99} = \frac{E_3 h_3^3}{12(1-\mu_3^2)} \iint_{D_3} \left[\frac{\partial^2 \boldsymbol{\Phi}^{\mathrm{T}}_{u3}}{\partial x_3^2} \frac{\partial^2 \boldsymbol{\Phi}_{u3}}{\partial x_3^2} + \frac{\partial^2 \boldsymbol{\Phi}^{\mathrm{T}}_{u3}}{\partial z_3^2} \frac{\partial^2 \boldsymbol{\Phi}_{u3}}{\partial z_3^2} + 2\mu_3 \frac{\partial^2 \boldsymbol{\Phi}^{\mathrm{T}}_{u3}}{\partial x_3^2} \frac{\partial^2 \boldsymbol{\Phi}_{u3}}{\partial z_3^2} \right.$$
$$\left. + 2(1-\mu_3) \frac{\partial^2 \boldsymbol{\Phi}^{\mathrm{T}}_{u3}}{\partial x_3 \partial z_3} \frac{\partial^2 \boldsymbol{\Phi}_{u3}}{\partial x_3 \partial z_3} \right] \mathrm{d}x_3 \mathrm{d}z_3$$

$$K_{e9a} = \mathbf{0}_{n_{u3} \times n_{\psi3}}$$

$$K_{eaa} = \mathbf{0}_{n_{\psi3} \times n_{\psi3}}$$

附录 B 单体纵向平面运动方程的推导

在推导单体纵向平面运动方程之前,需要考察翼面转动对整体运动的影响。

根据 5.3.3 节的假设和图 5.6,机翼连体系到机身连体系之间的转换矩阵为

$$
\boldsymbol{C}_2^{*\mathrm{T}} = \begin{bmatrix} -1 & 0 & 0 \\ 0 & 0 & -1 \\ 0 & -1 & 0 \end{bmatrix} \begin{bmatrix} \cos\theta_2 & -\sin\theta_2 & 0 \\ \sin\theta_2 & \cos\theta_2 & 0 \\ 0 & 0 & 1 \end{bmatrix} = \begin{bmatrix} -\cos\theta_2 & \sin\theta_2 & 0 \\ 0 & 0 & -1 \\ -\sin\theta_2 & -\cos\theta_2 & 0 \end{bmatrix}
$$

(B.1)

式中,θ_2 为翼面的相对机身的转角。翼面连体系原点的位置向量 $\boldsymbol{r}_1^{h_2}$、翼面任意质点的位置向量 $\boldsymbol{r}_2$ 和翼面转动角速度 $\boldsymbol{\omega}_2$ 为

$$
\boldsymbol{r}_1^{h_2} = \begin{bmatrix} r_x^{h_2} \\ r_y^{h_2} \\ r_z^{h_2} \end{bmatrix}, \quad \boldsymbol{r}_2 = \begin{bmatrix} r_{2,x} \\ r_{2,y} \\ r_{2,z} \end{bmatrix}, \quad \boldsymbol{\omega}_2 = \begin{bmatrix} 0 \\ 0 \\ q_2 \end{bmatrix}
$$

(B.2)

根据附录 A,有

$$
2\boldsymbol{M}_{13} = \boldsymbol{C}_2^{*\mathrm{T}} \int_B \tilde{\boldsymbol{r}}_2^{\mathrm{T}} \mathrm{d}m, \quad 2\boldsymbol{M}_{23} = \boldsymbol{C}_2^{*\mathrm{T}} \int_B \tilde{\boldsymbol{r}}_2 \tilde{\boldsymbol{r}}_2^{\mathrm{T}} \mathrm{d}m + \tilde{\boldsymbol{r}}_1^{h_2} 2\boldsymbol{M}_{13}
$$

(B.3)

注意平面运动时全动翼 B_2 和 B_3 是同步运动的,上式中的积分域包括 B_2 和 B_3 两个物体。

由式(B.2)式(B.3),有

$$
\frac{\mathrm{d}}{\mathrm{d}t}(2\boldsymbol{M}_{13}\boldsymbol{\omega}_2) + \tilde{\boldsymbol{\omega}}_1 2\boldsymbol{M}_{13}\boldsymbol{\omega}_2 = (m_2 + m_3) r_{cg23,x} \begin{bmatrix} -\dot{q}_2\sin\theta_2 + (q_2 q - q_2^2)\cos\theta_2 \\ 0 \\ \dot{q}_2\cos\theta_2 + (q_2 q - q_2^2)\sin\theta_2 \end{bmatrix}
$$

(B.4)

式中，$m_2 + m_3$ 是翼面 B_2 和 B_3 的质量之和；$r_{cg23,\,x}$ 为 B_2 和 B_3 共同质心在 B_2 连体坐标系中的 x 坐标分量；q 为机身的俯仰转动角速度。

由式(B.2)和式(B.3)，有

$$
\frac{\mathrm{d}}{\mathrm{d}t}(2\,\boldsymbol{M}_{23}\,\boldsymbol{\omega}_2) + \tilde{\boldsymbol{\omega}}_1 2\,\boldsymbol{M}_{23}\,\boldsymbol{\omega}_2 + \tilde{\boldsymbol{V}}_{o1} 2\,\boldsymbol{M}_{13}\,\boldsymbol{\omega}_2
$$

$$
= \dot{q}_2 \begin{bmatrix} J_{23,\,xz}\cos\theta_2 - J_{23,\,yz}\sin\theta_2 \\ - J_{23,\,zz} \\ J_{23,\,xz}\sin\theta_2 + J_{23,\,yz}\cos\theta_2 \end{bmatrix} + q_2^2 \begin{bmatrix} - J_{23,\,xz}\sin\theta_2 - J_{23,\,yz}\cos\theta_2 \\ 0 \\ J_{23,\,xz}\cos\theta_2 - J_{23,\,yz}\sin\theta_2 \end{bmatrix}
$$

$$
+ qq_2 \begin{bmatrix} J_{23,\,xz}\sin\theta_2 + J_{23,\,yz}\cos\theta_2 \\ 0 \\ - J_{23,\,xz}\cos\theta_2 + J_{23,\,yz}\sin\theta_2 \end{bmatrix}
$$

$$
\tag{B.5}
$$

$$
+ (m_2 + m_3) r_{cg23,\,x} \left(\dot{q}_2 \begin{bmatrix} r_y^{h2}\cos\theta_2 \\ - (r_x^{h2}\cos\theta_2 + r_z^{h2}\sin\theta_2) \\ r_z^{h2}\sin\theta_2 \end{bmatrix} \right.
$$

$$
+ q_2^2 \begin{bmatrix} - r_y^{h2}\sin\theta_2 \\ r_x^{h2}\sin\theta_2 - r_z^{h2}\cos\theta_2 \\ r_z^{h2}\cos\theta_2 \end{bmatrix} + qq_2 \begin{bmatrix} r_z^{h2}\sin\theta_2 \\ 0 \\ - r_y^{h2}\cos\theta_2 \end{bmatrix} \right)
$$

$$
+ (m_2 + m_3) r_{cg23,\,x} q_2 \begin{bmatrix} 0 \\ - W\sin\theta_2 - U\cos\theta_2 \\ 0 \end{bmatrix}
$$

式中，$J_{23,\,xz}$ 和 $J_{23,\,yz}$ 为 B_2 和 B_3 两物体总和的惯性积；$J_{23,\,zz}$ 为 B_2 和 B_3 两物体总和的绕转轴的转动惯量。

如果 B_2 的连体系为 B_2 和 B_3 总和的质心惯性主轴系，那么翼面转动仅对飞行器整体俯仰运动产生影响，整体转动运动可表示为

$$
J_{yy}\dot{q} - J_{23,\,zz}\dot{q}_2 = M \tag{B.6}
$$

如果 $|J_{23,\,zz}\dot{q}_2| \ll |J_{yy}\dot{q}|$，那么全动翼的转动对整体运动的影响可以忽略，此时飞行器可看作是单个物体。下面推导单体纵向平面运动方程式(5.115)、式(5.116)和式(5.117)的具体形式。

纵向平面运动的伪速度 w 可表示为

$$\boldsymbol{w} = \begin{bmatrix} \boldsymbol{V}_{o1}^{\mathrm{T}} & \boldsymbol{\omega}_1^{\mathrm{T}} & \dot{\boldsymbol{\eta}}_{u1}^{\mathrm{T}} \end{bmatrix}^{\mathrm{T}} \qquad (\text{B.7})$$

$$\boldsymbol{V}_{o1} = \begin{bmatrix} U \\ 0 \\ W \end{bmatrix}, \ \boldsymbol{\omega}_1 = \begin{bmatrix} 0 \\ q \\ 0 \end{bmatrix}, \ \dot{\boldsymbol{\eta}}_{u1} = \dot{\boldsymbol{\eta}} \qquad (\text{B.8})$$

其中，U 和 W 为机身连体系中的整体平动速度分量；q 为机身俯仰转动角速度；$\dot{\boldsymbol{\eta}}$ 为机身柔性运动广义速度。

由于飞行器的机身长细比很大，可以忽略垂直机身轴线方向的坐标分量，并且机身的柔性运动仅有纵向弯曲。这两个条件可表示为

$$\boldsymbol{r}_1 = \begin{bmatrix} r_x \\ 0 \\ 0 \end{bmatrix}, \ \boldsymbol{u}_1 = \boldsymbol{\Phi}_{u1} \boldsymbol{\eta}_{u1} = \begin{bmatrix} \boldsymbol{0}_{1 \times n} \\ \boldsymbol{0}_{1 \times n} \\ \boldsymbol{\phi}_z \end{bmatrix} \boldsymbol{\eta} \qquad (\text{B.9})$$

由附录 A，广义质量阵可表示为

$$\boldsymbol{M} = \begin{bmatrix} \boldsymbol{M}_{11} & \boldsymbol{M}_{12} & \boldsymbol{M}_{15} \\ \boldsymbol{M}_{12}^{\mathrm{T}} & \boldsymbol{M}_{22} & \boldsymbol{M}_{25} \\ \boldsymbol{M}_{15}^{\mathrm{T}} & \boldsymbol{M}_{25}^{\mathrm{T}} & \boldsymbol{M}_{55} \end{bmatrix} \qquad (\text{B.10})$$

其中，

$$\boldsymbol{M}_{11} = m, \ \boldsymbol{M}_{55} = \int_B \boldsymbol{\phi}_z^{\mathrm{T}} \boldsymbol{\phi}_z \mathrm{d}m$$

$$\boldsymbol{M}_{12} = \begin{bmatrix} 0 & \left(\int_B \boldsymbol{\phi}_z \mathrm{d}m \right) \boldsymbol{\eta} & 0 \\ -\left(\int_B \boldsymbol{\phi}_z \mathrm{d}m \right) \boldsymbol{\eta} & 0 & \int_B r_x \mathrm{d}m \\ 0 & -\int_B r_x \mathrm{d}m & 0 \end{bmatrix}, \ \boldsymbol{M}_{15} = \begin{bmatrix} \boldsymbol{0}_{1 \times n} \\ \boldsymbol{0}_{1 \times n} \\ \int_B \boldsymbol{\phi}_z \mathrm{d}m \end{bmatrix},$$

$$\boldsymbol{M}_{25} = \begin{bmatrix} 0 \\ -\int_B r_x \boldsymbol{\phi}_z \mathrm{d}m \\ 0 \end{bmatrix}$$

$$M_{22} = \begin{bmatrix} \boldsymbol{\eta}^{\mathrm{T}}\left(\int_B \boldsymbol{\phi}_z^{\mathrm{T}}\boldsymbol{\phi}_z \mathrm{d}m\right)\boldsymbol{\eta} & 0 & -\left(\int_B r_x\boldsymbol{\phi}_z \mathrm{d}m\right)\boldsymbol{\eta} \\ 0 & \int_B r_x^2 \mathrm{d}m + \boldsymbol{\eta}^{\mathrm{T}}\left(\int_B \boldsymbol{\phi}_z^{\mathrm{T}}\boldsymbol{\phi}_z \mathrm{d}m\right)\boldsymbol{\eta} & 0 \\ -\left(\int_B r_x\boldsymbol{\phi}_z \mathrm{d}m\right)\boldsymbol{\eta} & 0 & \int_B r_x^2 \mathrm{d}m \end{bmatrix}$$

由式（B.8）和式（B.10），可得

$$\frac{\mathrm{d}}{\mathrm{d}t}\left(\boldsymbol{M}_{11}\boldsymbol{V}_{o1} + \boldsymbol{M}_{12}\boldsymbol{\omega}_1 + \boldsymbol{M}_{15}\dot{\boldsymbol{\eta}}_{u1}\right) + \tilde{\boldsymbol{\omega}}_1\left(\boldsymbol{M}_{11}\boldsymbol{V}_{o1} + \boldsymbol{M}_{12}\boldsymbol{\omega}_1 + \boldsymbol{M}_{15}\dot{\boldsymbol{\eta}}_{u1}\right)$$

$$= \begin{bmatrix} m\dot{U} + \dot{q}\left(\int_B \boldsymbol{\phi}_z \mathrm{d}m\right)\boldsymbol{\eta} + mqW + 2q\left(\int_B \boldsymbol{\phi}_z \mathrm{d}m\right)\dot{\boldsymbol{\eta}} \\ 0 \\ m\dot{W} + \left(\int_B \boldsymbol{\phi}_z \mathrm{d}m\right)\ddot{\boldsymbol{\eta}} - mqU - q^2\left(\int_B \boldsymbol{\phi}_z \mathrm{d}m\right)\boldsymbol{\eta} \end{bmatrix} + \begin{bmatrix} -q^2\int_B r_x \mathrm{d}m \\ 0 \\ -\dot{q}\int_B r_x \mathrm{d}m \end{bmatrix} \quad \text{（B.11）}$$

$$\frac{\mathrm{d}}{\mathrm{d}t}\left(\boldsymbol{M}_{21}\boldsymbol{V}_{o1} + \boldsymbol{M}_{22}\boldsymbol{\omega}_1 + \boldsymbol{M}_{25}\dot{\boldsymbol{\eta}}_{u1}\right) + \tilde{\boldsymbol{\omega}}_1\left(\boldsymbol{M}_{21}\boldsymbol{V}_{o1} + \boldsymbol{M}_{22}\boldsymbol{\omega}_1 + \boldsymbol{M}_{25}\dot{\boldsymbol{\eta}}_{u1}\right) + \tilde{\boldsymbol{V}}_{o1}\left(\boldsymbol{M}_{11}\boldsymbol{V}_{o1} + \boldsymbol{M}_{12}\boldsymbol{\omega}_1 + \boldsymbol{M}_{15}\dot{\boldsymbol{\eta}}_{u1}\right)$$

$$= \left\{ \begin{array}{c} 0 \\ (\dot{U} + qW)\left(\int_B \boldsymbol{\phi}_z \mathrm{d}m\right)\boldsymbol{\eta} - \left(\int_B r_x\boldsymbol{\phi}_z \mathrm{d}m\right)\ddot{\boldsymbol{\eta}} + \dot{q}\left[\int_B r_x^2 \mathrm{d}m + \boldsymbol{\eta}^{\mathrm{T}}\left(\int_B \boldsymbol{\phi}_z^{\mathrm{T}}\boldsymbol{\phi}_z \mathrm{d}m\right)\boldsymbol{\eta}\right] + 2q\boldsymbol{\eta}^{\mathrm{T}}\left(\int_B \boldsymbol{\phi}_z^{\mathrm{T}}\boldsymbol{\phi}_z \mathrm{d}m\right)\dot{\boldsymbol{\eta}} \\ 0 \end{array} \right\}$$

$$+ \begin{bmatrix} 0 \\ (qU - \dot{W})\int_B r_x \mathrm{d}m \\ 0 \end{bmatrix}$$

$$\text{（B.12）}$$

$$\frac{\mathrm{d}}{\mathrm{d}t}\left(\boldsymbol{M}_{51}\boldsymbol{V}_{o1} + \boldsymbol{M}_{52}\boldsymbol{\omega}_1 + \boldsymbol{M}_{55}\dot{\boldsymbol{\eta}}_{u1}\right) - \frac{\partial}{\partial\boldsymbol{\eta}_{u1}}\left(\frac{1}{2}\boldsymbol{w}^{\mathrm{T}}\boldsymbol{M}\boldsymbol{w}\right)$$

$$= (\dot{W} - qU)\int_B \boldsymbol{\phi}_z^{\mathrm{T}} \mathrm{d}m - \dot{q}\int_B r_x\boldsymbol{\phi}_z \mathrm{d}m + \left(\int_B \boldsymbol{\phi}_z^{\mathrm{T}}\boldsymbol{\phi}_z \mathrm{d}m\right)\ddot{\boldsymbol{\eta}} - q^2\left(\int_B \boldsymbol{\phi}_z^{\mathrm{T}}\boldsymbol{\phi}_z \mathrm{d}m\right)\boldsymbol{\eta}$$

$$\text{（B.13）}$$

在纵向平面运动条件下，飞行器的滚转角 $\phi = 0$、偏航角 ψ 为常值，因此变换矩阵 $\boldsymbol{C}_1^*$ 和 $\boldsymbol{D}_1^{-\mathrm{T}}$ 可表示为

$$
\boldsymbol{C}_1^* = \begin{bmatrix} \cos\theta\cos\psi & \cos\theta\sin\psi & -\sin\theta \\ -\sin\psi & \cos\psi & 0 \\ \sin\theta\cos\psi & \sin\theta\sin\psi & \cos\theta \end{bmatrix}, \quad \boldsymbol{D}_1^{-\mathrm{T}} = \begin{bmatrix} 1 & 0 & 0 \\ 0 & 1 & 0 \\ \tan\theta & 0 & 1/\cos\theta \end{bmatrix}
$$

在式(5.115)中：

$$
\boldsymbol{C}_1^* (\boldsymbol{F} - \boldsymbol{F}_g) = \begin{bmatrix} F_x \\ F_y \\ F_z \end{bmatrix} \tag{B.14}
$$

式中，F_x、F_y 和 F_z 分别是在机身体轴系中表示的引力、气动力和推力的三个坐标分量。在纵向平面运动条件下，侧向力 $F_y = 0$。由式(B.11)和式(B.14)得到平动运动方程为

$$
m\dot{U} + \dot{q}\left(\int_B \boldsymbol{\phi}_z \mathrm{d}m\right)\boldsymbol{\eta} + mqW + 2q\left(\int_B \boldsymbol{\phi}_z \mathrm{d}m\right)\dot{\boldsymbol{\eta}} - q^2\int_B r_x \mathrm{d}m = F_x \tag{B.15}
$$

$$
m\dot{W} + \left(\int_B \boldsymbol{\phi}_z \mathrm{d}m\right)\ddot{\boldsymbol{\eta}} - mqU - q^2\left(\int_B \boldsymbol{\phi}_z \mathrm{d}m\right)\boldsymbol{\eta} - \dot{q}\int_B r_x \mathrm{d}m = F_z \tag{B.16}
$$

在式(5.116)中：

$$
\boldsymbol{D}_1^{-\mathrm{T}}\boldsymbol{M} = \begin{bmatrix} 1 & 0 & 0 \\ 0 & 1 & 0 \\ \tan\theta & 0 & 1/\cos\theta \end{bmatrix}\begin{bmatrix} 0 \\ M \\ 0 \end{bmatrix} = \begin{bmatrix} 0 \\ M \\ 0 \end{bmatrix} \tag{B.17}
$$

由式(B.12)和式(B.17)得到转动运动方程为

$$
(\dot{U} + qW)\left(\int_B \boldsymbol{\phi}_z \mathrm{d}m\right)\boldsymbol{\eta} - \left(\int_B r_x \boldsymbol{\phi}_z \mathrm{d}m\right)\ddot{\boldsymbol{\eta}} + \dot{q}\left[\int_B r_x^2 \mathrm{d}m + \boldsymbol{\eta}^{\mathrm{T}}\left(\int_B \boldsymbol{\phi}_z^{\mathrm{T}}\boldsymbol{\phi}_z \mathrm{d}m\right)\boldsymbol{\eta}\right]
$$
$$
+ 2q\boldsymbol{\eta}^{\mathrm{T}}\left(\int_B \boldsymbol{\phi}_z^{\mathrm{T}}\boldsymbol{\phi}_z \mathrm{d}m\right)\dot{\boldsymbol{\eta}} + (qU - \dot{W})\int_B r_x \mathrm{d}m = M \tag{B.18}
$$

在式(5.117)中：

$$
\boldsymbol{Q}_{u1} - \frac{\partial U_e}{\partial \boldsymbol{\eta}_{u1}} = \boldsymbol{Q} - \frac{\partial}{\partial \boldsymbol{\eta}}\left[\frac{1}{2}\boldsymbol{\eta}^{\mathrm{T}}\left(\int_B EI\boldsymbol{\phi}''^{\mathrm{T}}\boldsymbol{\phi}'' \mathrm{d}x\right)\boldsymbol{\eta}\right] = \boldsymbol{Q} - \left(\int_B EI\boldsymbol{\phi}''^{\mathrm{T}}\boldsymbol{\phi}'' \mathrm{d}x\right)\boldsymbol{\eta} \tag{B.19}
$$

由式(B.14)和式(B.19)得到结构柔性运动方程：

$$
(\dot{W} - qU)\int_B \boldsymbol{\phi}_z^{\mathrm{T}} \mathrm{d}m - \dot{q}\int_B r_x \boldsymbol{\phi}_z \mathrm{d}m + \left(\int_B \boldsymbol{\phi}_z^{\mathrm{T}}\boldsymbol{\phi}_z \mathrm{d}m\right)\ddot{\boldsymbol{\eta}} + \left(\int_B EI\boldsymbol{\phi}''^{\mathrm{T}}\boldsymbol{\phi}'' \mathrm{d}x\right)\boldsymbol{\eta}
$$

$$- q^2 \left(\int_B \boldsymbol{\phi}_z^{\mathrm{T}} \boldsymbol{\phi}_z \mathrm{d}m \right) \boldsymbol{\eta} = \boldsymbol{Q} \tag{B.20}$$

在式(B.20)中,如果不存在刚体运动($U = 0$, $W = 0$, $q = 0$),并且没有外载荷,那么得到结构固有振动方程:

$$\left(\int_B \boldsymbol{\phi}_z^{\mathrm{T}} \boldsymbol{\phi}_z \mathrm{d}m \right) \ddot{\boldsymbol{\eta}} + \left(\int_B EI \boldsymbol{\phi}''^{\mathrm{T}} \boldsymbol{\phi}'' \mathrm{d}x \right) \boldsymbol{\eta} = \boldsymbol{0} \tag{B.21}$$

结构以固有振动频率 ω_i 发生简谐振动时,有 $\ddot{\eta}_i = - \omega_i^2 \eta_i$,将其代入式(B.21)得到

$$\int_B EI \boldsymbol{\phi}''^{\mathrm{T}} \boldsymbol{\phi}'' \mathrm{d}x = \left(\int_B \boldsymbol{\phi}_z^{\mathrm{T}} \boldsymbol{\phi}_z \mathrm{d}m \right) \mathrm{diag}(\omega_i^2) \tag{B.22}$$

将式(B.22)代入式(B.20),并考虑到结构阻尼力的影响,结构阻尼力与结构柔性模态广义速度成正比,即

$$\left(\int_B \boldsymbol{\phi}_z^{\mathrm{T}} \boldsymbol{\phi}_z \mathrm{d}m \right) 2\zeta \mathrm{diag}(\omega_i) \dot{\boldsymbol{\eta}}$$

最终得到

$$(\dot{W} - qU) \int_B \boldsymbol{\phi}_z^{\mathrm{T}} \mathrm{d}m - \dot{q} \int_B r_x \boldsymbol{\phi}_z \mathrm{d}m - q^2 \left(\int_B \boldsymbol{\phi}_z^{\mathrm{T}} \boldsymbol{\phi}_z \mathrm{d}m \right) \boldsymbol{\eta}$$
$$+ \left(\int_B \boldsymbol{\phi}_z^{\mathrm{T}} \boldsymbol{\phi}_z \mathrm{d}m \right) \left[\ddot{\boldsymbol{\eta}} + 2\zeta \mathrm{diag}(\omega_i) \dot{\boldsymbol{\eta}} + \mathrm{diag}(\omega_i^2) \boldsymbol{\eta} \right] = \boldsymbol{Q} \tag{B.23}$$

如果飞行器的机身连体参考系 $o_1 b_{11} b_{12} b_{13}$ 的原点 o_1 为飞行器的质心,那么

$$\int_B r_x \mathrm{d}m = 0$$

此时,表示飞行器刚体运动的式(B.15)、式(B.16)和式(B.18)中的等号左端最后一项都可略去。